高等职业教育系列教材

U0728498

案例引领示范 ｜ 突出实践应用

3D打印技术及应用

主　编｜郭　华　王顺利　尚凤娇
副主编｜高桂丽　唐　辉　刘晓朋
参　编｜范仁杰　乐旺锋　刘　康　齐滕博

机械工业出版社
CHINA MACHINE PRESS

本书从3D打印技术的基础概念出发，详细讲解了各种3D打印技术的工作原理和特点，以及这些技术的实际应用，包括但不限于产品原型制作、生物医学、建筑模型和个性化制造等领域。本书采用项目化编写形式，包括认识3D打印技术，3D打印技术类型及材料选择，三维模型构建与前处理，3D打印与后处理，桌面3D打印机安装、校准与维护，三坐标测量与评价6个项目，不仅提供了丰富的理论知识，还包括了大量的实际案例分析和操作指导。

本书图文并茂、结构清晰、易教易学，适合作为高等职业院校机械工程、材料科学、电子信息工程、生物医学工程等相关专业的教材，也可作为3D打印技术研究者和爱好者的参考资料。

本书配有微课视频，扫码即可查看。电子课件、习题答案等教学资源，可登录机械工业出版社教育服务网（www.cmpedu.com）免费注册，审核通过后下载，或联系编辑索取（微信：13261377872，电话：010-88379739）。

图书在版编目（CIP）数据

3D打印技术及应用 / 郭华，王顺利，尚凤娇主编.
北京 ：机械工业出版社， 2025.5. -- (高等职业教育系列教材). -- ISBN 978-7-111-78534-7

Ⅰ. TB4
中国国家版本馆 CIP 数据核字第 20259ZR671 号

机械工业出版社（北京市百万庄大街22号　邮政编码100037）
策划编辑：赵小花　　　　　　　　　责任编辑：赵小花
责任校对：赵玉鑫　李可意　景 飞　责任印制：刘 媛
北京富资园科技发展有限公司印刷
2025年6月第1版第1次印刷
184mm×260mm・13.75印张・340千字
标准书号：ISBN 978-7-111-78534-7
定价：69.00元

电话服务　　　　　　　　　网络服务
客服电话：010-88361066　　机　工　官　网：www.cmpbook.com
　　　　　010-88379833　　机　工　官　博：weibo.com/cmp1952
　　　　　010-68326294　　金　书　网：www.golden-book.com
封底无防伪标均为盗版　　机工教育服务网：www.cmpedu.com

前　言

　　进入数字化时代，3D打印技术作为一种创新的生产方式，正在改变传统制造业的面貌。3D打印已不限于工业应用，正逐渐渗透到各行各业，推动着设计、生产和教育的深刻变革。本书旨在为高等职业院校的学生提供全面的3D打印技术学习资料，通过系统的知识传授、实践指导和素养培养，引导学生在掌握专业技能的同时，树立科学精神和社会责任感。

　　本书采用项目化的编写方式，共分为6个项目。项目1带领学生认识3D打印技术的基本概念、发展历程及其在现代制造业中的应用，探讨其背后蕴含的科学精神与创新思维，培养学生的全球视野和人文关怀；项目2在深入探讨3D打印技术的类型与材料时，结合实际案例分析不同材料的特性与应用场景，鼓励学生在实践中理解材料选择对设计和生产的影响；项目3和项目4围绕三维模型的构建与前处理、3D打印与后处理等内容展开，帮助学生掌握从设计到成品的全流程；项目5详细讲解桌面3D打印机的安装、校准与维护，培养学生在实际操作中的动手能力与团队协作精神；项目6通过介绍三坐标测量技术进一步强调精度与质量控制的重要性，培养学生严谨的科学态度。

　　本书由上海电子信息职业技术学院郭华、王顺利和尚凤娇担任主编，高桂丽、唐辉、刘晓朋担任副主编，范仁杰、乐旺锋和苏州中瑞智创三维科技股份有限公司刘康、齐滕博参与了编写工作。

　　通过本书的学习，学生不仅能够掌握3D打印技术的专业知识，更能树立正确的价值观，成为具备创新能力和社会责任感的新时代职业人才。

　　由于编者水平有限，书中难免会有错误和不足之处，敬请专家和读者批评指正。

编　者

目　　录

项目 1
认识 3D 打印技术

学习目标

- 掌握 3D 打印技术的基本原理。
- 了解 3D 打印技术的发展历程和分类。
- 熟悉 3D 打印技术的应用领域。
- 培养学生对 3D 打印技术的兴趣，为学生今后的学习打下基础。

素养目标

- 引导学生认识到 3D 打印技术是跨学科的集成应用，鼓励他们将不同学科的知识融入 3D 打印项目的设计与实施中，提高他们的跨学科素养。
- 培养学生的职业道德和伦理观念，引导他们树立正确的价值观，如尊重知识产权、注重产品质量、关注环保等。
- 结合 3D 打印技术的应用案例，如历史文化遗产的修复与保护、国家重大工程的辅助设计与制造等，激发学生的爱国情怀，增强他们的民族自豪感和文化自信。

课前讨论

你了解过 3D 打印技术吗？
- ◆ 在医疗领域，华西医院成功为患者植入了 3D 打印的生物型人工膝关节。
- ◆ 2024 年 3 月，中国武汉天昱成功制造了 3D 打印的飞机起落架主体。
- ◆ 荷兰的一家公司利用 3D 打印技术建造了一座名为"运河屋"的住宅，该住宅在短短几天内便完成了主体结构的打印。

1.1 熟悉 3D 打印技术的含义、基本原理与特点

1.1.1 3D 打印技术的含义及原理

我国出土的 4000 年前的古漆器用黏结剂把丝麻粘接起来铺敷在底胎上，待漆干后挖去底胎成型；古埃及人早在公元前就已将木材切成板后重新铺叠，制成类似于现代胶合板的叠合型材，这些都体现了"成型"的思想。3D 实物的获取方法可分为以下四种：受迫成型、去除成型、离散/堆积成型、生长成型，如图 1-1 所示。3D 打印技术属于离散/堆积成型。

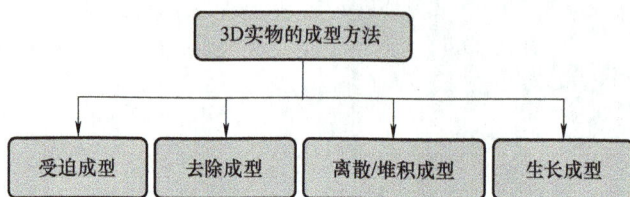

图 1-1　3D 实物成型方法

有人认为 3D 打印是一种新兴事物，但 3D 打印思想早就有了。40 年前，人们在使用 3D 计算机辅助技术时就希望将设计方便地"转化"为实物，因此也就有了发明 3D 打印机的必要。直到 1986 年，查克·赫尔（Chuck Hull）开发了第一台商业 3D 打印机，3D 打印才开始登上历史舞台。此后，3D 打印技术经过了一个不断发展与应用的过程。

3D 打印技术，也称为增材制造技术，该技术从数字模型数据出发，通过计算机辅助设计（CAD）软件创建物体的三维模型，然后使用特定的 3D 打印机将这些模型实体化。与传统的减材制造技术相比，3D 打印技术具有更高的设计和定制化能力，能够实现复杂结构和形状的制造。

3D 打印技术是一门交叉学科，是集材料技术、CAD 技术、逆向工程技术、测试传感技术、计算机软件技术、激光技术、数控技术等于一身的综合高科技技术（图 1-2），各种相关技术的迅速发展是 3D 打印技术得以产生的重要技术背景。3D 打印技术具有非常广阔的应用前景，很多国家的政府部门、企业、高等院校、研究机构纷纷投入巨资对 3D 打印技术进行开发和研究。

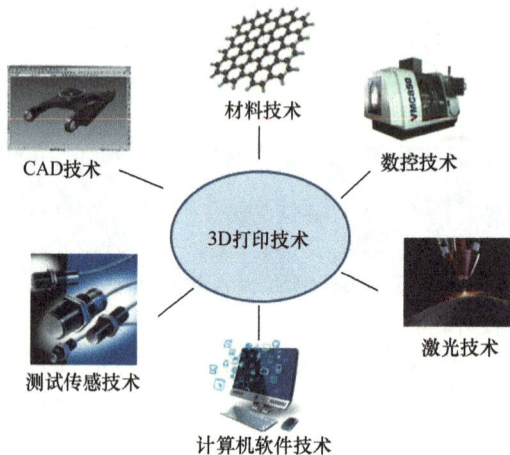

图 1-2　3D 打印相关技术

3D打印技术的基本原理是基于离散/堆积成型，如图1-3所示，首先需要将零件的数字模型（如CAD模型）按一定方式离散，转换成可加工的离散面、离散线和离散点，而后采用多种手段，将这些离散的面、线段和点堆积形成零件的整体形状。由于3D打印技术的工艺过程无需专用工具，工艺规划步骤简单，故大幅降低了制造成本、缩短了制造周期，提高了企业新产品的开发能力和市场竞争力。

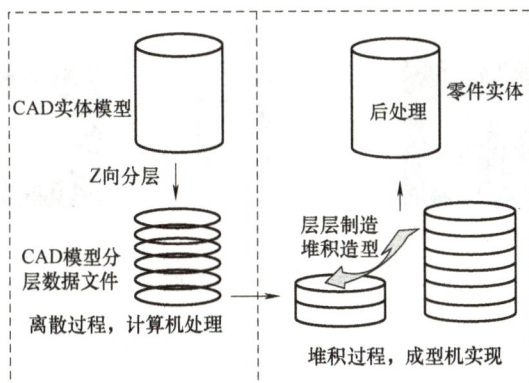

图1-3　3D打印的基本原理

3D打印技术突破了传统的制造工艺，把传统的"减材"加工变为"增材"立体加工，如图1-4所示，无须考虑制件的外形复杂程度，完全真实地复制出三维造型。

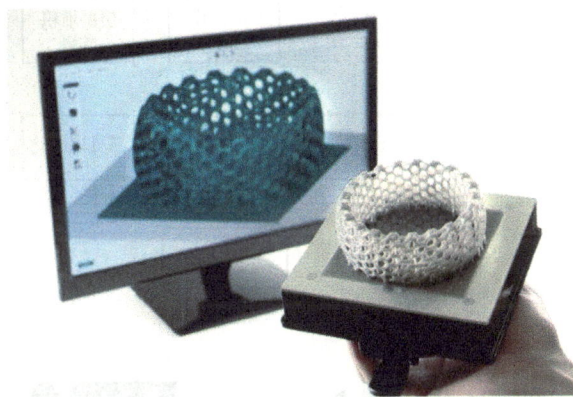

图1-4　将设计转化为实物

如图1-5所示，3D打印技术就是利用三维CAD文件的数据，通过3D打印机，将一层层的材料堆积成实体原型。首先，通过三维建模软件获得零件的CAD文件，并将该文件导出为3D打印设备所能识别的STL格式。打印设备根据零件模型对其进行分层处理并离散，从而得到各层截面的二维轮廓信息，系统根据轮廓信息自动生成加工路径，由成型头在系统的控制下，逐点、逐线、逐面地对成型材料进行立体堆积，从而完成三维坯件的制作，最后再对坯件进行必要的后处理，使零件在功能、尺寸、外观等方面满足设计需求。

3D打印技术的工艺过程一般都包括三维模型的建立、前处理、实体成型及后处理四个步骤。其工艺过程如图1-6所示。各种3D打印工艺基本都基于该流程进行产品制备。图1-7所示为工业3D打印机。

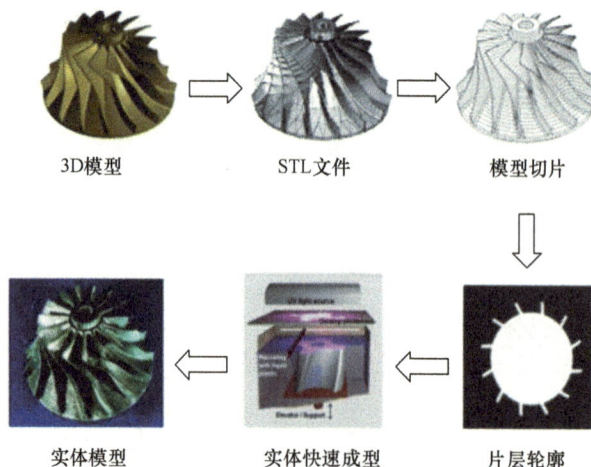

3D模型　　　　STL文件　　　　模型切片

实体模型　　　实体快速成型　　片层轮廓

图 1-5　3D 打印工艺原理

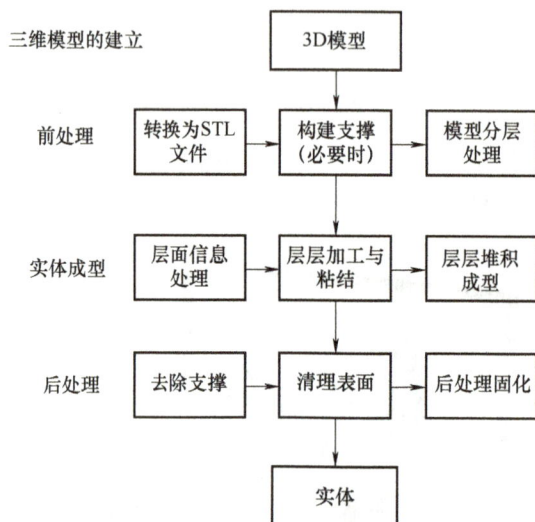

三维模型的建立　　3D模型

前处理　　转换为STL文件　　构建支撑（必要时）　　模型分层处理

实体成型　　层面信息处理　　层层加工与粘结　　层层堆积成型

后处理　　去除支撑　　清理表面　　后处理固化

实体

图 1-6　3D 打印工艺过程

图 1-7　工业 3D 打印机

1.1.2　3D 打印技术的特点

与传统加工制造相比，3D 打印技术有以下优势。

4

（1）个性化定制能力强　3D打印技术最大的优势之一在于其强大的个性化定制能力。通过数字建模，用户可以设计出任意形状的三维模型，并通过3D打印机精确地将这些模型转化为实体物品。这种能力使得3D打印在医疗、珠宝、艺术品等领域具有广泛的应用前景。例如，在医疗领域，医生可以根据患者的具体情况，设计并打印出个性化的医疗用品，如假肢、牙齿矫正器、眼镜等（图1-8），从而提高治疗效果和患者的生活质量。

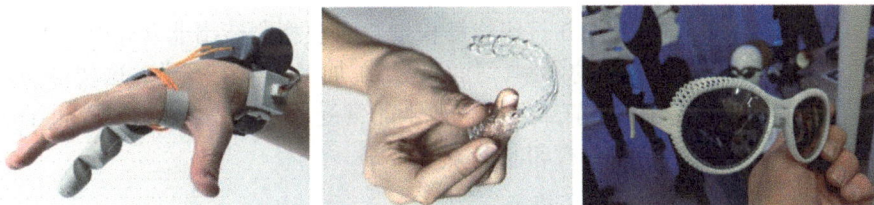

图1-8　3D打印的假肢、牙齿矫正器、眼镜

（2）设计自由度高　由于3D打印是从数字模型直接加工成型的，因此设计师可以在几乎没有任何限制的情况下自由设计，创造出传统制造技术无法实现的复杂形状和结构。3D打印技术不用考虑生产工艺问题，任何复杂的零件都可以制造，且生产效率高。图1-9和图1-10所示是用3D打印技术打印的工艺品和飞机零部件。

图1-9　用3D打印技术打印的工艺品

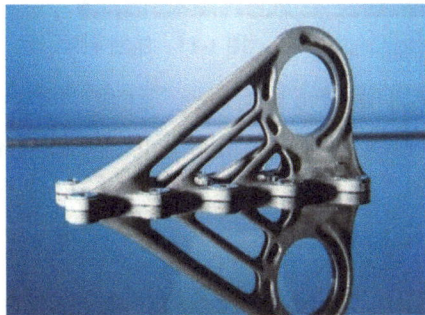

图1-10　用3D打印技术打印的飞机零部件

（3）产品制造周期短，制造流程简单　3D打印技术省去了传统工艺中的模具设计与制作等工序，直接从CAD软件的三维模型数据得到实体零件，生产周期大幅缩短，也简化了制造流程，节约了制模成本。比如博理科技公司推出以TAPS高速光固化3D打印机为核心的数字化鞋模生产方案，从设计理念到快速生产一双鞋模假底（图1-11），整个流程可被压缩至1天——所有流程集聚在一台3D打印机上完成。

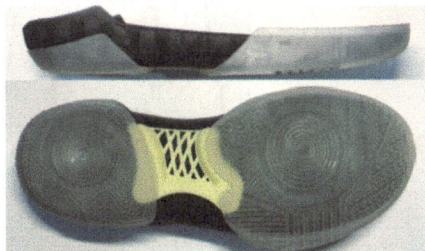

图1-11　3D打印的鞋模假底

（4）制造材料的多样性　3D打印技术可以使用多种材料，如金属、陶瓷、混凝土、生物材料，如图1-12所示，从而满足不同领域的需要。这使得3D打印能够用于制造各种不同类型的产品，从简单的塑料模型到复杂的金属零件。

图 1-12　金属、陶瓷、混凝土、生物材料

（5）可完成复杂零件制造　3D 打印能够根据数字模型制造出非常复杂的制件，不受传统制造技术中刀具、夹具和模具的限制，弥补了传统加工工艺的不足。这使得 3D 打印技术在航空、医疗和其他需要高度复杂部件的行业中非常受欢迎，图 1-13 所示为结构复杂的航空零件、医疗产品、戒指等的 3D 打印制造。

图 1-13　航空零件、医疗产品、戒指等结构复杂零件的制造

（6）可减少材料浪费，环保　与传统的减材制造方法相比，3D 打印通过逐层堆积材料的方式构建物体，相较于传统制造技术，能够显著减少材料浪费，提高材料利用率，同时也减少了制造过程中产生的噪声和污染。也有一些环保材料的 3D 打印应用，如图 1-14 所示。

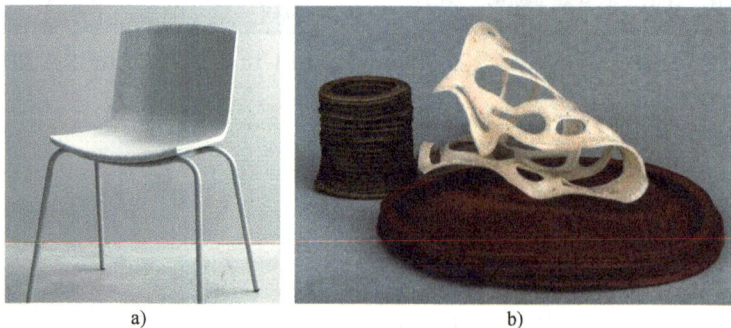

a)　　　　　　　　　　　　b)

图 1-14　环保材料的 3D 打印应用

a）酸奶杯回收打印而成的椅子　b）废弃实物 3D 打印的餐具

（7）快速原型制作　3D 打印技术可以快速地将设计转化为实物，这对于产品开发、原型制作和测试非常有用，直接从数字模型转化为实物，无须制造多个原型和进行多次试验，这大幅加快了产品开发的速度，缩短了产品开发周期，并使得设计师能够更快地迭代和优化他们的设计，如图 1-15 所示，为 3D 打印金属及工艺品快速原型。

图 1-15　3D 打印金属及工艺品快速原型

（8）可实现分布式生产　3D 打印技术不需要集中的制造车间，可以在需求地附近生产，降低了运输和库存成本。

3D 打印技术也存在一定的不足，主要表现在以下几个方面。

（1）存在材料的限制　目前，可用于 3D 打印的材料种类相对有限，且价格较高。虽然已经有许多种材料被开发出来用于 3D 打印，但它们的性能和适用范围仍然受到一定限制。例如，一些高性能的金属材料仍然难以通过 3D 打印技术进行制造。此外，材料种类也限制了 3D 打印技术在某些领域的应用范围和发展速度。

（2）精度和表面质量有待提高　尽管 3D 打印技术在精度和表面质量方面已经取得了很大的进步，但与一些传统制造方法相比仍然存在一定的差距。特别是对于一些要求高精度和高表面质量的产品来说，3D 打印可能无法满足要求。此外，由于 3D 打印采用逐层添加材料的方式进行成型，因此可能会在层与层之间产生微小的间隙或不平整现象，这也会影响产品的精度和表面质量。

（3）设备成本较高　高质量的 3D 打印设备往往价格昂贵，这对于一些中小企业或个人用户来说可能是一个不小的负担。此外，由于设备成本较高，也限制了 3D 打印技术的普及和应用范围。不过随着技术的不断进步和成本的降低，未来 3D 打印设备的价格有望逐渐降低。

（4）速度与效率相对较低　与传统制造方法相比，3D 打印技术的速度和效率相对较低。特别是对于大型复杂的物体来说，打印时间可能会非常长。这主要是因为 3D 打印需要逐层添加材料并进行固化或烧结等工艺过程，这些过程都需要一定的时间来完成。因此，在需要大规模生产的情况下，3D 打印可能不是最佳选择。

（5）法律和伦理问题　随着 3D 打印技术的普及和应用范围的扩大，一些法律和伦理问题也逐渐浮现出来。例如，如何保护知识产权、防止盗版和侵权行为的发生；如何确保 3D 打印产品的安全性和可靠性；以及如何应对 3D 打印技术可能带来的就业和社会结构变化等问题。这些问题需要政府、企业和社会各界共同努力来加以解决。

综上所述，3D 打印技术具有自身的优缺点。虽然 3D 打印技术还存在一些不足之处，但其独特的优势使其在各个领域都有着广泛的应用前景。未来随着技术的不断进步和创新，以及材料科学、计算机科学等相关领域的支持和发展，有理由相信 3D 打印技术将在更多领域得到广泛应用并推动制造业的转型升级和可持续发展，3D 打印技术将会带来更多惊喜和可能。

1.2 了解 3D 打印技术的起源及发展历程

1.2.1 诞生及初步发展阶段（1980 年—1990 年）

3D 打印技术的发展状况

1. 技术的诞生与初步应用

1984 年，美国人查克·赫尔（Chuck Hull）发明了立体光固化成型（Stereo Lithography Apparatus，SLA）技术，这一技术的出现标志着现代 3D 打印技术的诞生。SLA 技术利用光敏树脂在紫外光照射下固化的原理，通过逐层扫描并固化树脂层来构建三维模型。赫尔因此被称为"3D 打印之父"。

随后几年，其他几种重要的 3D 打印技术也相继出现。1986 年，美国国家科学基金会（NSF）赞助 Helisys 公司研发出分层实体制造（Laminated Object Manufacturing，LOM）技术；1988 年，美国人斯科特·克鲁普（Scott Crump）发明了熔融沉积成型（Fused Deposition Modeling，FDM）技术。这些技术的出现为 3D 打印技术的多元化发展奠定了基础。

2. 商业化尝试与市场拓展

随着技术的不断成熟和完善，3D 打印技术开始逐渐进入商业化阶段。1986 年，赫尔成立了 3D Systems 公司，这是世界上第一家生产 3D 打印设备的公司。该公司所采用的 SLA 技术成为当时市场的主流技术之一。同时，其他公司也开始加入 3D 打印市场的竞争行列，推动了整个行业的快速发展。

在这一阶段，3D 打印技术主要应用于工业设计、模型制作和原型制造等领域。由于其快速、灵活和精确的特点，3D 打印技术在这些领域得到了广泛应用并受到了广泛的认可。

1.2.2 快速发展阶段（1990 年—2000 年）

1. 技术创新与多元化发展

进入 20 世纪 90 年代后，3D 打印技术迎来了快速发展的黄金时期。在这一阶段，多种新的 3D 打印技术相继出现并得到了广泛应用。例如，1992 年，MIT 的 Carl Deckard 发明了选择性激光烧结（Selective Laser Sintering，SLS）技术；1993 年，美国麻省理工学院教授伊曼纽尔·赛琪（Emanual Saches）发明了 3DP（Three-Dimensional Printing）技术。这些新技术的出现进一步丰富了 3D 打印技术的种类和应用范围。

同时，材料科学的发展也为 3D 打印技术的多元化提供了有力支持。随着新型材料的不断涌现和性能的不断提升，3D打印技术能够制造出的产品种类也越来越多样化。从最初的塑料制品到后来的金属、陶瓷等材料制品，3D打印技术的应用领域不断得到拓展。

2. 商业化进程加速与市场扩张

随着技术的不断成熟和商业化进程的加速推进，3D打印技术的市场规模逐渐扩大，越来越多的企业开始涉足3D打印领域并推出自己的产品和服务。同时，随着消费者对个性化、定制化产品需求的不断增加以及制造业对快速响应市场变化需求的提升，3D打印技术逐渐成为制造业的重要补充和支撑力量。

在这一阶段，3D打印技术的应用领域也得到了进一步拓展。除了工业设计、模型制作和原型制造等传统领域外，3D打印技术还开始应用于医疗、航空、汽车、建筑等多个领域。特别是在医疗领域的应用尤为引人注目，通过3D打印技术可以制造出个性化的医疗器械和人工器官等复杂产品。

1.2.3 广泛应用阶段（2000年至今）

1. 技术创新与产业升级

进入21世纪以来，3D打印技术迎来了前所未有的发展机遇。材料科学、软件算法、机器人技术等方面的不断进步，为3D打印技术的创新提供了强大的支撑。3D打印技术开始向开放源代码方向发展。2005年，RepRap项目发布了第一款开源3D打印机，该项目致力于开发可以自我复制的3D打印机。开源3D打印机的出现降低了设备的成本，并吸引了一批爱好者和个人制造者。这期间，3D打印技术开始进入消费级市场，MakerBot公司发布了其第一款消费级3D打印机Cupcake CNC，为个人用户提供了更多的选择和便利。图1-16所示为3D打印创意作品。

图1-16　3D打印创意作品

这一时期，3D打印技术在精度、速度、材料多样性等方面取得了显著进步，推动了制造业的产业升级。

（1）高精度制造　随着技术的提升，3D打印的精度不断提高，已经能够实现微米级别的制造精度，这对于航空航天、医疗等高精度要求的领域具有重要意义。

（2）多材料制造　传统的3D打印技术主要依赖于单一材料或有限种类的材料。然而，现阶段，多材料打印技术已成为可能，如图1-17~图1-19所示，逐渐实现了对金属、生物组织、建筑模型等多种材料的打印，实现复杂结构的制造。

图 1-17 多材料金属 3D 打印

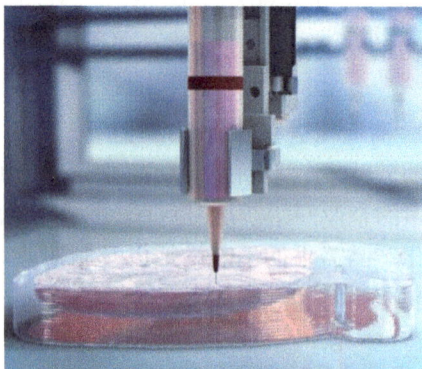

图 1-18 3D 打印心脏

图 1-19 多材料建筑模型 3D 打印

（3）大规模生产 过去，3D 打印技术主要用于原型制作和小批量生产。但近年来，随着技术的不断成熟和成本的降低，3D 打印技术已经开始应用于大规模生产，成为制造业的重要补充。2022 年，全球 3D 打印市场总规模达到 938.87 亿元人民币，预计在 2023—2028年预测期间内，3D 打印市场将以 20.57% 的复合年增长率稳步增长，预计到 2028 年全球 3D打印市场总规模将会达到 2900.15 亿元。

（4）应用领域的拓展 在这一阶段，3D 打印技术的应用领域得到了前所未有的拓展。除了传统的工业设计、模型制作、原型制造等领域外，3D 打印技术不断地被应用在珠宝、鞋类、工业设计、建筑、工程和施工、汽车、航天航空、医疗、教育、地理信息系统、土木工程等领域。

2. 消费者市场的兴起

随着技术的不断普及和成本的降低，3D 打印技术也开始进入消费者市场。随着 3D 打印技术的飞速发展，3D 打印已不再只是一种想象，而是逐渐走入寻常百姓家，越来越多的普通用户可以通过购买消费级 3D 打印机来制作自己所需的物品。这种趋势不仅促进了 3D打印技术的普及和发展，也为消费者提供了更多的个性化选择。

总的来说，3D 打印技术经历了几十年的发展，从最初的研究到商业化，再到开放源代码和消费级市场，最终走向大规模应用。随着技术的进步和创新，3D 打印技术有望在未来继续推动制造业的革命，并对全球产业链和经济发展产生深远的影响。

1.2.4　我国 3D 打印技术的发展

近年来，3D 打印技术在我国的发展取得了长足的进步，成为制造业的重要支柱之一。与欧美等发达国家相比，我国 3D 打印技术的发展起步较晚。

（1）发展历程　我国 3D 打印技术的研究工作始于 20 世纪 90 年代，在国家的大力支持下，华中科技大学、清华大学、西安交通大学等多所大学和科研机构开始了 3D 打印技术的研究。1992 年，我国完成了对用户开放的快速原型制造（RPM）研究与开发平台；随后开发出了拥有自主知识产权的多功能快速原型制造系统，该系统是世界上唯一拥有两种快速成型工艺的系统。

1995 年，我国成功研制出第一台激光快速成型机，并开发出选区激光粉末烧结快速成型机技术。2000 年，我国初步实现了 3D 打印设备产业化，全国建成 20 多个服务中心，推动了国内 3D 打印制造技术的发展。2007 年，我国第一台大型金属 3D 打印商用化设备研制成功，进一步推动了金属 3D 打印技术的发展。2013 年，国内首款生物 3D 打印机在杭州电子科技大学展出，能直接打印出活体器官，标志着我国在生物 3D 打印领域的重大突破。2017 年，中国首台高通量集成化生物 3D 打印机在浙江杭州发布，进一步提升了生物 3D 打印的效率和精度。

（2）技术成熟度　近年来，我国 3D 打印技术在多个方面取得了显著进步。技术的不断成熟使得 3D 打印设备的性能更加稳定，打印精度和效率得到提高。同时，我国在各类 3D 打印工艺领域均实现了国产化替代，一批性价比更高的装备不仅供给国内客户，还出口至国外。例如，选择性激光熔化（SLM）技术、光固化成型（SLA）技术以及黏结剂喷射（BJ）技术等在我国均得到了广泛应用和发展。

（3）市场与产业规模　近年来，我国 3D 打印市场规模持续增长。据中商产业研究院调研，2023 年中国 3D 打印市场规模已达 367 亿元，预计到 2025 年结束，市场规模将超过630 亿元。消费级 3D 打印机市场也呈现增长态势，2023 年市场规模为 32.3 亿元。这一增长主要受到 3D 打印产品逐步规模化应用和部分积压的 3D 打印设备需求释放的带动。

（4）政策支持　我国政府高度重视 3D 打印技术的发展，出台了一系列扶持政策以推动技术创新和产业升级。例如，工业和信息化部发布的《2023 年度增材制造典型应用场景名单》以及国家发展和改革委员会产业司修订发布的《产业结构调整指导目录（2024 年本）》中，均明确鼓励增材制造装备和专用材料的发展。此外，地方政府也积极推动 3D 打印产业的战略发展，如广东省发布的《广东省培育激光与增材制造战略性新兴产业集群行动计划（2023—2025 年）》等。

（5）产业链发展　我国 3D 打印产业链已初步形成，涵盖了原材料、设备、软件、服务等各个环节。随着市场逐渐成熟，越来越多的企业开始涉足 3D 打印领域，推动了产业链的完善和市场的拓展。例如，在设备生产方面，我国涌现出了一批具有国际竞争力的企业，如铂力特、华曙高科等；在材料研发方面，我国企业也在不断探索新型材料以满足不同领域的需求。

综上所述，我国 3D 打印技术经历了从起步到技术突破，再到广泛应用和产业化的发展过程，并在多个领域取得了显著成就。未来，随着技术的不断进步和市场需求的持续增长，我国 3D 打印技术将迎来更加广阔的发展前景。

1.3 了解 3D 打印技术的分类

1.3.1 根据成型原理分类

（1）光固化成型（Stereo Lithography Apparatus，SLA） 以紫外激光为光源，通过振镜系统控制激光光斑扫描，使液体树脂选择性固化，逐层打印固化形成目标零件。SLA 技术具有成型过程自动化程度高、制作原型精度高、表面质量好以及能够实现精细尺寸成型等特点。SLA 技术在航空航天、汽车、消费品、医疗等领域得到广泛应用。

（2）数字光处理（Digital Light Processing，DLP）成型 采用紫外数字投影技术，利用数字光源，通过仪器的数字微镜技术将面光源选择性投射到液态树脂上使其固化，逐层打印。DLP 与 SLA 的主要区别在于光源的照射方式。SLA 采用激光点聚焦液态光聚合物，而 DLP 则是将经过数字处理的影像信号以光的形式投影到聚合物上，实现一层一层的成型。因此，DLP 的成型速度通常比 SLA 更快。DLP 技术因其打印速度快、成型精度高以及成品表面光滑等优点，在珠宝、生物医疗、文化创意、医疗等高端制造行业得到应用。

（3）熔融沉积成型（Fused Deposition Modeling，FDM） 将丝状的热塑性材料通过喷头加热熔化，根据 3D 模型数据将熔融材料挤出并逐层堆积形成最终成品。FDM 技术是市场上最为常见的 3D 打印成型方法之一。其特点是成本低、材料范围广、适用于个人级和专业级 3D 打印机，但材料性能可能较低，尺寸精度有限。它广泛应用于原型制作、电气外壳、教育等领域。

（4）选择性激光烧结成型（Selective Laser Sintering，SLS） 将一层粉末材料均匀铺在已成型零件的上表面，并加热至略低于烧结温度，激光束扫描使粉末烧结并与下面已成型的部分粘结，逐层堆积形成成品。其特点是适用于多种材料，特别是金属粉末，可制造金属零件。同时，该技术能够制造复杂形状和内部结构的零件，主要应用于航空航天、汽车、医疗等领域。

（5）选择性激光熔化（Selective Laser Melting，SLM） SLM 技术通过高能激光束选择性地熔化金属粉末，逐层堆积，最终构建出三维实体零件。它与 SLS 类似，但主要用于金属粉末的快速成型，激光束将金属粉末加热至熔化温度，使其熔融并粘结，逐层构建出金属零件。SLM 主要应用在航空航天、汽车制造、生物医学、模具制造等领域。

（6）三维喷印（Three Dimensional Printing，3DP） 3DP 技术的原理与平面喷墨打印相似，但它是通过喷头喷出黏结剂（有时可以是彩色黏结剂以打印出彩色制件），将平台上的粉末粘结成型。这种技术通常使用石膏粉或其他粉末材料作为成型材料。在打印过程中，喷头按照预先设计好的三维模型路径移动，逐层喷射黏结剂，将粉末粘结成所需的形状。3DP 主要应用在原型制作、模具制造、艺术和文化、医疗等领域。

（7）分层实体制造（Laminated Object Manufacturing，LOM） 采用薄片材料（如纸、塑料薄膜等），通过逐层粘合的方式构造物体。其特点是适用于多种薄片材料，能够制造具有较大尺寸和复杂结构的零件，主要应用于原型制作、模型制作等领域。

（8）材料喷射（Material Jetting）　材料喷射技术使用喷嘴喷射液态材料（如黏结剂或熔融材料），然后逐层固化或凝固。这种技术可以快速且高精度地构建物体。其特点是快速、高精度，适用于快速原型制作和珠宝等领域。

（9）定向能量沉积（Directed Energy Deposition）　定向能量沉积技术使用热源（如激光或电子束）将材料（如金属丝或粉末）熔化并逐层沉积在基底上。其特点是适用于大型、复杂的金属结构件制造，如航空航天领域的部件。

1.3.2　根据物料形态分类

（1）液体材料3D打印　如光敏树脂等，主要用于SLA、DLP等光固化成型技术，利用激光束（SLA）、投影仪（DLP）或LCD屏幕发出的光，选择性地照射液态树脂的特定区域，使其发生光聚合反应并固化，逐层堆叠形成三维实体。

（2）丝状材料3D打印　如将ABS、PLA等塑料丝固态材料加热至熔融状态，通过挤出头逐层挤出并固化，最终形成三维实体。

（3）粉末材料3D打印　如金属粉末、陶瓷粉末、塑料粉末等，用于SLS、SLM等粉末成型技术，通过激光束选择性地烧结粉末材料，使其逐层固化并粘结在一起，最终形成三维实体。

1.3.3　根据市场定位分类

（1）个人级3D打印　其打印机专为个人用户设计，用于创意设计、教育学习、DIY制作等领域的3D打印设备。它们相较于专业级3D打印机，通常具有更低的成本、更小的体积和更简便的操作方式，适合初学者和家庭用户。

（2）专业级3D打印　其打印机通常适用于需要高精度、高性能的特定行业或专业应用，如医疗、牙科、珠宝等，可选成型技术和材料较多，具有显著的技术优势和应用价值。

（3）工业级3D打印　其打印机专为大规模、高效率的生产环境而设计，广泛应用于汽车、航空航天、建筑等工业领域。它们具备更高的打印速度、更大的打印尺寸和更强的稳定性，以满足工业生产的高要求。

除了上述分类方式外，3D打印技术还可以根据所使用的光源类型（如激光、DLP、LCD等）、材料挤出方式（如FDM、建筑3D打印等）以及是否使用黏结剂（如3DP技术）等进行分类。这些分类方式有助于更全面地理解3D打印技术的多样性和应用领域。

综上所述，3D打印技术每种分类方式都有其独特的视角和应用场景，有助于更深入地了解这项技术。在实际应用中，可以根据具体需求和条件选择合适的3D打印技术。

1.4　熟悉3D打印技术的行业应用

1.4.1　3D打印技术在航空航天领域的应用

在探索浩瀚宇宙的征途中，航空航天技术始终是推动人类进步的重要力量。随着科技的飞速发展，3D 打印技术以其独特的优势逐渐渗透到航空航天领域的每一个角落，为这一高科技行业带来了前所未有的变革。在航空航天领域的应用，展现了 3D 打印技术独特的魅力和广阔的前景。

1. 应用场景

（1）复杂零部件的直接制造 航空航天器件往往具有极高的复杂性和精度要求，传统制造方法难以胜任。而 3D 打印技术凭借其逐层叠加的成型方式，能够轻松驾驭这些高难度任务，直接打印出具有复杂内部结构和精细表面质量的零部件。以航空发动机中的涡轮叶片为例，其复杂的曲面设计和严苛的性能要求，在 3D 打印技术的加持下得以更好实现，不仅提升了叶片的气动效率，还增强了发动机的整体性能。

（2）轻量化设计与制造 航空航天领域对重量极为敏感，因为减轻重量可以显著提高飞行效率、降低燃料消耗。3D 打印技术通过拓扑优化设计，可以在保证结构强度的前提下，最大限度地减少材料的使用量，实现轻量化设计。例如，在飞行器结构设计中，采用蜂窝型结构、泡沫结构和波纹结构等，并通过 3D 打印技术实现结构的制造。

（3）原型设计与快速迭代 在航空航天产品的研发过程中，原型设计是不可或缺的一环。用传统方法制作原型周期长、成本高，而 3D 打印技术则可以实现快速原型制作和迭代优化。设计师只需将 CAD 模型导入 3D 打印机中，即可在短时间内制作出实物原型，进行性能测试和验证。这不仅缩短了研发周期，还降低了研发成本。

（4）定制化生产与服务 随着航空航天市场的不断发展，定制化生产和服务的需求日益增加。3D 打印技术以其灵活性和个性化定制能力，满足了这一市场需求。例如，航空公司可以根据乘客的体型和偏好，利用 3D 打印技术制作个性化的座椅和内饰部件，提升乘客的舒适度和满意度。

（5）维修与备件管理 在航空航天领域，维修和备件管理是一项重要而复杂的任务。传统方法往往需要大量库存来应对各种突发情况，而 3D 打印技术则可以实现按需打印备件，降低库存成本。当飞机出现故障需要更换零部件时，只需将相关数据上传至 3D 打印机中，即可快速制作出所需备件，缩短维修时间。

2. 应用案例

3D 打印技术在航空航天领域的应用已有许多显著的成功案例，具体如下。

案例一："天问一号"火星探测器

"天问一号"火星探测器安装使用了超过 100 个 3D 打印定制的零部件，其中包括钛合金等金属 3D 打印零件，具有高强度、耐高温、耐辐射等高性能特征，满足在火星恶劣环境中正常工作的要求。

案例二：GE 航空航天的 LEAP 发动机燃油喷嘴

GE 航空航天是全球领先的航空发动机制造商之一，如图 1-20 所示为 GE 航空航天金属3D 打印的燃料喷嘴。这一喷嘴采用了复杂的冷却通道设计，以提高发动机的燃油效率和可靠性。传统制造方法难以加工出如此复杂的结构，而 3D 打印技术则轻松实现了这一目标。通过 3D 打印技术制造的燃油喷嘴不仅减轻了重量，还提高了发动机的推力和效率。

案例三：波音公司的 3D 打印应用

波音公司在 3D 打印领域也取得了显著进展。波音公司已经将大约 40% 的价值流连接到数字链，并通过模拟指导 3D 打印构建，建立了一个完全受控的分布式 3D 打印网络，直接在 3D 打印机上远程、安全地生产零件，如图 1-21 所示为波音公司采用 3.6m 大尺寸 3D 打印零件。

图 1-20　GE 航空航天金属 3D 打印燃料喷嘴

图 1-21　波音公司采用 3.6m 大尺寸 3D 打印零件

这些案例展示了 3D 打印技术在航空航天领域的广泛应用和显著成效，从复杂零件制造，到快速原型开发，再到新材料的应用研究，3D 打印技术正在不断推动航空航天领域的创新和发展。

3. 挑战与展望

尽管 3D 打印技术在航空航天领域展现出巨大的潜力和优势，但其应用过程中仍面临一系列挑战。

（1）材料选择与性能　目前可用于 3D 打印的航空航天级材料种类有限，且部分材料的性能尚需进一步提升以满足极端环境的要求。此外，高性能材料往往价格昂贵，增加了制造成本。

（2）工艺稳定性与质量控制　由于航空航天零部件的复杂性和高精度要求，3D 打印过程中可能出现的缺陷、变形等问题，对工艺稳定性提出了更高要求。

（3）标准化与认证　目前，航空航天领域的 3D 打印技术尚未形成统一的国际标准和认证体系。因此，建立统一的标准化和认证体系，是推动 3D 打印技术在航空航天领域广泛应用的关键。

虽然 3D 打印技术在航空航天领域的应用面临诸多挑战，但其未来发展前景广阔。通过不断创新和优化技术、加强标准化和认证体系建设、促进跨领域合作与协同创新等方面的工作，可以推动 3D 打印技术在航空航天领域发挥更大的作用。

1.4.2　3D 打印技术在模具制造中的应用

模具广泛应用于注塑、吹塑、挤出、压铸、锻压、冲压、冶炼等多个领域，是工业生产中的重要工具，其制造效率、精度和灵活性直接影响到产品的质量和生产效率。随着科技的不断进步，3D 打印技术逐渐在模具制造中展现出其独特的优势和应用潜力。

1. 应用案例

下面通过以下三个案例来了解 3D 打印技术在模具制造中的具体应用。

案例一：宝马集团 3D 打印气缸盖砂型模具

首先，设计师使用 CAD 软件设计出气缸盖的三维模型，该模型为后续的 3D 打印提供了基础数据。然后利用 3D 打印技术，将砂子逐层涂覆并使用黏结剂固定，从而打印出高精度复杂砂型模具。这种模具具有非常高的精度和复杂度，能够准确再现设计模型中的每一个细节。该技术不仅突破了传统铸造的限制，实现了内部结构的精细定制，还优化了成本与时间效率，提升了设计自由度与产品轻量化水平。此案例展现了 3D 打印在模具制造中的高效、灵活与环保优势，在汽车等多领域模具生产中具有推广价值，如图 1-22 所示为 3D 打印气缸盖砂型模具。

图 1-22　3D 打印气缸盖砂型模具

案例二：宗玮工业利用 3D 金属打印解决模具翘曲问题

宗玮工业是一家从事塑料成品生产和模具制造的企业。为解决电源检验座模具翘曲变形的问题，公司成功设计出异形水路模具，如图 1-23 所示，并通过 3D 金属打印技术制造了模具，翘曲变形问题得到了显著改善，组装件之间的干涉问题也得到了解决。最终，生产效率提升了 25%，冷却时间缩短了 25%。

案例三：米其林利用 3D 打印技术探索轮胎模具制造

通过对 3D 打印设备企业 AddUp 进行收购，米其林获得了先进的 3D 打印技术，并将其应用于轮胎模具的制造中。利用 3D 打印技术，米其林成功设计出独特的雕塑系列轮胎，这些轮胎不仅具有独特的外观和纹理，而且在耐用性等方面也表现出色。3D 打印技术为米其林轮胎提升竞争力提供了有力的支持。通过 3D 打印，米其林能够快速实现轮胎模具的定制化和创新设计，为市场提供了更多样化、高性能的轮胎产品。这不仅提高了公司的市场竞争力，也为轮胎制造行业带来了新的发展机遇，如图 1-24 所示为米其林 3D 打印无气轮胎。

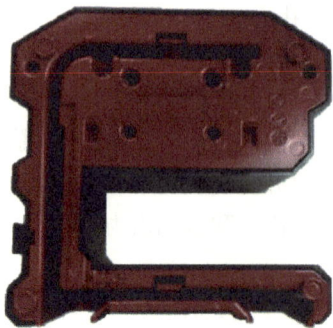

图 1-23　电源检验座模具

图 1-24　米其林 3D 打印无气轮胎

以上三个案例展示了3D打印技术在模具制造中的广泛应用和显著效果,涵盖了从汽车制造到轮胎生产的多个领域。这些案例不仅证明了3D打印技术的先进性和实用性,也为模具制造行业的未来发展提供了有益的启示。未来,随着技术的不断进步和成本的降低,3D打印技术在模具制造中的应用将更加广泛。

2. 优势与挑战

3D打印技术在模具制造中的优势主要有以下几方面。

(1)提高制造效率 传统模具制造过程通常涉及多个环节,如设计、制图、加工、调试等,耗时长且成本高。而3D打印技术通过直接将数字模型转化为实体模具,大大简化了制造流程,显著缩短了生产周期。据统计,3D打印技术可以将模具制造周期缩短50%以上,甚至在某些复杂模具的制造中,效率提升更为显著。

(2)实现复杂结构设计 传统模具制造方法在处理复杂结构时往往受到技术和工艺的限制,而3D打印技术则能轻松实现复杂形状模具的制造。通过计算机辅助设计软件,工程师可以设计出任意复杂形状的模具,并利用3D打印机制作出实体模具。这种能力为产品创新设计提供了更大的空间。

(3)适应定制化生产需求 随着市场需求的多元化和个性化定制需求的增加,传统模具制造方法难以满足这些变化。而3D打印技术可以根据客户需求,快速定制出符合其要求的模具,实现个性化生产。这种定制化生产方式不仅提高了客户满意度,还为企业带来了更多的市场机会。

(4)节约成本和减少浪费 传统模具制造过程中需要大量的人力和物力投入,且材料浪费现象普遍。而3D打印技术可以根据需要精确控制所需材料的用量,避免了传统制造过程中的浪费现象,降低了成本。3D打印还可以用于模具修复与重塑,对于损坏的模具,3D打印技术可以通过添加新的材料层来修复受损部分,从而延长模具的使用寿命。此外,3D打印技术可以直接从数字模型制造出模具,减少了样板制作和调试等环节,进一步节约了成本。

当然,3D打印技术在模具制造中的应用也面临一定的挑战,主要表现在以下两方面。

(1)材料的选择 模具行业对材料性能的要求极高,如高导热、高耐磨、高抛光等。但目前市场上适合模具制造的高性能3D打印材料选择有限,部分特殊性能材料尚未普及。

(2)专用设备与规模化生产 模具行业对零件精度和稳定性要求高,但当前市场上的3D打印设备多为通用设备,难以满足高精度模具制造的特殊需求。另外,为实现一定程度的标准化和规模化生产,需要开发适合模具行业特点的专用设备,以确保零件品质的稳定性。

1.4.3 3D打印技术在汽车制造中的应用

随着科技的飞速发展,3D打印技术作为一种革命性的生产方式,正逐步渗透到各行各业,其中汽车制造业是受益最多的领域之一。3D打印技术凭借其设计自由度高、生产周期短、材料利用率高等优势,为汽车制造带来了前所未有的变革。

1. 原型制作与快速验证

在汽车设计初期,设计师需要频繁地制造原型来验证设计理念的可行性和性能。传统方法制造原型不仅耗时长、成本高,而且难以处理复杂结构,而3D打印技术则能够迅速、精确地制造出复杂形状的原型，极大地缩短了设计验证周期，降低了研发成本。

案例分析：宝马在多个车型上应用了3D打印技术，如M850i夜空特别版的3D打印刹车卡钳，以及宝马6缸发动机S58的3D打印零件，如图1-25和图1-26所示分别为3D打印刹车卡钳和气缸盖。这些应用不仅缩短了开发周期，还提高了零件的精度和性能，使得宝马能够更快速地验证设计并调整方案。

图 1-25　3D 打印刹车卡钳

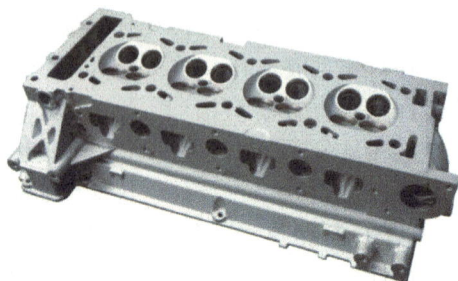

图 1-26　3D 打印气缸盖

2. 复杂零部件生产

汽车中存在着大量复杂形状的零部件，这些零部件往往难以通过传统方法高效制造。而3D打印技术凭借其高精度、高灵活性的特点，能够轻松应对这些挑战。通过3D打印技术制造的零部件不仅尺寸精确、质量可靠，而且能够显著减少材料浪费和生产成本。

案例分析：保时捷在制造其高性能电动跑车时，采用3D打印技术生产了新型电机驱动外壳，如图1-27所示。该壳体结构复杂，传统方法难以制造，而通过3D打印技术，保时捷不仅实现了壳体的精确制造，还减小了生产周期和成本。此外，该壳体还具备更轻、更牢固、更紧凑的特点，提升了整车的性能表现。

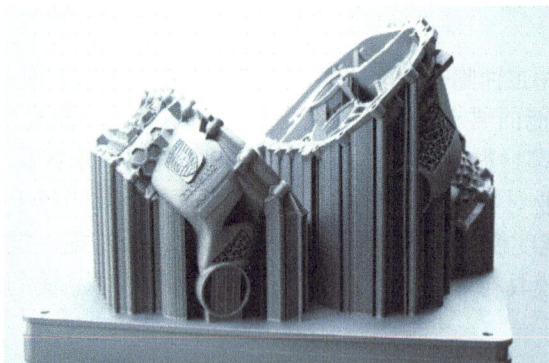

图 1-27　3D 打印的保时捷新型电机驱动外壳

3. 轻量化设计与材料应用

轻量化是汽车制造领域的重要趋势之一。通过优化设计结构和使用轻质材料，可以降低汽车的重量，提高燃油效率和行驶性能。3D打印技术通过精确控制材料分布和去除多余材料，能够实现更加精细的轻量化设计。

案例分析：兰博基尼在制造其超级跑车时，利用3D打印技术制造了发动机管道等复杂零部件，如图1-28所示为兰博基尼跑车发动机。这些零部件采用轻量化材料制成，并通过精确控制材料分布实现了减重效果。同时，由于3D打印技术的高精度特点，这些零部件的性能并未受到影响，反而有所提升。这种轻量化设计不仅提升了汽车的性能表现，还降低了能耗和排放。

图1-28　兰博基尼跑车发动机

另外，3D打印技术可以根据每位消费者的不同需求快速生产出满足其个性化需求的零部件。在汽车维修和备件制造方面，3D打印技术也发挥着重要作用，3D打印技术能够迅速响应维修需求，快速制造出所需的备件。

从以上应用分析可以看出，3D打印技术不仅能够提高汽车设计和制造的效率和质量，还能满足消费者对个性化、定制化汽车的需求。3D打印技术独特的优势和广泛的应用前景使它成为汽车制造业转型升级的重要推手。未来，随着技术的不断进步和应用场景的不断拓展，3D打印技术将在汽车制造业中发挥越来越重要的作用。

1.4.4　3D打印技术在其他领域中的应用

前面的章节中，已经分析了3D打印技术在航空航天、模具制造、汽车制造领域的应用情况。3D打印技术的应用领域非常广泛，也涉及很多其他行业，本节介绍3D打印技术在医疗、教育、建筑等领域的应用情况。

1. 3D打印技术在医疗领域的应用

在当今科技飞速发展的时代，3D打印技术正以其独特的优势，在医疗领域中展现出巨大的潜力和广泛的应用前景。作为一项革命性的制造技术，3D打印不仅颠覆了传统的医疗设备制造方法和手术方式，还极大地推动了医学研究和治疗的进步。其应用主要体现在外科手术规划与模拟、人工器官与组织工程、医疗设备的个性化制造、药物研究与生产等方面。

（1）外科手术规划与模拟

1）手术模型制作。在外科手术中，精确的手术规划和模拟是确保手术成功的重要因素。3D打印技术能够根据患者的CT或MRI等医学影像数据，快速制作出1∶1的3D模型。这些模型不仅具有高精准性，还能模拟手术部位的解剖结构和病理变化，为医生提供直观的视觉参考。医生可以通过这些模型进行预先手术规划，优化手术路径，提高手术的安全性和成功率。

2）手术导板与辅助器械制造。除了手术模型外，3D打印技术还能制造手术导板和辅助器械。这些导板能够精确指导手术过程中植入物的位置和深度，确保手术的准确性和高效性。例如，在骨科手术中，医生可以利用 3D 打印的导板来精确定位螺钉和钢板的位置，减少对周围组织的损伤，提高手术效果，如图 1-29 所示。

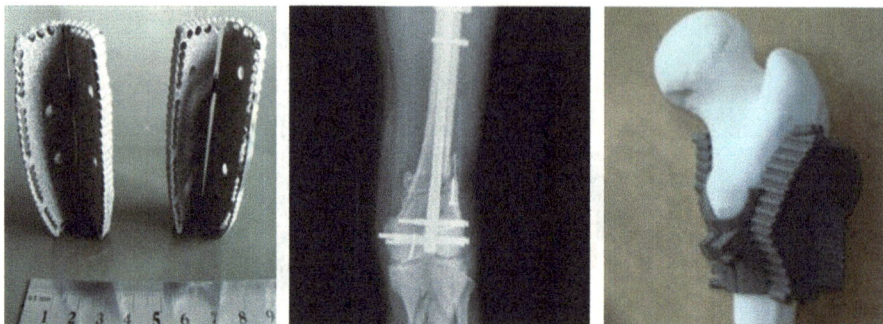

图 1-29 个性化手术导板

（2）人工器官与组织工程

1）人工器官制造。随着 3D 打印技术的不断发展，人工器官的制造已成为可能。科学家们利用 3D 打印技术，可以制造出具有复杂结构和功能的人工器官，如心脏、肝脏、肺等。这些人工器官不仅具有高度的生物相容性，还能在一定程度上模拟真实器官的功能，为组织修复或移植提供新的选择。虽然目前 3D 打印的完全功能性人工器官仍处于研究阶段，但其前景令人期待。

2）组织工程。3D 打印技术在组织工程中也具有广泛的应用。通过精确控制生物材料的沉积和细胞的排列，科学家可以制造出与人体组织相似的结构，用于组织工程和再生医学的研究。例如，3D 打印技术可以制造出具有多孔结构的骨组织支架，为骨细胞的生长和分化提供适宜的环境。此外，3D 打印技术还可以用于制造皮肤、软骨等组织的修复材料，为临床治疗提供新的解决方案。

（3）医疗设备的个性化制造

1）定制化假肢与矫形器。3D 打印技术为假肢和矫形器的制造带来了革命性的变化。传统的假肢和矫形器往往难以适应每个患者的具体需求和身体状况，而 3D 打印技术则可以根据患者的具体情况进行个性化定制。这种定制化的假肢和矫形器不仅提高了舒适度和使用效果，还降低了生产成本和周期。

2）个性化医疗器械。除了假肢和矫形器外，3D 打印技术还可以制造其他个性化的医疗器械。例如，牙科领域中的个性化牙套、种植体等；骨科领域中的个性化关节假体、外固定护具等，如图 1-30 所示为个性化牙冠牙桥植入体。这些个性化医疗器械的制造不仅提高了治疗效果，还减少了手术风险和并发症的发生率。

（4）药物研究与生产

1）药物小分子结构与纳米粒子。3D 打印技术可以制造出具有特定形状和大小的药物小分子结构和纳米粒子，用于药物研究和治疗。这些结构能够精确地控制药物的释放速度和靶向性，提高药物的疗效和安全性。例如，利用 3D 打印技术制造的多孔药丸可以实现药物的快速溶解和持续释放；而多层药丸则可以在不同时间释放不同的药物成分，以满足患者的个性化需求。

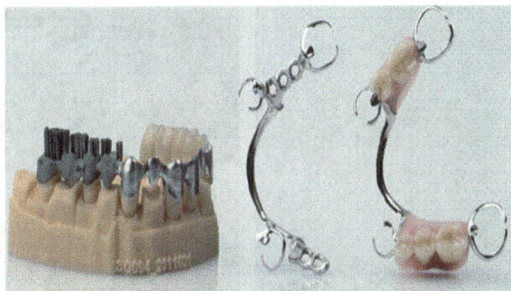

图 1-30　个性化牙冠牙桥植入体

2）定制化药物剂量与递送系统。3D 打印技术还可以用于定制化药物剂量和递送系统。通过精确控制药物的剂量和释放方式，医生可以为患者提供更加精准的治疗方案。这种定制化的药物治疗方式不仅提高了治疗效果，还减少了药物浪费和副作用的发生。

3D 打印技术在医学领域的应用不仅改变了传统医疗方式，还为人们带来了前所未有的治疗选择和创新机会。随着 3D 打印技术的不断发展和创新，其在医学领域的应用前景将更加广阔。未来，可以期待看到更多创新性和实用性 3D 打印医疗产品及解决方案的出现。同时，随着生物材料的不断研发和优化以及计算机辅助设计技术的不断进步，3D 打印技术在医学领域的应用将更加精准和高效。有理由相信，在未来的日子里，3D 打印技术将继续为医学事业的发展和人类健康的提升贡献不可估量的力量。

2. 3D 打印技术在教育领域的应用

3D 打印技术作为一项前沿的制造技术，在教育领域的应用已经日益广泛，为教学带来了诸多创新和变革。它不仅能够激发学生的学习兴趣，还能促进创新思维、实践能力和跨学科融合的发展。3D 打印技术在教育领域的应用主要体现在中小学辅助教学、大学及技术研究、职业技术教育、艺术设计等方面。

（1）中小学辅助教学　3D 打印技术为学生提供了直观理解复杂概念的工具。在生物课上，通过打印出人体器官的 3D 模型，学生可以近距离观察内部结构，增强空间想象力和理解力。在地理课上，地形地貌的 3D 模型让学生仿佛置身于山川湖海之间。此外，3D 打印还鼓励学生参与项目式学习，设计并打印出自己的创意作品，培养动手能力和团队合作精神。

（2）大学及技术研究　在大学及技术研究领域，3D 打印技术成为科研和教学的得力助手。科研人员可以利用该技术制作快速原型，验证设计思路，加速产品开发周期。

（3）职业技术教育　在职业技术教育中，3D 打印技术为学生提供了与行业接轨的实训平台。例如，在机械制造、模具设计、珠宝加工等专业中，学生可以通过 3D 打印技术快速制作出零件原型或成品，提前感受工作流程和市场需求。

（4）艺术设计教育　艺术设计教育领域是 3D 打印技术大放异彩的舞台。在艺术设计教育中，学生可以通过 3D 打印技术探索雕塑、装置艺术、产品设计等多个方向，培养创新思维和审美能力。3D 打印技术已成为创客教育的重要组成部分，该技术正不断与其他新兴技术融合，如人工智能、物联网、虚拟现实等，为教育领域带来更加丰富的应用场景和更加高效的教学模式，如图 1-31 所示为用光固化树脂成型工艺打印的中国龙艺术品。

图 1-31　中国龙艺术品

a）中国龙 3D 模型　b）3D 打印中国龙艺术品

随着技术的不断成熟和成本的进一步降低，相信 3D 打印技术将更加广泛和深入地融入教育之中，为教育领域带来前所未有的机遇和挑战，其在教学实践中的应用模式和创新路径也将不断得到探索。

3. 3D 打印技术在消费及艺术设计领域的应用

3D 打印技术也在逐步改变着消费及艺术设计领域的生产方式与创新模式，为消费品的个性化定制和艺术设计的多样化探索提供了无限可能。

（1）3D 打印技术在消费领域的应用　目前，个性化定制产品的应用非常广泛，比如鞋子、眼镜、珠宝、电子产品等的个性化定制越来越受欢迎。3D 打印技术无需制造模具，就能快速制造出产品原型和小批量产品，缩短产品开发周期，降低生产成本。

（2）3D 打印技术在艺术设计领域的应用　3D 打印技术能够打破传统制造技术的限制，实现复杂几何形状和结构的设计，能支持多种材料的打印，包括塑料、金属、陶瓷、树脂等，为艺术设计提供了丰富的材料选择。此外，3D 打印技术促进了不同艺术领域的跨界融合，如与时尚、建筑、家具等领域的结合。

通过以上分析可以看出，3D 打印技术在消费及艺术设计领域的应用日益广泛，它不仅为消费者提供了更加个性化、定制化的产品和服务，也为设计师们提供了更多的创作空间和创新可能。随着技术的不断进步和应用场景的不断拓展，相信 3D 打印技术将在未来发挥更加重要的作用。

4. 3D 打印技术在建筑领域的应用

3D 打印技术作为一种创新性的制造技术，近年来在建筑领域的应用日益广泛，这不仅改变了传统的建筑生产方式，还推动了建筑行业的可持续发展，其应用案例也越来越多。

比如，3D 打印技术可用于建造住宅房屋，包括墙体、地板和屋顶结构，不仅能极大地缩短建造周期，还能帮助设计师根据个人需求进行定制设计。3D 打印技术还可应用于建造城市基础设施，如桥梁、隧道和道路。利用可再生材料和可降解材料进行 3D 打印，还可以实现环保建筑的构建。

此外，3D 打印技术还可以用于景观凉亭、城市雕塑等公共设施的建设，为城市增添艺术气息。例如，在苏州高铁新城，有一座以废钢渣为原材料，通过 3D 打印方式打造的特殊公共卫生间。图 1-32 所示为用光固化树脂成型工艺打印的纪念品。

3D 打印技术在建筑领域的应用正逐步走向成熟，其独特的优势为建筑行业带来了革命性的变化。未来，随着技术的不断进步和成本的进一步降低，3D 打印技术有望在更多方向得到应用，推动建筑行业向更加高效、可持续的方向发展。

图 1-32 纪念品

a）纪念品 3D 模型　b）3D 打印纪念品

【课后习题】

1. 相对于传统制造技术，3D 打印技术有哪些优点？
2. 收集 3D 打印技术起源与发展的相关资料，了解 3D 打印行业的发展历史。
3. 收集国内外 3D 打印的相关资料，了解国内外 3D 打印技术发展现状。

项目 2
3D 打印技术类型及材料选择

📋 **学习目标**

- 掌握熔融沉积成型（FDM）技术、光固化成型（SLA）技术、选择性激光烧结成型（SLS）技术的工艺原理和材料选择。
- 熟悉分层实体制造（LOM）技术、三维喷印（3DP）技术和其他 3D 打印技术的工艺原理和材料选择。
- 了解熔融沉积成型（FDM）技术、光固化成型（SLA）技术、选择性激光烧结成型（SLS）技术、分层实体制造（LOM）技术、三维喷印（3DP）技术和其他 3D 打印技术的应用及发展。

💻 **素养目标**

- 培养学生的创新能力和解决问题的能力。
- 培养学生跨学科学习的能力。

👤 **课前讨论**

你知道 3D 打印技术的种类及适用材料有哪些吗？
- ◆ 在航天领域，工程师使用金属 3D 打印技术——选择性激光熔化（SLM）——制造了可以承受极端温度和压力的高性能零件，这些零件被用于火箭和太空船上。
- ◆ 在汽车制造中，一个著名的跑车品牌利用碳纤维增强热塑性复合材料进行 FDM 打印，以降低车辆重量并提高燃效。
- ◆ 一个知名零售品牌使用了 PLA（聚乳酸）生物可降解塑料，通过 3D 打印生产环保又时尚的附件，这类材料不仅环保，而且在日常使用中具有良好的耐用性和美观性。

📖【知识准备】

在了解了 3D 打印技术的基本概念和在未来可能带来的改变之后，下一步就是深入探讨这项技术涉及的具体类型以及所用材料。3D 打印不仅在技术选择上多样化，还在材料使用上展现了惊人的灵活性和广泛的适用性。不同的打印技术和材料组合能够应用于从简单生活用品到复杂工业部件的制造，每种组合都有其独特的优势和局限。

在本项目中，将详细探讨各种 3D 打印技术，如 FDM（熔融沉积建模）、SLA（光固化成型）和 SLS（选择性激光烧结成型）等，每种技术都通过不同的物理过程和材料来达到层层建造的最终产品。学习这些技术的原理、优点及其适用场景，将帮助大家为 3D 打印作品做出更加明智的技术选型。

此外，选择合适的材料对于实现理想的打印效果至关重要。无论是塑料、金属还是更为先进的复合材料，每种材料的物理和化学特性都能显著影响打印产品的质量和功能。通过本项目的学习，希望大家不仅能掌握 3D 打印的技术知识，还能了解如何根据不同的应用需求选择最适合的材料。

通过对 3D 打印技术类型及材料选择与应用的深入了解，能更全面地掌握 3D 打印技术，为将来在该领域的专业发展奠定坚实基础。

2.1　熔融沉积成型（FDM）技术

熔融沉积成型，也称作熔丝沉积成型，是由 Scott Crump 在 20 世纪 80 年代中期发明的技术。这种技术的专利权由美国的 Stratasys 公司在全球多个发达国家成功注册。在 3D 打印技术领域内，FDM 以其结构简洁、设计易于执行，以及相对较低的制造、维护和材料费用而闻名，使其成为目前使用最普遍的 3D 打印技术之一。

FDM 原理

2.1.1　FDM 技术的工艺原理及特点

1. FDM 技术的工艺原理

如图 2-1 中所示，FDM 技术主要将热塑性丝材加热至熔融状态，然后通过装有微型喷嘴的打印头进行挤压和喷射。加热后的材料从打印头的喷嘴流出，并直接沉积于制作平台或者此前已凝固的层面上。当材料温度降至固化点以下时，材料便开始硬化。此技术通过逐层堆叠材料，逐渐构建出最终的产品形态。FDM 的切片软件将从 CATIA、UG、Creo 等三维设计软件得到的 3D 模型自动进行分层，为每一层生成必要的成型路径和支撑结构路径。供材系统分为模型用材料和支撑用材料，相对应的打印头也被分为模型打印头和支撑材料打印头。

2. FDM 技术的工艺特点

FDM 技术是基于层层堆积成型的工艺过程，它具有以下优点。

1）环境友好：制造系统无毒害，适合在办公环境中使用，不会释放有害气体或化学物质。

2）能够构建复杂形状：能够快速构建瓶状或中空的零件，适用于复杂的空间结构。

3）材料易于保存：与粉末或液态材料的 3D 打印相比，丝状材料使用更为清洁，易于更换和储存，能减少设备和环境污染。

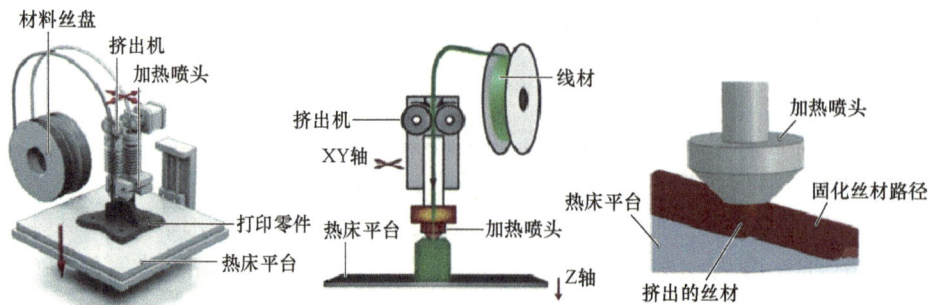

图 2-1　FDM 技术的工艺原理

4）成本较低：尤其在进行概念设计原型的创建时，因其对精度和物理化学特性的要求较低，3D 打印的成本效益显著。

5）材料选择多样性：支持多种材料，包括医用 ABS、PC、PPSF、PLA、PVA 等。

6）后处理简便：需要的后处理时间短，通常在几分钟到十几分钟之间，剥离支撑后可直接使用。

图 2-2 所示为 FDM 技术使用的线材。

图 2-2　FDM 技术使用的线材

经过几十年的发展，FDM 3D 打印机虽然得到广泛的应用，但它仍存在不足之处，具体如下。

1）成型精度和速度较低：FDM 的主要限制因素是相对较低的成型精度和相对较慢的打印速度。

2）控制系统智能化程度低：尽管操作简单，但系统在自动识别及调整异常状态时功能不足，需要技术人员经常监控，以防产生缺陷。

3）材料具有限制性：使用的材料易受潮，易塞喷头；塑性材料的凝固过程存在收缩性，导致成型过程中的翘曲、脱落和成品的变形。

图 2-3 所示为 FDM 3D 打印设备。尽管 FDM 技术在 3D 打印领域中得到广泛应用，但这些局限性也指出了未来技术改进的可能方向，例如提高打印速度、提升成型精度、增强系统的智能化水平，以及开发新材料以克服现有材料的局限。通过这些改进，FDM 技术的应用范围和效率都有望得到进一步的拓展和提高。

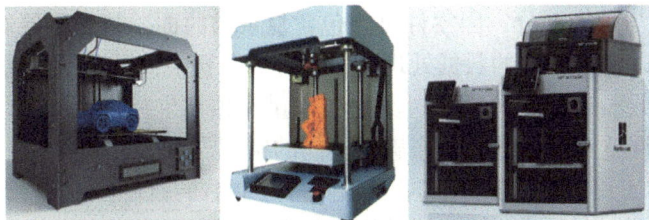

图 2-3　FDM 3D 打印设备

2.1.2　FDM 技术的工艺过程

如图 2-4 所示整个 FDM 工艺过程从构模到最终成型详细展示如下。

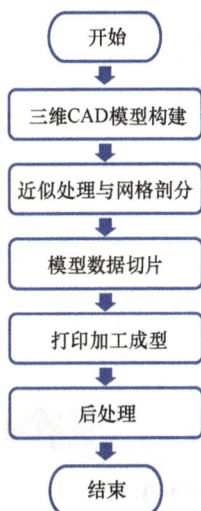

图 2-4　FDM 工艺过程

（1）三维 CAD 模型构建　开始时，必须在计算机上使用三维 CAD 软件（如 CATIA、UG 或 SOLIDWORKS 等）创建一个完整的三维模型。这个模型是产品设计的数字蓝图，提供了必要的尺寸和形态信息，用作快速成型系统的输入数据。图 2-5 所示为建立的三维模型。

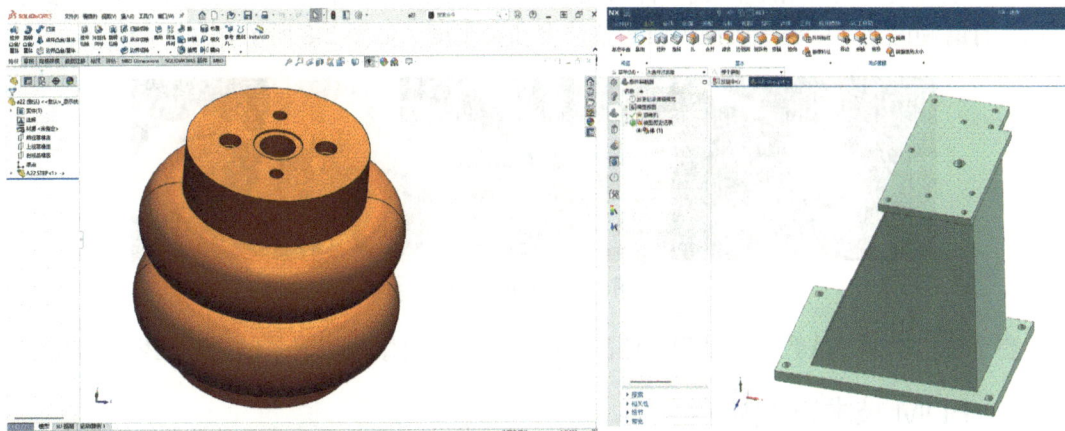

图 2-5　三维模型

（2）近似处理与网格剖分　因零件可能包含复杂的曲面，初步需要对其三维 CAD 模型执行网格化处理，以简化后续的数据处理并减少计算负担。此处理通过将曲面拆分成数个小的三角形平面来实现，每个三角面通过其法线向量和顶点坐标进行定义，以此分类和标识。这一过程中可通过调整三角形的大小来满足不同的精度需求。

（3）模型数据切片　为了实际打印，需要将近似后的三维模型进行切片处理，即将其分解为一层层的截面信息。这些信息被转换成数据文件，后续用于指导打印机的操作。切片的层厚控制成型件的细致度和打印速度：层越薄，打印质量越高但速度越慢；层越厚，速度提高但质量降低。图 2-6 所示为模型数据切片的过程。

图 2-6　模型数据切片过程

（4）打印加工成型　快速成型机根据预设的数据文件，由打印头实施精确控制，按照切片数据逐层喷出材料，并在各层间通过调整工作台或打印头位置，实现连续堆积直至形成完整部件。如图 2-7 所示，为打印成型的过程图。

图 2-7　打印成型过程

（5）后处理　打印完成的成型件需要从打印机中移除，并进行后续处理，如移除支撑结构、打磨和抛光，以提高成型表面的整洁度和美观度，如图 2-8 所示。

图 2-8　打印后处理

整个流程确保了从数字模型到实体部件的转化，同时影响了成品的质量和生产效率。

2.1.3　FDM 技术的适用材料

FDM 3D 打印中，材料的熔点低、黏度低、粘合性优良及收缩率小的特性至关重要。低熔点便于材料加热，低黏度和良好的流动性减少了喷头的阻力，有助于材料的顺畅挤出。如果材料流动性不佳，将需要较大的推力来挤出材料，这可能会延长喷头的启停响应时间，并影响整体的成型精度。此外，材料的低收缩率有助于提升最终成型品的质量，避免在冷却过程中产生翘曲或变形。目前，适用于 FDM 技术的材料包括低熔点的石蜡、塑料和尼龙丝，以及金属和陶瓷等。市面上常见的线材有 ABS、PLA、人造橡胶、铸蜡和聚酯热塑性塑料等，其中 ABS 和 PLA 最为普遍。图 2-9 所示为 FDM 打印使用的材料。

图 2-9 FDM 打印使用的材料

ABS 的颜色多样，打印出的模型色彩鲜亮，光泽度佳，适用于玩具、工艺品、生活用品等。然而，它的熔点相对较高（210~250℃），打印过程中需加热平台，同时可能释放有害物质。相比之下，PLA 是一种环保的可降解材料，具有良好的力学、物理性能和光洁度，适用于打印杯子、盘子等生活用品，但价格稍高。

图 2-10 所示为使用 FDM 技术打印的模型。

图 2-10 使用 FDM 技术打印的模型

表 2-1 列举了 ABS 和 PLA 材料 3D 打印对比。

表 2-1 ABS 和 PLA 材料 3D 打印对比

类别	性能	打印物件	其他
ABS	材料颜色有很多种，打印的模型色彩鲜亮，光泽度也比较好	玩具、工艺品、生活用品、小饰品等模型	熔点比 PLA 更高，通常为 210~250℃。在打印过程中，还必须对平台进行加热，且打印过程中有毒物质的释放量远高于 PLA
PLA	可降解、更环保，力学性能及物理性能良好，拥有良好的光泽度和透明度	杯子、盘子等生活用品	与 ABS 相比，PLA 价格稍贵

此外，FDM 工艺中还需使用特定的支撑材料，这些材料在打印过程中起着支撑作用，使用完成后需要剥离。支撑材料通常是水溶性的，这样可以方便地通过简单的水洗去除，满足复杂内腔或孔洞的打印需求。具体要求包括耐高温以防止与打印材料接触时熔化，不与成型材料浸润以便容易移除，以及具有较好的流动性以提高打印速度。熔点低也是必要的，以

降低挤出温度，延长喷头使用寿命。FDM 技术对支撑材料的要求见表 2-2。

表 2-2　FDM 技术对支撑材料的要求

性能	具体要求	原因
耐温性	耐高温	由于支撑材料要与成型材料在支撑面上接触，所以支撑材料必须能够承受成型材料的高温，在此温度下不产生分解与熔化
亲合性	与成型材料不浸润	支撑材料是加工中采取的辅助手段，在加工完毕后必须除掉，所以支撑材料与成型材料的亲合性不应太好
溶解性	具有水溶性或者酸溶性	对于具有复杂内腔、孔洞等的模型，为了便于后处理，可通过将支撑材料在某种液体里溶解而去除支撑。由于现在 FDM 使用的成型材料一般是 ABS 工程塑料，该材料一般可以溶解在有机溶剂中，所以不能使用有机溶剂。目前，已开发出水溶性支撑材料
熔融温度	低	具有较低的熔融温度，可以使材料在较低的温度挤出，提高喷头的使用寿命
流动性	高	由于支撑材料的成型精度要求不高，为了提高机器的扫描速度，要求支撑材料具有很好的流动性，相对而言，对于黏性的要求可以差一些

FDM 技术由于设备体积较小、材料易获取、成本相对低廉，而成为个人及小型设计团队常用的 3D 打印技术。设计人员可快速通过 FDM 打印制作出原型，直观地检验和调整设计。此技术也广泛应用于文娱创意领域，满足人们对产品的个性化需求。随着技术研究的深入，FDM 的应用限制将逐步被克服，应用范围也将持续扩展。

2.1.4　FDM 技术的应用及发展

1. FDM 技术的应用

作为一种尖端的制造技术，FDM 已成功将设计概念迅速转化为现实产品并广泛应用于众多行业，包括建筑、汽车、教育与科研、医疗、航空以及消费品制造等。这项技术现已占据全球约 30% 的快速成型市场。FDM 的两大主要应用领域如下。

（1）设计验证　设计验证是 FDM 技术的重要应用之一，广泛应用于基于 CAD/CAM 技术的数控加工。尽管计算机辅助设计（CAD）提高了设计的准确性，但模型往往需要在计算机辅助制造（CAM）之前进行实物验证。FDM 技术能够快速制造产品原型，提高设计反馈速度，帮助设计师及时优化产品结构和外观。例如，Mizuno 公司利用 FDM 技术在短短七个月内完成了新高尔夫球杆的开发，比传统开发方式快 40%。

（2）模具制造　FDM 技术在单件或小批量铸造产品制造中显示出其经济性，特别是在失蜡铸造和直接模壳铸造等领域中。开始时使用 FDM 技术制造出精确的母模，然后可以借此制造出硅橡胶、环氧树脂、聚氨酯或低熔点合金的模具，这些模具适用于小批量生产，固化后的模具能在高负荷下使用而不失其精度与韧性。

2. FDM 技术的发展

虽然 FDM 技术在多个方向上已取得显著成果，但仍面临一些挑战和发展瓶颈。

（1）材料的挑战　成型过程中材料的不稳定性（如相变和温度波动）经常导致成型件累积残余应力，这需要通过精细的后处理来解决以满足终端应用的需求。

（2）成型精度与速度的平衡　快速成型技术在数据处理和制造过程中存在制约分层厚

度的物理限制，导致成型件表面可能出现台阶效应，此外，物料在成型过程中的物理和化学变化也影响了成型效率，这使得成型精度与速度之间的平衡成为挑战。

（3）软件发展　目前的FDM软件存在功能限制，不能进行有效的自定义或二次开发，数据处理格式的不统一亦影响了成型质量。因此，开发能够支持复杂数据处理的标准化软件是当务之急。

（4）成本与技术普及　快速成型技术的研发成本高昂，加之专利限制，增加了生产和技术服务的经济负担。这限制了技术的广泛应用和行业交流。

虽然快速成型技术已在许多领域获得了广泛应用，但大多是作为原型件进行新产品开发及功能测试等，如何生产出能直接使用的零件是快速成型技术面临的一个重要问题。随着快速成型技术的进一步推广应用，直接零件制造是快速成型技术发展的必然趋势。快速成型技术经过近20年的发展，正朝着实用化、工业化、产业化方向迈进。

以下是几个未来主要发展趋势。

（1）创新材料的开发　材料创新是推动快速成型技术前进的核心。研发新的RP材料，如复合材料、纳米材料、非均质材料与活性生物材料等，正在成为研究的热点。

（2）强化成型软件与系统　开发集成化且标准化的成型软件和可靠的快速成型系统，以提升成型过程的精度和表面处理质量。

（3）金属与模具的直接成型　直接利用金属/模具成型技术进行生产，简化生产流程并提高效率。

（4）大型与微型模具的制造研究　研究和完善FDM技术在大型和微型模具制造上的应用，确保技术的精确度和可靠性。

（5）逆向工程技术　通过逆向工程技术，快速复制与开发新产品，在减少成本的同时提速市场响应，在医疗器械等领域发挥重要作用。

（6）低温成型与生物工程　开发新的低温成型技术以保持生物材料的活性，推动生物医学领域3D打印技术的进步。

（7）梯度功能材料与纳米晶体的研究　研究具有特定电性和磁性的梯度功能材料，以及纳米晶体材料，拓展材料的应用范畴。

（8）信息制造与生物成型　结合生物工程、基因技术的信息成型将成为未来制造业的一个新兴领域，发展智能材料的自我生长系统。

（9）远程制造技术　随着网络技术的提升，推动设计与制造过程的远程化和无人化，通过网络平台实现设计数据的即时传输和远程调控。

通过这些应用进展和技术的融合，未来的快速成型技术将更加多元化和功能化，全面提升制造业的效率和自动化水平。

2.2　光固化成型（SLA）技术

2.2.1　SLA技术的工艺原理及特点

1. SLA技术的工艺原理

SLA技术是一种利用激光来固化液态光敏树脂的先进技术。此技术的核心原理是在光

SLA 原理

敏材料上应用特定波长和强度的激光。激光束通过精确控制，按预定路径聚焦于液态树脂表面，逐点逐线转化为固态，逐层构建出所需的三维模型，如图 2-11 所示。

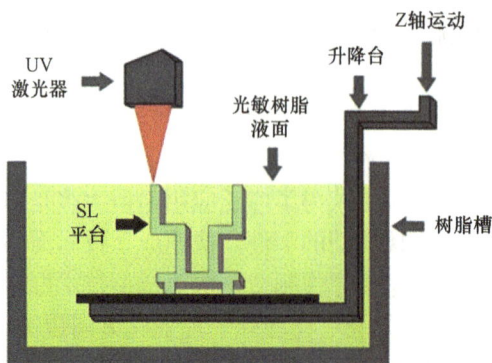

图 2-11　SLA 技术的工艺原理

具体过程如下。

（1）激光聚焦　使用激光器产生的激光聚焦到光敏树脂的表面，触发树脂的光固化反应。这个聚焦过程精确控制激光点的位置和移动轨迹，从而按图形需求逐点逐线地将液态材料转换成固态。

（2）层面构建　一旦一个层面固化完成，构建平台会沿垂直方向下移一个层厚的距离，为下一层的固化做好准备。通过这种逐层重复的过程，最终形成完整的三维实体。

由于其高精度和良好的表面光洁度，这种方法广泛应用于精密零件的制造、复杂组件的原型制作以及详细模型的打印。光固化 3D 打印技术不仅提供了制造复杂结构的可能性，而且因其制作过程中材料损耗较少且效率高，已成为医疗、牙科、珠宝设计和工业设计等领域的优选技术。光固化 3D 打印设备如图 2-12 所示。

图 2-12　光固化 3D 打印设备

2. SLA 技术的工艺特点

（1）SLA 技术的优点

1）技术成熟：SLA 技术作为最早的快速成型技术之一，具有高度成熟的技术基础，历经多年实践的考验与优化。

2）制造效率高：直接从 CAD 数字模型生成原型，加工速度快，大幅缩短了产品从设计到生产的周期，无须依赖传统的切削工具与模具。

3）复杂结构制造能力强：SLA技术能够处理外形复杂、用传统方法难以成型的原型和模具，展现出极高的设计自由度。

4）模型可视化：该技术的应用使CAD数字模型直观化，简化了设计验证过程，降低了修正错误的成本。

5）试样研制方便：为科研实验提供精确试样，助力于验证和校对计算机模拟的结果。

6）可自动化与远程操作：支持联网操作和远程控制，为自动化生产提供便利。

（2）SLA技术的缺点

1）高成本：光固化系统的造价昂贵，加之运行和维护成本也较高，构成了其普及的一大障碍。

2）环境要求高：作为一种精密设备，光固化系统对工作环境的要求异常严格，需要特定条件以保证设备运行和材料性能的稳定性。

3）材料具有局限性：多数光固化成型件采用树脂材料，其强度、刚度及耐热性较低，限制了成型件的保存期和应用范围。

4）对软件依赖性强：光固化设备的运行依赖预处理软件与驱动软件的精确计算，这对软件的性能和稳定性提出了更高要求，直接影响加工质量。

图2-13所示为采用光固化3D打印技术打印的实物。

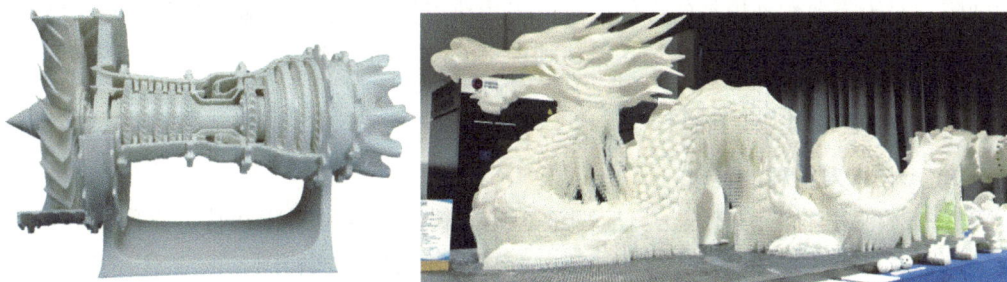

图2-13 光固化3D打印实物

2.2.2 SLA技术的工艺过程

在计算机的控制下，激光器发出的激光束按照零件的截面形状沿X—Y方向在光敏树脂表面进行逐点扫描，形成零件的一个薄层，未被扫描的树脂仍然呈液态。当前层扫描完毕后，工作台沿Z轴方向下降一层的高度，在固化的树脂表面上涂覆一层新的液态光敏树脂，用刮板将黏度较大的树脂液面刮平，激光束按照新一层的截面信息在树脂上扫描，新一层树脂固化并与前一层已经固化的树脂粘结，如此反复，直到零件实体模型成型，如图2-14所示。

在3D打印完成后，后处理阶段是必不可少的，其目的是确保打印件达到最优的物理与美观效果。具体步骤如下。

（1）样件取出　待打印件上升到适当高度后，使用铲刀小心地插入样件和工作台之间，轻松地从平台上提取样件并置于漏斗中，以便排出仍存于内部的未固化树脂。

（2）支撑结构去除　利用铲子、镊子等工具仔细移除样件上的支撑结构。在这一步骤中，保持细致操作以防损伤到样件的详细部位。

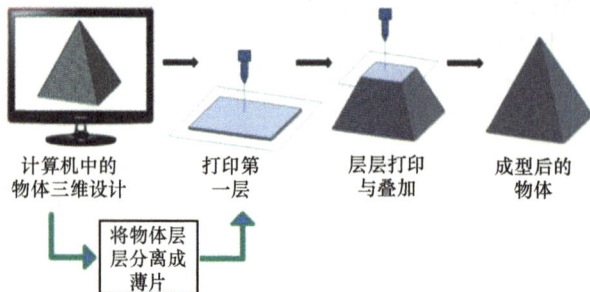

图 2-14　SLA 技术的打印过程

（3）样件清洗　将已移除支撑的样件放入清洗槽中，使用酒精进行彻底清洗。特别注意清洁样件的圆柱孔、深孔及细小的夹槽区域。对于薄壁部分，应迅速且谨慎地进行清洗，以避免材料变形。

（4）样件干燥　清洗完毕后，立即使用风枪对样件表面进行吹干，控制好风枪的温度以防零件变形。确保样件表面干燥不粘手，同时留意样件放置方式，防止其在干燥过程中发生变形。

（5）表面打磨与完善　使用砂纸和锉刀对样件表面进行细致打磨，去除微小的台阶及表面缺陷。对于需要额外填补的部位，可以采用热熔材料、乳胶或腻子进行修复，之后再进行进一步的砂纸打磨、抛光和涂装，以达到理想的外观和手感。

2.2.3　SLA 技术的适用材料

1. SLA 技术对材料的要求

SLA 技术使用的主要材料是反应型液态光敏树脂，这种树脂在特定频段的光照射下，可以从液态迅速转换到固态。如图 2-15 所示，为光敏树脂的实物图。根据 SLA 技术的特点，材料需要满足以下六大关键要求。

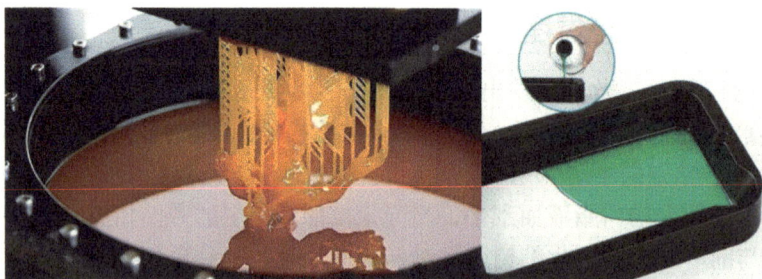

图 2-15　光敏树脂实物图

（1）低黏度　在成型过程中，低黏度的树脂有助于树脂更好地浸润，平滑地涂覆新层，并且能快速流平。这样不仅能减少涂层的时间，还可以显著提高整体的成型效率。

（2）高光敏性与快速固化　通常 SLA 技术采用紫外激光，光源输出功率范围从几十到几百毫瓦。在这样的条件下，激光快速扫描树脂，树脂需在短时间内迅速反应和固化，因此，对激光的吸收能力和响应速度要求极高。

（3）最小化固化形变 成型过程中的形变，直接影响到成品的尺寸精度。过大的固化形变可能导致成品翘曲、变形甚至开裂，从而使得成型失败。

（4）优良的耐溶剂性能 在成型后的清洗过程中，固化产物会接触到溶剂。为了确保成品的强度和精确度，固化物需要具备良好的耐溶剂性，以尽量减少因溶胀而导致的形变。

（5）高机械强度 精度和强度是快速成型技术中最为关键的两个性能指标。树脂固化后需要具备足够的机械强度，以满足功能部件的制造要求。

（6）低毒性 使用的成型材料，无论是单体还是预聚物，其毒性都应尽量低，以减少对操作人员及环境的潜在危害。

2. 常用成型材料的性能

表 2-3 中为常用光敏树脂材料的部分性能。

表 2-3 常用光敏树脂材料的部分性能

	SOMOS 11120	SOMOS 12120	SOMOS 14120
外观	透明	半透明樱桃红色	半透明樱桃红色
密度 （25℃）/（g/cm³）	约 1.12	约 1.15	约 1.15
黏度（30℃）/ cps	约 260	约 550	约 550
光敏波长 /nm	355	355	355

2.2.4 SLA 技术的应用及发展

1. SLA 技术的应用

作为一种精准的 3D 打印技术，SLA 技术能够将复杂的设计快速转换为实际物理模型，并在多个行业中得到了广泛的应用。SLA 技术是特别受欢迎的选择，用于制造高精度和光滑表面质量的原型和最终产品。它在医疗与牙科领域中尤为关键，例如用于打印定制的外科模型、牙齿矫正器和个性化医疗器械。除此之外，SLA 也被广泛应用于珠宝设计、工业设计、汽车行业以及消费品中的原型制造。通过 SLA 技术，设计师和工程师能够验证产品的外观、适配性和功能，从而加速产品开发过程，减少传统制造技术的时间和成本开销。SLA 不仅能产生细腻的细节，还能处理复杂的几何结构，这使得它在现代制造业中愈发重要。图 2-16 所示为采用 SLA 技术打印的产品。

2. SLA 技术的发展

（1）SLA 技术的发展方向

SLA 技术在制造行业持续发展中不断展现其核心价值，并在不断进化。未来的发展方向集中在以下几个关键领域。

1）高速化：当前光固化设备在制造过程中存在速度慢的问题，通常需要几小时到数十小时才能完成。因此，加快生产速度是未来技术发展的必要方向，这将极大提升生产效率和经济效益。

2）高精度化：现有的光固化设备层厚度在 0.076~0.381mm 之间，直接影响到成品的精度。随着各行业对产品精度要求的不断提升，进一步增强成型精度（降至 0.10mm 以下），将成为技术发展的关键方向。

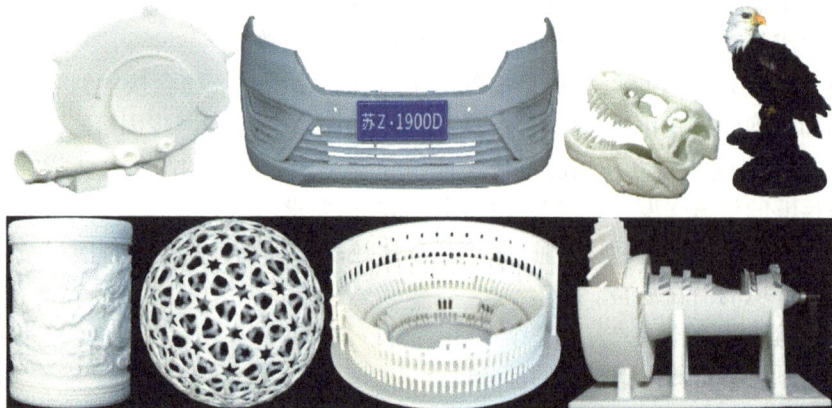

图 2-16 采用 SLA 技术打印的产品

3）节能环保：现阶段光固化所用材料通常具有一定的毒性，这对环境和健康构成威胁。因此，开发低毒甚至无毒的环保材料，促进工艺的绿色可持续发展，是技术发展必须考虑的重要方面。

4）微型化：随着微电子和生物工程的快速发展，对微米级甚至纳米级的精细结构需求日益增加。目前的传统 SLA 技术难以满足这些领域的高精细需求，因而发展微光固化成型技术（微立体光刻技术，μ-SL）显得尤为重要。这种技术专注于微机械结构的制造，具有极大的研究和经济价值。

通过以上技术革新，SLA 技术将更加广泛地应用于高端制造领域，推动行业向更高效、精细和环保的方向发展。

（2）SLA 技术的应用前景

SLA 技术经过多年的发展，已日趋成熟。近年来，特别是在 μ-SL 和生物医学应用领域，出现了多种创新的成型工艺。如今，SLA 技术不仅贡献于传统制造，更拓展了其在精密制造和生物医学的广泛应用。

当前的 μ-SL 技术主要涵盖基于单光子吸收效应和双光子吸收效应的方法，这些技术显著提高了传统 SLA 的成型精度，可至亚微米级。这一进步不仅推动了 SLA 技术在微机械制造领域的应用，还为复杂组件的精确制造提供了可能。

在生物医学方面，SLA 技术为一些传统方法难以制作的人体器官模型提供了创新解决方案。利用基于 CT 图像的 SLA 技术，可以高效制造假体，规划复杂的外科操作，并用于口腔颌面的修复。此外，SLA 技术在组织工程领域显示出极大的潜力，成为该领域的一个重要研究与应用方向。利用这一技术，科研人员能够制造出具备优异机械性能和良好细胞生物相容性的人工骨支架，极大地促进了成骨细胞的黏附和生长，开辟了生物医学研究和临床应用的新篇章。

2.3 选择性激光烧结成型（SLS）技术

SLS 原理

SLS 技术是一种先进的 3D 打印方法，它利用激光来烧结粉末状材料（包括金属和非金属粉末），实现层层堆积并逐步形成物体。这一过程完全受计算机控制，确保精确成型。SLS 技术与 SLA 技术在基本原理上有诸多相似之处，主要区别在于所使用的原材料和成型方式的不同。SLS 将激光直接作用在粉末材料上，而不是液态树脂，这对材料种类和最终产品的性质有重要影响。图 2-17 所示为 SLS 设备实物图。

图 2-17　SLS 设备

2.3.1　SLS 技术的工艺原理及特点

1. SLS 技术的工艺原理

SLS 技术通过精密的激光处理和粉末材料的层层堆积来制造三维对象。该技术利用功率在 $50\sim200W$ 之间的 CO_2 激光器（或使用波长为 $1.06\mu m$ 的 Nd：YAG 激光器）进行加工，适用于尼龙粉、聚碳酸酯粉、丙烯酸聚合物粉、聚氯乙烯粉、添加 50% 玻璃珠的尼龙粉、弹性体聚合物粉、热硬化树脂与砂混合粉、陶瓷或金属与黏结剂混合粉，以及纯金属粉等多种材料。这些粉末的粒径通常在 $50\sim125\mu m$ 之间。

SLS 技术的工艺原理如图 2-18 所示。成形时，首先在工作台上利用滚筒铺设一层预热至略低于材料熔化温度的粉末。随后，计算机控制的激光束根据设计文件中的截面轮廓信息，精确扫描粉末中的实心部分，将粉末加热至熔点。这种加热使得粉末在颗粒交界处熔融并相互粘结，逐步形成所需的层面轮廓。工件旁未烧结的粉末保持松散状，为工件本身及后续层提供必要的支撑。一层完工后，工作台下移一个截面层高度，然后重复铺料和烧结过程，直至整个模型完全成型。

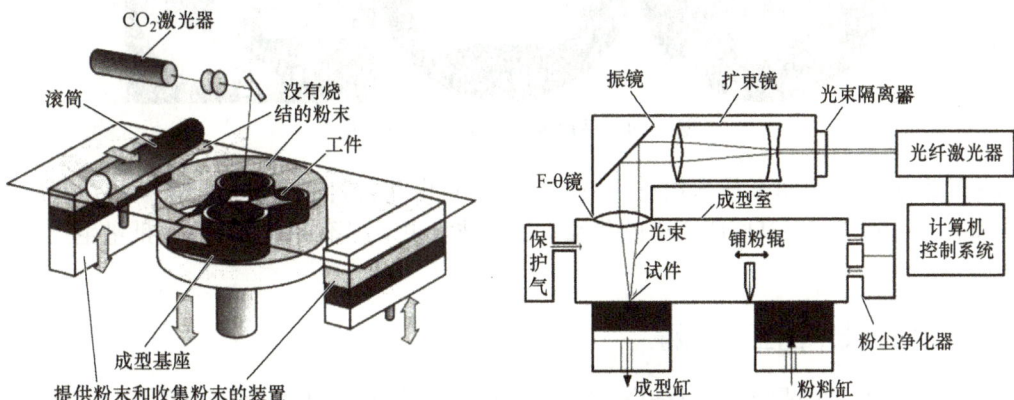

图 2-18　SLS 技术的工艺原理图

37

2. SLS 技术的特点

SLS 技术作为一种先进的三维打印技术，拥有其独特的优势和局限性。以下是 SLS 技术的主要优缺点。

（1）优点

1）材料多样性：SLS 技术可以使用多种材料，包括各种塑料、金属、陶瓷和复合材料等。

2）高度自由的设计：设计师可以实现更复杂的设计，包括移动部件、内部通道等，这些在传统制造方法中往往难以实现。

3）成品质量高：SLS 技术生产的部件具有较好的强度和耐久性，适合功能性测试和使用。

4）生产速度：对于小批量生产或单件定制，SLS 提供了快速的转换时间，从设计到成品的速度相对较快。

（2）缺点

1）成本问题：SLS 设备本身及其运营成本较高，特别是对于高质量激光器和粉末材料。

2）粉末管理：处理粉末需要特别小心，因为粉末可能会造成呼吸道问题，同时需要在特定的环境下存储和处理以防潮湿和污染。

3）后处理需求：SLS 打印完成后，通常需要更多的后处理，如去除未烧结粉末、热处理、着色和表面处理等。

4）表面粗糙度：与其他类型的 3D 打印技术相比，SLS 通常会产生较粗糙的表面，这可能需要额外的研磨或精加工。

5）有限的精度：虽然 SLS 能够生产复杂结构，但其精度和接缝处仍可能受到粉末颗粒大小的限制。

图 2-19 所示为采用 SLS 技术打印的实物。

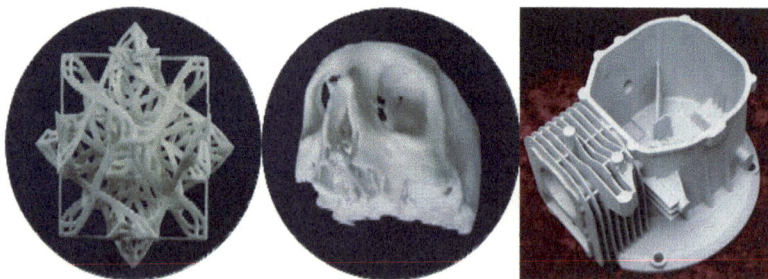

图 2-19　采用 SLS 技术打印的实物 1

总的来说，尽管 SLS 技术提供了极大的设计自由和材料适应性，但较高的运营成本和后处理需求限制了其在某些应用中的普及。这一技术更适用于对复杂性和小批量生产要求较高的场合。

2.3.2　SLS 技术的工艺过程

SLS 技术是一个精密的层叠制造过程，如图 2-18 所示，在整个打印过程中，首先，成型缸会下降一个层厚的高度，供粉缸相应上升，使得粉末可被推送至成型缸。铺粉辊从左侧开始，将均匀的粉末层推送到成型缸，平整铺设，超出的粉末则落入回收槽中。

接着，激光器根据设计好的第一层截面和轮廓信息，对粉末层进行精确扫描。粉末在激光的高温作用下瞬间熔化，粉末颗粒相互粘结，在激光扫描的区域形成固体结构，而未被扫描的区域则保持松散状态。完成第一层烧结后，工作台进一步下降一个层厚，供粉缸相应升高，铺粉辊再次铺设新的粉末层，激光继续对接下来的层进行扫描。此过程持续进行，直到整个零件完全烧结。

烧结完成后，成型缸被提升，取出成型的零件并清理表面残留的粉末。由于直接由激光烧结产生的零件通常具有较低的强度并且结构疏松多孔，根据使用需求，可以对其进行后处理，比如热处理、浸渍、打磨或涂层处理等，以提升材料的机械属性和表面质量，达到接近实际使用性能的水平。图 2-20 所示为采用 SLS 技术打印的实物。

图 2-20　采用 SLS 技术打印的实物 2

1. SLS 技术的烧结

SLS 技术使用不同类型的粉末材料来制造原型或零件，每种材料的烧结过程各有特点，如金属、陶瓷和塑料粉末等。

2. 烧结件的后处理

SLS 成型后的零件或原型坯体通常需要进一步的后处理以增强其力学和热学性能。针对不同的材料和性能要求，应用了多种后处理技术，如高温烧结、热等静压烧结、熔浸和浸渍。

3. SLS 技术工艺参数的影响

SLS 技术的工艺参数包括铺粉层厚、预热温度、激光功率、光斑直径、扫描速度以及扫描方向，对成型质量具有关键影响。成型质量主要通过零件的强度、密度和精度来评估。此外，对于经过后处理的零件，工艺参数还包括后处理的温度和时间。

2.3.3　SLS 技术的适用材料

3D 打印材料是推动 3D 打印技术发展的关键基础，并且在很大程度上限制了 3D 打印的进一步发展。材料的创新和优化对 3D 打印技术的广泛应用至关重要。

在 3D 打印中，耗材主要以粉末形态出现。通常情况下，这些粉末状 3D 打印材料的粒径在 1~100μm 范围内，不同的打印设备和操作条件可能会要求不同的粒径大小。为了保持粉末的良好流动性，通常要求粉末具有高球形度。

粉末材料的物理性能，诸如粒度、颗粒形貌、粒度分布、熔点和比热等，对 SLS 的成型性有显著影响。成型性这一概念指的是粉末材料用于 SLS 工艺的难易程度，以及获得合格原型件或功能件的能力。处理不当，这些物理性能不仅会影响成型质量，甚至可能导致整个工艺过程的失败。

理论上，任何能在受热后相互粘结的粉末材料，或那些表面覆盖有热塑性（或固态）黏结剂的粉末材料，都可用于 SLS 工艺。然而，为了真正适用于 SLS 烧结，粉末材料需要具备以下特性：优良的热塑性，适当的导热性，以及烧结后足够的结合强度。此外，粉末材料的粒径不能太大，否则会降低成型件的质量；而且，理想的 SLS 材料应具有较窄的"软化-固化"温度范围。当这个温度范围过宽时，成型件的精度可能会受到影响。这些要求保证了 3D 打印过程的精确性和材料的适用性，是实现高质量打印效果的关键。

SLS 技术对成型材料的基本要求如下。

（1）良好的烧结性能　材料应具有出色的烧结性，能够无需特殊处理即可快速且精确成型。

（2）优异的力学和物理性能　直接用作功能性零件或模具的原型，需要具备足够的强度、刚性、热稳定性、导热性以及加工性能。

（3）便于后续处理与加工　对于间接使用的原型，材料应能方便快捷地进行后续处理和加工，确保与后续工艺的良好兼容性。

SLS 是一项利用激光作为热源将粉末材料烧结成型的快速成型技术。适用于 SLS 的粉末可以是任何一种在加热后能够熔融并粘结的材料，包括高分子、陶瓷、金属粉末及其复合材料。其中，高分子粉末因其较低的烧结能量、简易的烧结工艺和高质量的打印成品，已成为 SLS 打印的主流材料。适合 SLS 技术的高分子粉末应具备以下特点：熔融结块温度低、优良的流动性、较小的收缩率、低内应力及高强度。

用于 SLS 的粉末材料主要包括以下几种。

（1）陶瓷粉　陶瓷材料因其高强度、高硬度、耐高温、低密度、良好的化学稳定性和耐腐蚀性，在航空航天、汽车、生物医学等多个领域均有广泛的应用。3D 打印陶瓷可以通过逐层粘结法或直接成型法制造复杂结构，如闭孔结构等。

（2）高分子粉末材料　常用的热塑性树脂包括聚苯乙烯（PS）、尼龙（PA）、聚碳酸酯（PC）、聚丙烯（PP）和蜡粉等。聚苯乙烯因其低吸湿率、较宽的成型温度范围和相对较小的收缩率，而广泛应用于快速模具制造。

（3）蜡粉　传统的熔模精铸用蜡，如烷烃和脂肪酸蜡，具有低熔点（约 60℃），熔化迅速且无残留，非常适用于熔模铸造，成本效益高。

（4）树脂砂　使用树脂砂进行 SLS 烧结可以改进传统的砂型铸造工艺，通过直接打印砂芯并进行后期固化，准备用于浇铸，比传统工艺更省时节能。

2.3.4　SLS 技术的应用及发展

（1）在快速模具制造上的应用

快速模具制造（Rapid Tooling，RT）是一种制造周期短、成本低的先进制模技术，近年来在国内外迅速发展。结合快速原型技术，快速模具制造不仅技术先进，而且具有成本低、周期短的明显优势。此技术一般分为间接制模和直接制模两种方法，SLS 技术成型工艺在这两种方法中均展示出极佳的适用性。

在间接制模应用中，SLS 能够制造形状复杂的零件，特别适用于熔模铸造和砂型铸造。例如，在制造一款复杂内部结构的发动机缸盖铝铸件时，SLS 技术能够无视零件的复杂程度，适应从简单设计到高度复杂的设计。

图 2-21 所示为 SLS 砂型铸造获得的一款发动机缸盖的铝铸件。

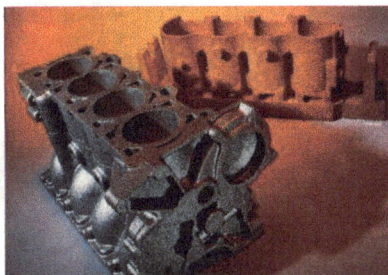

图 2-21　德国 EOS 公司制造的砂芯及铸件

直接制模法是一种具有极大发展前景的方法，尤其是在直接制造金属模具方面，SLS 处理金属粉末的能力让它拥有独特优势。此方法通常涉及使用间接法激光烧结金属粉末，然后对型腔表面和型芯面进行抛光，加上浇注系统和冷却系统，以此构建注塑模具。

（2）在医学上的应用

在医疗领域，SLS 技术被用来生产定制的植入物和外科工具。例如，生物材料公司（如 Apex Biomedical）利用 SLS 技术制造出符合患者特定解剖结构的颌骨和颅骨植入物。这种个性化的生产方式不仅提高了手术的成功率，也极大地缩短了患者的康复时间。

（3）航空航天领域的应用

航空航天是 SLS 技术的一个重要应用领域。空中客车等航空巨头采用 SLS 技术制造轻量化的飞机部件和复杂的空气动力学组件。这种技术能够制造出传统方法难以加工的结构，不仅提升了飞机的性能，同时也减少了制造成本和时间。

（4）消费品和零售领域的应用

SLS 技术也被运用于生产定制的消费品，如珠宝、眼镜框以及个性化的装饰品。例如，眼镜品牌 Oakley 使用 SLS 技术根据消费者的面部结构定制独特的眼镜框，提供更加舒适和个性化的产品选择。

2.4　分层实体制造（LOM）技术

LOM 原理

层叠法成型技术，即分层实体制造（Laminated Object Manufacturing，LOM）技术，由美国 Helisys 公司的工程师 Michael Feygin 在 1986 年首次研发成功。该技术后由技术合作传入中国，目前由南京紫金立德电子有限公司掌握，并持有全球该技术的核心专利，这标志着分层实体制造法成为当时中国企业唯一掌握的重要快速成型技术，基于此技术的商业 3D 打印机也于 2010 年投入市场。

自 1991 年面世以来，LOM 技术便迅速发展，成为最成熟的快速成型技术之一。这种制造方式主要利用纸材，以其低成本、快速制造、高精度和优雅外观等优势，在产品初期设计、造型设计和母模制造等领域得到广泛应用，相较于其他快速原型制造方法，获得更多的行业关注。

LOM 技术的基本原理相对简单，但其在工艺过程、过程控制以及应用领域的扩展研究对进一步推动和优化技术极为关键。该技术的制造过程涉及计算机造型、激光加工、精密机械控制以及材料科学等多个方面，这些环节的协同优化是提升 LOM 应用效率和质量的关键所在。图 2-22 所示为 LOM 3D 打印设备。

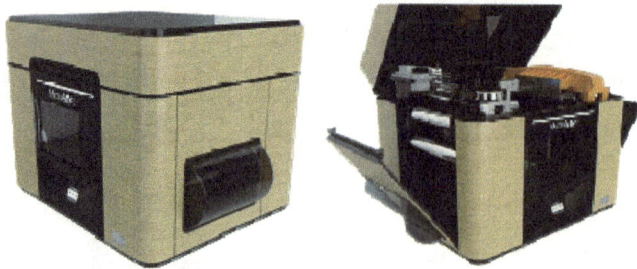

图 2-22　LOM 3D 打印设备

2.4.1　LOM 技术的工艺原理及特点

1. LOM 技术的工艺原理

LOM 技术是目前全球范围内最成熟的快速成型技术之一，该技术主要采用片材作为原材料，如纸片、塑料薄膜或复合材料等。由于经常采用成本较低的纸张材料，制造成本显著降低，同时保证了较高的制件精度。此外，随着技术的发展，现代改进型的 LOM 3D 打印机能够打印出与二维印刷相媲美的色彩，因此在产品概念设计的可视化、造型设计评估、装配检验、快速制模及直接制模等多个领域得到了广泛应用。

其成型原理大致如图 2-23 所示。首先，激光切割设备和定位系统根据预先定义的横截面数据对片材进行精准切割，制造出与横截面轮廓一致的形状。该片材的背面涂覆有热熔胶且进行了特殊处理，以便于后续步骤。随后，供料和回收系统移除用过的材料，并放置新的片材。利用热碾压装置，新层片材被碾压，使其与之前的层牢固

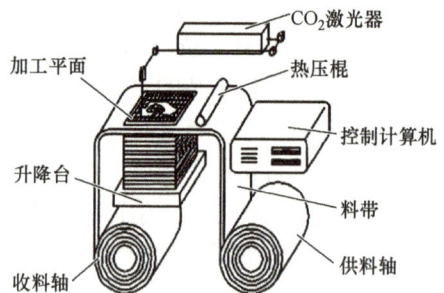

图 2-23　LOM 打印技术原理

粘合。通过重复这一过程，逐层粘合和切割，逐步构建出预定的三维工件。

当前，LOM 技术能够处理的材料包括但不限于纸、金属薄膜、塑料膜和陶瓷薄膜。这项技术不仅适用于模具和模型的生产，还可直接制造出一些结构或功能零件，展现出其广泛的应用前景。

在操作过程中，首先利用切片软件对三维数字模型进行切片处理，以获取模型各个截面的轮廓数据。这些数据随后由上位控制软件用于指导激光切割系统，使切割头沿 X 轴和 Y 轴方向精准移动。在此过程中，供料系统会连续传送涂有热熔胶的片材（如涂覆纸、涂覆陶瓷片、金属片或塑料片）到工作台上方，激光切割系统利用二氧化碳激光束将原材料精确切割成与工件轮廓一致的形状。

对于废料的处理，一些设备配置了先进的系统，可以将非轮廓区域的片材切割成小碎片，并通过回收装置进行移除。因为热压机构会将各层纸质材料紧密压合并粘结在一起，构建出的模型中自然形成了内部的结合，无需额外的支撑结构。制模过程中，升降工作台在每层打印完成后降低一个层厚的高度，从而继续支撑正在成型的工件。

采用 LOM 技术制造的大中型原型件，不仅具备较小的翘曲变形和较高的尺寸精度，而且成型时间短，用于切割的激光器寿命更长，打印的成品具有优良的机械性能。这些特性使得 LOM 设备特别适合进行产品设计的概念建模和功能性测试部件。此外，由于这些零件具有类似木材的属性，它们还特别适用于直接制作砂型铸造模。图 2-24 所示为采用 LOM 技术打印的人体头颅。

图 2-24　采用 LOM 技术打印的人体头颅

2. LOM 技术的工艺特点

目前，LOM 技术主要使用的打印材料较为有限，尤其是与 FDM 设备相比。最为成熟和常用的材料是涂有热敏胶的纤维纸。由于原材料的限制，打印出的最终产品性能大致相当于高级木材，这一点在一定程度上限制了该技术的推广和应用。尽管 LOM 技术在操作可靠性、模型支撑力、成本和效率方面具有显著优势，但在打印前的准备和后处理方面都较为烦琐，且不支持带有中空结构的模型打印。因此，LOM 技术主要用于快速制造新产品的样件、模型或用于铸造的木模。图 2-25 所示为采用 LOM 技术打印的零件。

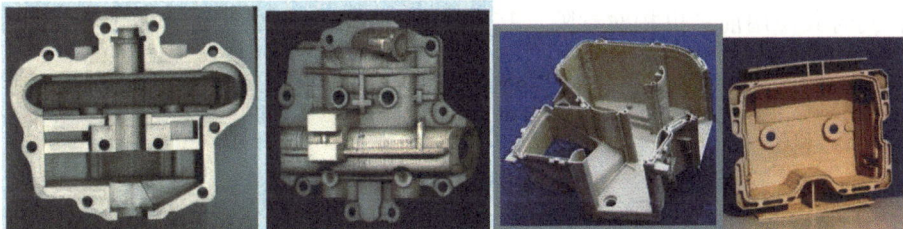

图 2-25　采用 LOM 技术打印的零件

LOM 技术的优点主要包括以下几个方面。

1）成型速度快：由于 LOM 本质上不属于增材制造，只需用激光切割出物体轮廓，因此成型速度较快，常用于制作内部结构简单的大型零部件。

2）模型精度高：可以进行彩色打印，打印过程中产生的翘曲变形极小。

3）耐高温：原型能承受高达 200℃的温度，具有较好的硬度和力学性能。

4）无需支撑结构：打印时无需设计和制作支撑结构，可以直接进行切削加工。

5）成本较低：原材料成本低廉，适用于生产大尺寸零部件。

LOM 技术的缺点也相当明显。

1）材料具有局限性：成型件的抗拉强度和弹性较差。

2）维护成本高：打印过程涉及激光消耗，且需要专业的实验室环境。

3）复杂的后处理：打印完成后需要手工去除废料，不适合构建内部结构复杂的零部件。

4）抗潮性差：原型易吸水膨胀，需要进行防潮处理。

5）需要额外做表面处理：Z 轴精度受材质和胶水层厚影响，成品表面可能出现阶梯纹理，需要额外的表面打磨处理。

值得一提的是，由于纸材对湿度极其敏感，LOM 原型在 Z 轴方向容易因吸湿而膨胀，严重时叠层可能脱落。因此，为降低吸湿带来的影响，原型在剥离后需要尽快进行密封处理。经过适当的密封后，工件可以展示出较好的强度和抗热抗湿性能。

2.4.2 LOM 技术的工艺过程

在 LOM 技术的实际操作中，设备大多使用单面涂覆热熔胶的片材。这些片材首先通过热辊进行加热，加热后的热熔胶变得具有黏性，从而使得纸、陶瓷箔、金属箔等不同材质的片材能够紧密粘结。

随后，操作台上方的激光器根据 CAD 模型的分层数据，使用激光束精确切割片材，形成零件的内外轮廓。完成这一步骤后，又会铺设新的一层片材，并通过热压装置将新层与下面已经切割好的层紧密粘合。激光束接着对新添加的层进行切割。工艺过程持续这一连串的操作，层层叠加和切割，直至整个零部件完全成型。

整个 LOM 技术的操作流程以其系统性和重复性的特点，确保了成型零部件的精度和质量。LOM 技术的工艺过程如图 2-26 所示。

可以看出，LOM 工艺在某种程度上保留了传统切削工艺的特征。然而与传统使用大块原材料进行整体切削的方法不同，LOM 工艺将零部件模型细分为多层，然后对每一层进行精确切削。北京太尔时代曾在早期研发中采用 LOM 工艺 3D 打印机，并选择纸质材料作为主要打印介质，如图 2-27 所示。然而，纸质材料在使用激光切削过程中可能存在着起火的风险，同时其应用前景也相对有限。基于这些考虑，太尔时代后续便主要转向研发使用 FDM 技术的 3D 打印机。

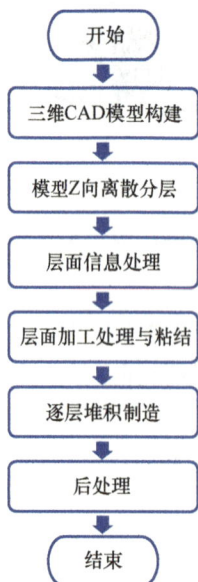

图 2-26　LOM 技术的工艺过程

图 2-27　采用 LOM 工艺打印的纸质物

LOM 设备的打印工艺过程具体包括以下几个步骤。

1）利用进料辊将片材引入工作台，完成填料操作。

2）使用热压辊加热并融化片材，使其与上一层材料紧密粘结。

3）按照切片数据确定的轮廓，使用激光或刀具进行精确切割。

4）打印平台下降一个层厚的高度，出料辊和进料辊协同作用，移除残余材料并引入新材料，然后重复整个打印过程，直至物体打印完成。

5）完成打印后，将成型件从平台移除，并进行打磨、密封等后续处理。

2.4.3 LOM 技术的适用材料

LOM 技术涉及三大核心元素：薄层材料、黏结剂及涂布工艺。这种技术主要使用纸材作为薄层材料，而热熔胶则作为常见的黏结剂。从成型零件的质量和制造成本来设计和选择纸材、热熔胶及其涂布工艺是至关重要的。以下简要介绍纸材性能、热熔胶要求以及涂布工艺的相关信息。

（1）纸材性能 选择合适的纸材需要考虑多个因素，如图 2-28 所示。纸材的物理和化学特性对成型质量有直接影响。

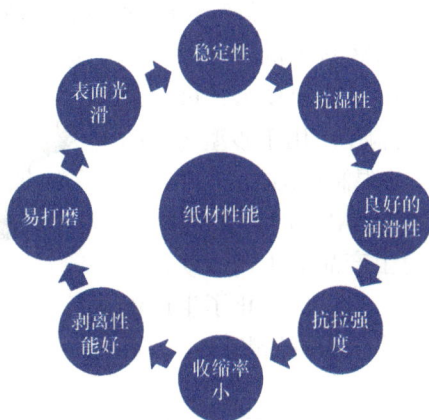

图 2-28 选择纸材考虑的因素

（2）热熔胶要求 选择热熔胶时，需综合考虑颜色、被黏附面的表面处理、使用时间、耐温性以及黏性等因素。

（3）涂布工艺 涂布工艺主要分为均匀式和非均匀式两种类型。均匀式涂布通常使用狭缝式刮板进行，而非均匀式涂布则可能采用条纹式或颗粒式，这可以降低应力集中的风险，不过设备成本相对较高。涂布厚度的选择至关重要，应尽量薄涂以保证可靠粘结，且避免变形、溢胶和部件错位。

综合这些元素可以有效提升叠层实体成型的效率和产品质量。

2.4.4 LOM 技术的应用及发展

1. LOM 技术的应用

（1）在模具行业的应用

随着汽车行业的快速发展，新车型的迭代频率不断加快，这对汽车零部件的设计提出了更高的要求。其中，汽车车灯设计不仅需要内部结构满足装配和功能需求，外观设计也必须和车体外形完美融合。这给专业生产厂家带来了极大的挑战。

快速成型技术，特别是 LOM 技术的应用，极大地提升了车灯结构和外观的开发效率。例如，图 2-29 展示了某车灯配件公司利用 LOM 技术为国内某大型汽车制造商开发的新型轿车车灯原型。该技术不仅加速了车灯的研发流程，也通过整车装配检验和评估显著提高了开发成功率。

图 2-29　某型号轿车车灯 LOM 原型

随着汽车行业的进一步发展，预计 LOM 技术在汽车模具制造领域的应用将更为广泛，有效提高汽车的开发效率。

（2）在砂型铸造行业的应用

在传统工艺中，制作机床操作手柄的铸铁件所需的木模通常由人工完成，这不仅费时而且难以保证精度。随着 CAD/CAM 技术的发展与普及，复杂曲面的手柄设计可以直接在软件平台上完成。利用 LOM 等快速成型技术，可以从 CAD 模型直接高精度且迅速地制作出用于砂型铸造的木模，这大大克服了传统方法的限制和困难。

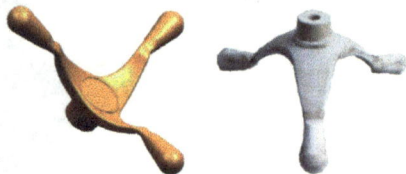

图 2-30　铸铁手柄的 CAD 模型和 LOM 原型

如图 2-30 所示的铸铁手柄 CAD 模型和 LOM 原型，这种技术的应用显著缩短了产品的生产周期，并显著提升了产品的精度与质量。这不仅优化了生产流程，还为制造业带来了技术创新和效率的提升。

（3）在制鞋业中的应用

在全球制鞋业竞争日益加剧的背景下，美国 Wolverine World Wide 公司在国际及美国市场上一直保持强劲的销售动力。该公司能够持续快速更新鞋款，并始终向顾客提供高质量产品，其秘诀之一在于采用了 PowerSHAPE 软件和美国 Helysis 公司提供的 LOM 技术。

在鞋款设计初期，Wolverine World Wide 的设计师们首先创建鞋底和鞋跟的模型或图形，利用多角度和多材质的三维光照模型展示，这种高质量的图像显示有利于早期阶段识别并排除一些设计上的瑕疵。

尽管前期设计已剔除多数不理想元素，但在生产前，制作实体模型的需求仍然重要。LOM 技术制作出的鞋底和鞋跟模型不仅精确，外观还呈现出木质效果。为了使模型看起来更加真实，可以在 LOM 模型表面喷涂不同的材料以模拟真实材质的效果。然后，将这些样品与适当的鞋面进行组合，生产出若干双样品鞋放置于主要零售店中展示，以便收集消费者的反馈。

根据收到的顾客反馈，设计师们能够利用计算机迅速对模型进行调整，按需重新生成 LOM 模型和样品，从而优化设计并准备生产。这种高效的反馈和迭代过程显著提升了产品开发的速度和质量，进一步加强了 Wolverine World Wide 公司在激烈竞争中的领先地位。

2. LOM 技术的发展

LOM 技术的发展前景主要集中在以下三个方向。

（1）材料多元化 当前，LOM 技术主要使用纸材，通过热压粘合技术进行层层粘合。尽管已经开始引入金属片材、陶瓷片材、塑料薄膜和复合材料片材，但这些材料依然依赖于热熔胶进行粘结，这在一定程度上限制了制件的力学性能。未来的发展趋势将是实现更广泛的材料使用，例如，直接将塑料片材或金属片材进行压合而无需热熔胶，从而大幅提升制件的机械性能。

（2）高精度化 目前的设备加工精度主要受到材料层厚的制约，通常每层的厚度由片材本身决定，这对成品的精度影响甚大，造成表面出现阶梯状纹理，精度仅能达到 ±0.10mm。随着各行业对制造精度需求的提升，LOM 技术亟需进一步提高加工精度，减少层厚带来的影响，以满足更严格的制造标准。

（3）节能环保 目前 LOM 技术主要使用纸材料附带热熔胶，这种方法的环保性较差。因此，未来的研究和开发也必须着重考虑环保因素，例如开发可回收或生物降解的材料，以降低制造过程中的环境影响，实现更加绿色的生产模式，如图 2-31 所示，环保将成为技术进步的一个重要考量。

图 2-31　节能环保

通过推动这些技术进展，LOM 技术不仅能提供更高质量的制件，也将更加符合现代制造业的需求和环保标准。

2.5 三维立体喷印（3DP）技术

2.5.1 3DP 技术的工艺原理及特点

3DP 原理

1. 3DP 技术的工艺原理

3DP 技术是一种创新的快速成型（RP）技术，基于精密的喷射技术进行操作。此技术通过喷嘴喷射液态微滴或连续熔融材料束，按照设定的路径逐层堆积和成型。与选择性激光烧结（SLS）技术相似，3DP 技术也使用粉末材料，但区别在于它不是熔融材料，而是通过喷头喷射黏结剂将粉末粘结在一起。

其工艺原理如图 2-32 所示，首先，在计算机的控制下，喷头根据预设的截面轮廓信息，在已铺设的粉末层上有选择性地喷射黏结剂。这一过程使得特定区域的粉末粘结，从

而形成所需的截面层。完成一层后，工作台下降一个层厚的距离，然后重新铺设一层粉末，并喷涂黏结剂，进行下一层的粘结。此循环重复进行，直到形成完整的三维制件。

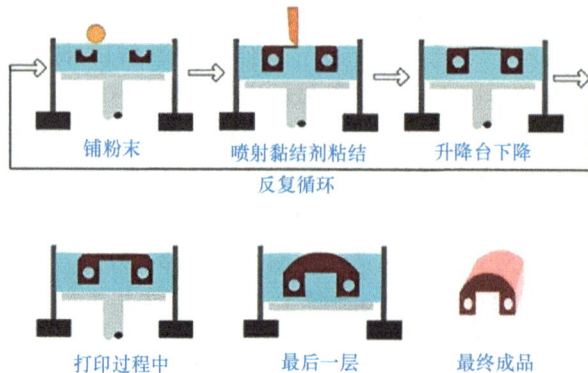

图 2-32　3DP 技术工艺原理

为了提高最终制件的粘结强度，成型后的制件需置于加热炉中，进行进一步的固化或烧结处理。整个过程不仅精确高效，而且允许复杂结构的无缝打印，展现了现代制造技术的前沿应用。

2. 3DP 技术的特点

3DP 技术相较于使用激光的快速成型技术如立体光刻（SLA）、选择性激光烧结（SLS）和熔融沉积成型（FDM）具有显著优势。3DP 设备主要利用相对经济的打印头，而非昂贵的激光系统，从而显著降低了设备的购置和维护成本。此外，3DP 技术减少了对环境温度和条件的依赖，拓宽了其应用范围。

3DP 技术的优点如下。

1）成本低，体积小：无需复杂的激光系统和相关辅助设备，大幅降低成本，并使得设备更加紧凑，适合在办公环境中使用。

2）材料多样性：可使用广泛的材料，包括热塑性材料、金属、陶瓷等多种粉末材料，如石膏、淀粉和复合材料等，支持制造具有梯度特性的复杂零件。

3）环保：成型过程中几乎不产生热能，无毒无污染，更加环保。

4）成型速度快：多喷嘴打印头的使用使得成型速度远超传统单激光扫描方法。

5）能够柔性制造：允许无任何形状和结构限制地制造零件，同时避免了对额外支撑结构的需求。

6）运行成本低、可靠性高：打印头维护简单，能源消耗低，整体运行成本低，可靠性高。

7）颜色多样性：能制作多色模型，增强模型的视觉和信息展示效果。

3DP 技术的缺点如下。

1）制件强度低：由于是液滴粘结粉末，成型件的强度通常较低，可能需要后处理来提高强度。

2）制件精度受限：成型过程中的表面精度和整体尺寸精度可能因粉末材料的物理特性而受限。

3）材料具有局限性：目前，该技术主要适用于粉末型材料，限制了其广泛应用。

总之，3DP 技术因其成本效益、环保性和操作灵活性在快速成型领域展现出巨大潜力，尽管需要针对特定应用进行优化和改进。

图 2-33 和图 2-34 所示分别为 3DP 3D 打印设备和采用 3DP 技术打印的实物。

图 2-33　3DP 3D 打印设备

图 2-34　3DP 技术打印的实物

2.5.2　3DP 技术的工艺过程

3DP 技术是涵盖多个学科的综合系统工程，它整合了 CAD/CAM 技术、数据处理、材料学、激光技术以及计算机软件技术等多个领域。这一技术的核心在于数据处理，尤其是将三维模型信息转换为适合打印的二维层面信息，这一转换的方法及其精度直接关系到最终成型件的质量。

在 3DP 技术的工作流程中，首先从 CAD 模型开始，常用的 CAD 软件如 UG 或 Pro/E 用于生成 CAD 模型并输出 STL 文件。这些 STL 文件在使用前通常需要通过专用软件进行检测和修正错误。然而，直接从 STL 文件打印是不可行的，还需要用到分层软件，这种软件构成了从 CAD 到实际打印的桥梁。

制件前的分层处理是一个关键步骤，所选择的层厚可以影响打印精度和所需时间：层厚越大，成型速度越快，但精度越低；层厚越小，则精度越高，但成型速度越慢。分层处理后，所得到的数据仅代表了模型的外轮廓高度，还需要进一步处理来对模型内部进行适当填充，才能生成最终的三维打印数据文件。

3DP 技术的具体操作过程如下。

1）准备粉末原料。

2）将粉末均匀铺设在打印区域。

3）打印机喷头根据模型横截面的定位，精准喷射黏结剂。

4）每完成一层，送粉活塞上升，实体模型下降，为下一层的打印做准备。

5）重复上述打印过程，直到模型完全成型。

6）去除模型周围多余的粉末，进行固化和后续处理，以确保成型件结构的完整性和功能性。

通过这种精细的数据处理和层建模技术，3DP 能够有效地将复杂设计快速转变为实物模型，具有高效且灵活的制造能力。图 2-35 所示为采用 3DP 技术打印的产品。

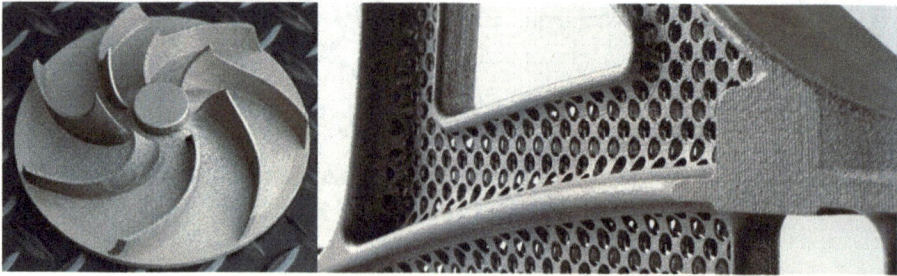

图 2-35　采用 3DP 技术打印的产品

2.5.3　3DP 技术的适用材料

3DP 技术涉及多种打印材料，包括粉末材料、黏结剂和后处理材料。这些材料需符合严格的标准以确保打印质量和效率。

（1）对粉末材料的要求

1）粒度细小且均匀：小颗粒能更好地粘结，形成光滑的表面。

2）无团聚现象：颗粒间不应存在团块，以保证粉末的均匀流动和铺展。

3）良好的流动性：粉末需能自由流动，便于均匀铺设。

4）优秀的成薄层能力：粉末铺展后应形成均匀稳定的薄层。

5）抗冲击性：粉末在溶液喷射时不应产生凹陷、溅散或孔洞。

6）快速固化：粉末应在黏结剂的作用下迅速固化，以加快打印速度。

（2）对黏结剂的要求

1）易于分散：能均匀覆盖粉末。

2）稳定性强：应能长期储存而不变质。

3）无腐蚀性：对打印机喷头的材料不应有腐蚀作用。

4）低黏度与高表面张力：能从喷头顺畅喷出且不容易引起堵塞。

5）无毒且无污染：确保打印过程和打印对象的安全性。

3DP 技术中常用的粉末材料包括 ABS 塑料、PLA、尼龙、玉米塑料、陶瓷、蜡、金属、石膏、石英砂以及多种聚合物，如聚甲基丙烯酸甲酯、聚甲醛、聚苯乙烯和聚乙烯等。此外，金属氧化物如氧化铝和淀粉等也为常见选项。选用与这些粉末材料相匹配的黏结剂，能加速成型过程，并增强成型产品的结构强度。

粉末黏结剂发挥着至关重要的作用，增强粉末的成型强度。例如，使用聚乙烯醇、多种纤维素（如聚合纤维素、碳化硅纤维素、石墨纤维素和硅酸铝纤维素）以及麦芽糊精都可以提供加固作用。为提高效率，可采用包覆技术，例如用黏结剂（如聚乙烯吡咯烷酮）包覆填料，使得黏结剂更均匀地分散于粉末之中，从而在喷射时能更有效地渗透粉末。此外，采用酸性和碱性黏结剂分别包覆不同部分的填料，可以使两者相遇时迅速反应，有效加快成型速度，并减少粉末间的摩擦，提升滚动性。需要注意的是，这种包覆的厚度应控制在0.1~1.0μm 之间。

针对调节材料，加入氧化铝粉末、可溶性淀粉和滑石粉等固体润滑剂，可以增强粉末的流动性，并使得铺设的粉层更薄且均匀。通过添加高密度且粒径小的二氧化硅，可以提升粉末的密度，减少空隙率，避免黏结剂的过度渗透。此外，加入卵磷脂能减少粉末中小颗粒的飞扬，从而保持打印形状的稳定性。为防止细小粉末粒度引起的团聚，采用适宜的分散方法也是必要的。

2.5.4　3DP 技术的应用及发展

1. 3DP 技术的应用

3DP 技术作为 3D 打印技术的重要分支，近年来在多个领域的应用上得到了显著的拓展和提升。以下是一些较新的实践案例，展示了 3DP 技术在不同行业中的应用。

（1）建筑行业的突破　近期，世界上第一座由 3DP 技术建造的全尺寸混凝土桥梁在荷兰投入使用。这座桥梁不仅缩短了建设周期，还显著降低了材料浪费。通过使用 3DP 技术，建筑公司能够在复杂结构和定制化设计方面获得更大的自由度，使得建筑设计进入了一个新的维度。

（2）医疗领域的创新　2024 年初，美国的一家生物技术公司成功使用 3DP 技术制造了一款定制化的人工心脏瓣膜。这一创新案例标志着 3DP 技术在医疗器械中的应用正在逐步从实验室走向临床。该技术允许根据每位患者的具体情况定制植入物，从而提高了手术成功率和患者的康复速度。

（3）航空航天领域的应用　在航空航天领域，3DP 技术同样展现出巨大的潜力。2024 年，波音公司宣布其最新的卫星发射载具中，超过 30% 的零部件由 3DP 技术制造。通过这种方式，波音能够显著减少零部件的重量和制造时间，同时提高了零部件的复杂性和功能集成度。

（4）文物修复和文化保护　在文化遗产保护领域，3DP 技术也有了新的应用。意大利的一个考古团队使用 3DP 技术，成功复制了古罗马时期的一座雕像。这一技术不仅精确地还原了文物的外观，还能够帮助专家更好地理解和保护历史遗产。

2. 3DP 技术的发展

3DP 技术近年来取得了显著的发展，并在多个领域展现出广阔的应用前景。以下是 3DP 技术的发展趋势。

（1）材料多样化　随着技术的进步，3DP 技术所能使用的材料种类正在迅速扩展。不仅限于传统的塑料和金属，生物材料、陶瓷材料以及高性能复合材料也逐渐进入该领域。这种材料多样化的趋势使得 3DP 技术在生物医疗、建筑、航空航天等行业中的应用范围进一步扩大。

（2）高精度与复杂结构的实现　当前，3DP 技术在高精度和复杂结构的制造方面取得了重要突破。通过先进的控制算法和更高分辨率的喷头设计，3DP 技术能够打印出更为精细的细节和更为复杂的几何形状，这在医疗器械、微电子元件等领域具有重要意义。

（3）速度与效率的提升　为了满足大规模生产的需求，3DP 技术正朝着更高的打印速度和更高的生产效率方向发展。新型喷头和优化的打印路径设计使得喷印速度得以显著提升，同时，自动化程度的提高也减少了打印过程中的人工干预。

（4）智能化与自动化集成　人工智能和自动化技术的融合正在改变 3DP 技术的发展方向。通过 AI 算法的引入，3DP 设备能够实现自适应打印、故障检测和智能优化，从而提高了打印的成功率和效率。此外，自动化生产线的应用使得批量生产成为可能，推动了 3DP 技术在工业生产中的广泛应用。

（5）环保与可持续发展　随着全球对环保和可持续发展的关注日益增加，3DP 技术在减少材料浪费和能耗方面展现出明显优势。通过精确控制材料使用量，3DP 技术有效减少了生产过程中的废料产生，同时，使用可再生或生物降解材料也成为行业发展的新方向。

（6）新兴市场的应用拓展　除了传统的工业制造领域，3DP 技术正在快速渗透到教育、艺术、文物保护等新兴市场。特别是在教育领域，3DP 技术已成为培养学生创新能力和工程思维的重要工具，而在艺术和文物修复中，其精确度和个性化定制能力也得到了广泛认可。

总体来看，3DP 技术正朝着更加多元化、高效化和智能化的方向发展。这些趋势不仅推动了 3DP 技术在各个行业中的应用，还为未来的技术创新和产业变革奠定了坚实基础。

2.6　其他 3D 打印技术

2.6.1　数字光处理（DLP）技术

1. DLP 技术的工艺原理及特点

DLP（Digital Light Processing）技术是一种高级数字化影像处理技术，透过数字光源将影像逐层投射并固化在液态光敏树脂上，最终形成图像。这项技术是由美国德州仪器公司基于其开发的数字微镜器件（DMD）实现的，专门用于显示可视数字信息。图 2-36 所示为 DLP 设备。

（1）DLP 技术的工艺原理

首先，通过 CAD 软件创建三维模型，并利用切片程序对模型进行分层，从而设计出每一层的照射形状，精确控制光源和升降台的运动。然后，激光器根据各层的形状发出光斑，使得相应的树脂层固化。每当一层固化完成，升降台下降，覆盖新的液态树脂层，并照射固化，逐层叠加以形成完整的三维模型。最后，模型从树脂中取出并进行最终固化，经过打光、电镀、喷漆或着色处理后，便得到了成品。图 2-37 所示为 DLP 的工艺原理图。

（2）DLP 技术的工艺特点

DLP 技术的优点如下。

1）设备尺寸小巧，适于有空间限制的环境。

2）高精度打印，加工尺寸精度可达 20~30μm。

3）显示速率高，空间光调制器的速度可达 32kHz。

4）高光效率，微镜反射率超过 88%，窗口透射率超过 97%。

5）支持宽波长范围（365~2500nm）。

6）微镜的光学效率不受温度影响。

图 2-36　DLP 设备

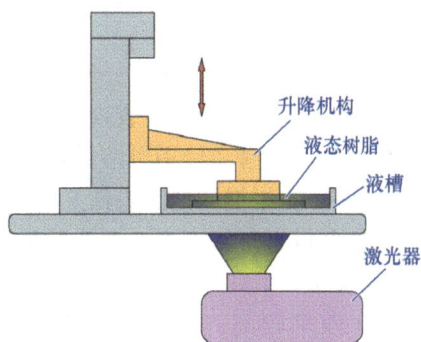

图 2-37　DLP 工艺原理图

DLP 技术的缺点如下。

1）造价较 SLA 设备高。

2）加工尺寸有限，主要适用于小体积物品。

3）使用的液态树脂具有一定毒性，需在密闭环境中使用。

图 2-38 所示为采用 DLP 技术打印的零件。

2. DLP 技术的工艺过程

（1）前处理　使用专业软件（如 Magics）编辑、修复并切片 STL 格式的三维模型，生成并保存 cli 文件。

（2）参数设置　在上位机上设置打印参数（如曝光时间、Z 轴运动速度），并加载 cli 切片文件。

（3）开始打印　单击"开始打印"按钮启动打印任务。

（4）光源调整　光源通过聚光镜均匀分布，并经菲涅尔镜垂直照射到液晶屏上。

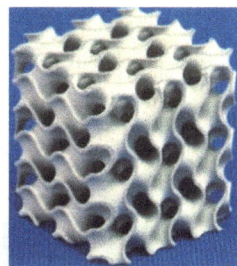

图 2-38　采用 DLP 技术打印的零件

（5）投影与固化　图像通过液晶屏投射至光敏树脂，固定高度的树脂在光的作用下固化并附着在托板上。

（6）重复层次打印　托板拉起固化部分，液态树脂补充，随着托板下降，新树脂层固化并附着于先前层上，如此重复，直至模型完全成型。

2.6.2　多头喷射打印（MJP）技术

1. MJP 技术的工艺原理及特点

（1）MJP 技术的工艺原理

多头喷射打印（MJP，Multi-Jet Printing）技术是一种先进的 3D 打印方法，主要通过精密控制的多个喷头同时喷射热塑性树脂或蜡状材料来构建模型。工艺的核心是利用喷头对材料进行小滴精确定位，这些材料经过喷射后迅速固化，层层堆叠形成 3D 模型。图 2-39 所示为 MJP 技术的工艺原理图。

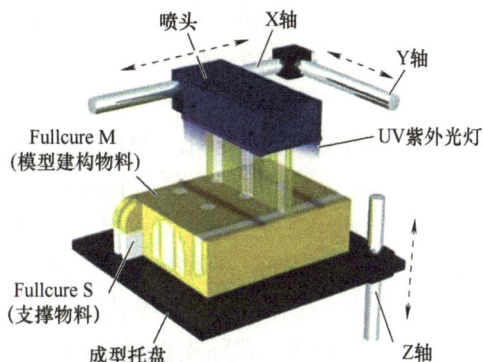

图 2-39　MJP 技术的工艺原理

（2）MJP 技术的工艺特点

MJP 技术的优点如下。

1）高分辨率和精细度：MJP 技术能够精确控制材料的喷射，使得打印出的产品具有极高的分辨率和复杂的细节表现。

2）表面光滑：使用可溶性或易融材料作为支撑，可以简单地通过化学或热过程予以移除，提供了更平滑的产品表面。

3）多材料打印能力：多头喷射允许同时使用多种材料进行打印，实现更复杂的功能性和美学需求。

4）效率较高：多个打印头同时工作可以比单头喷射更快完成打印任务，提高生产效率。

MJP 技术的缺点如下。

1）设备成本高：MJP 打印机通常价格较高，初期投资较大。

2）材料限制：虽然可以使用多种材料，但是与其他 3D 打印技术（比如 FDM）相比，MJP 能够使用的材料种类还较为有限。

3）后处理要求：虽然支撑材料提供了清理的便利性，但仍需进行适当的后处理工作，以确保产品的质量和功能特性。

4）维护需求较高：MJP 设备需要定期维护和校准，尤其是喷头，以确保其正常工作和打印效果。

图 2-40 所示为采用 MJP 技术打印的实体。

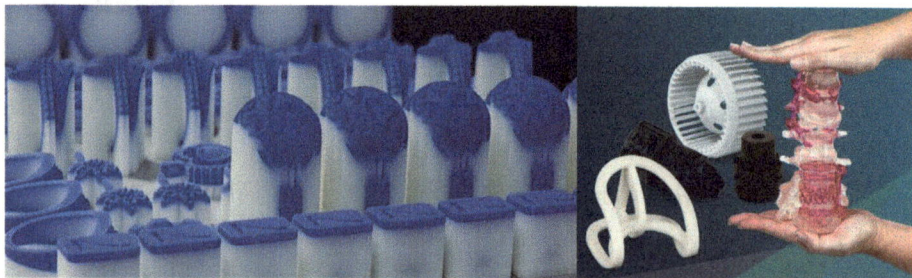

图 2-40　采用 MJP 技术打印的实体

2. MJP 技术的工艺过程

（1）设计和准备　首先，使用专门的软件设计 3D 模型，并将该模型转换成打印机可以识别的指令。这些指令会告诉打印机如何分层构建模型。

（2）材料准备　根据需要加载主打印材料和可溶性或易融支撑材料到各自的打印头中。

（3）层层喷射与固化　MJP 打印机使用多个喷头同时喷射微小的材料滴到构建平台上，这些材料滴会迅速固化。通过精确控制每个喷头，机器按照预定路径逐层构建三维对象。

（4）支撑结构处理　支撑材料的使用确保了在打印过程中复杂结构的稳定性和准确性。完成打印后，支撑材料可以通过物理或化学方法移除，通常涉及将打印件浸泡在特定的溶剂中或加热使支撑材料溶解或融化。

（5）后处理　移除支撑材料后，通常还需要额外的后处理步骤以提高表面质量或达到所需的机械属性，如磨光、上色等。

图 2-41 所示为使用不同材料打印的实物。

图 2-41 使用不同材料打印的实物

2.6.3 多材料打印技术

1. 多材料打印技术的工艺原理及特点

（1）多材料 3D 打印技术的工艺原理

多材料 3D 打印技术，或称复合材料打印技术，可以在单一打印过程中使用两种或更多种类的原材料。这得益于先进的打印头设计，能够精确喷射并固化各种材料，依据设计需求在同一零件不同区域交替使用，实现复杂结构和特定功能。图 2-42 所示为多材料打印系统。

（2）多材料打印技术的工艺特点

多材料打印技术的优点如下。

1）多功能性：支持打印具备不同物理或化学特性（如硬度、耐温、颜色等）的对象。

2）精准复杂度：一步成型复杂几何形状和内部结构，超越传统制造限制。

3）后处理简单：打印后无需额外装配或后续处理。

4）定制化与个性化：根据需求灵活调整材料组合，提供高度定制的产品。

图 2-42 多材料打印系统

多材料打印技术的缺点如下。

1）高成本：多材料 3D 打印机通常价格昂贵，相关的维护成本和材料购置成本也较高。

2）技术复杂：管理和优化多种材料的打印过程较为复杂。每种材料的温度、固化时间和物理属性都需要精确控制，增加了操作的难度。

3）打印速度慢：相较于单一材料的 3D 打印，多材料打印的速度可能会更慢，因为机器需要切换不同的材料并调整相应的打印参数。

4）材料兼容性问题：不是所有材料都可以与其他材料共同使用。有些材料组合可能会在界面处出现粘接不良或化学反应。

5）质量不易控制：由于涉及多种材料，产品的一致性和质量控制更为复杂。

图 2-43 所示为采用多材料打印技术打印的实物图。

2. 多材料打印技术的工艺过程

（1）选择材料 设计师需要根据零件的用途和功能要求精心选择材料。

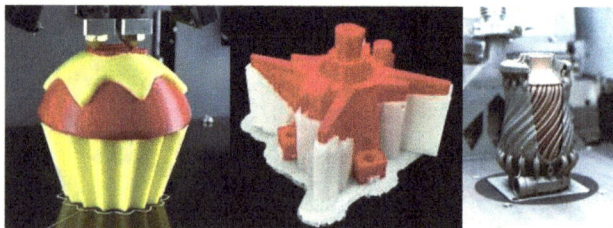

图 2-43 多材料打印零件

（2）模型设计 在 3D 打印模型设计阶段，需要使用专业的 CAD 软件来创建或修改设计，确保设计可以适应多材料打印技术的要求。

（3）模型打印 在打印过程中，打印机根据预设的参数进行层层叠加构造，各种材料在指定的区域和层级被精准地放置。

（4）后处理 后处理步骤包括清理、打磨等，以提高打印件的表面质量和机械性能。

2.6.4 3D 生物打印技术

1. 3D 生物打印技术的工艺原理及特点

（1）3D 生物打印技术的工艺原理

3D 生物打印基于喷墨打印技术，使用生物体组织的基本单位——细胞，而非传统的墨水或塑料，来构建活体组织。这项技术主要利用两种"打印墨水"：一种是包含人体细胞的"生物墨"，另一种是主要含水的凝胶，称作"生物纸"，用作细胞生长的支架。

3D 生物打印技术通常使用患者自身的细胞，从而避免了可能的免疫排斥反应。核心技术是细胞装配技术，这项技术使得 3D 打印机能够在组织器官的三维模型指导下，精确地定位并装配活细胞和材料单元，制造出器官或组织的前体。

技术路线主要分为细胞直接装配和细胞间接装配两种。直接装配通过机械手段直接操作细胞，而间接装配则依赖于制造的支架材料和结构促使细胞生长，从而实现细胞的间接组装。这两种方法提供了灵活的途径，以适应不同的医疗和科研需求。图 2-44 所示为 3D 生物打印的原理图。

（2）3D 生物打印技术的工艺特点

3D 生物打印技术的优点如下。

1）个性化医疗：3D 生物打印技术能够根据患者的具体需要定制化生产器官或组织，从而提供更精确的治疗和更好的疗效。

2）减少排异反应：使用患者自身的细胞进行打印，可以显著减少或避免移植后的免疫排异反应。

3）创新研究工具：该技术为药物开发和疾病模型研究提供了新的工具，可以在实验室环境中测试和模拟疾病进程及治疗方法。

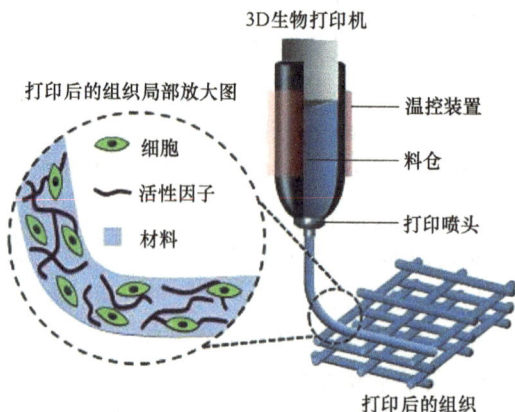

图 2-44 3D 生物打印原理图

4）减少动物实验：3D 打印的生物组织可以用于药品和化妆品的测试，从而减少对动物的依赖。

5）提高手术效率和安全性：预先打印的组织或器官模型可以帮助外科医生在进行复杂手术前进行模拟，提高手术的精确性和安全性。

3D生物打印技术的缺点如下。

1）技术复杂性和成本：3D生物打印技术操作复杂，设备和材料成本高昂，这限制了其在普通医疗机构中的广泛应用。

2）法规和伦理问题：生物打印涉及众多法律、伦理和社会问题，例如对于打印完整器官的实用性、可行性和伦理性的辩论。

3）存活率和功能整合：打印出的生物组织或器官需要在体内有良好的存活率和功能整合，这一目标在当前技术条件下仍然面临诸多挑战。

4）长期效果未知：生物打印组织或器官在患者体内的长期表现和效果仍需更多研究和时间来评估。

5）技术成熟度：虽然3D生物打印技术在理论和实验室环境中取得了一定进展，但其在临床应用中还未完全成熟和普及。

图2-45所示为3D生物打印设备。

图2-45　3D生物打印设备

2. 3D生物打印技术的工艺过程

3D生物打印技术的工艺过程如下。

1）首先获取患者自身或特定种类的细胞。

2）将这些细胞在实验室中进行培养增殖，形成所需的细胞密度。

3）将这些细胞与特制的生物墨水混合。

4）使用3D打印机精确打印在含有生物兼容材料的支架上，即所谓的"生物纸"。

5）在受控的环境下，细胞在支架上逐渐增长并形成所需的组织结构，最终实现具有功能性的组织或器官的构建。

这一过程提供了对复杂组织结构的高度模拟和实现个性化治疗方案的可能。

图2-46所示为这种3D生物打印机打印软组织的流程示意图。图2-47所示为采用3D生物打印机进行器官打印的线路图。图2-48所示为3D生物打印过程图。图2-49所示为3D打印骨骼的实物图。

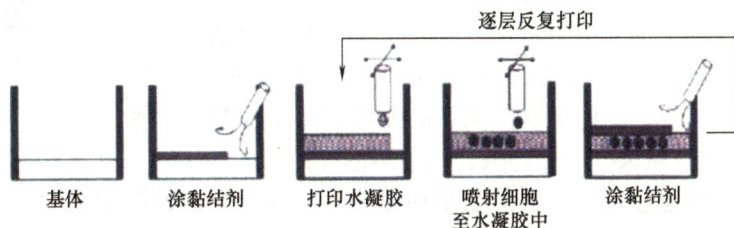

图2-46　3D生物打印机打印软组织流程示意

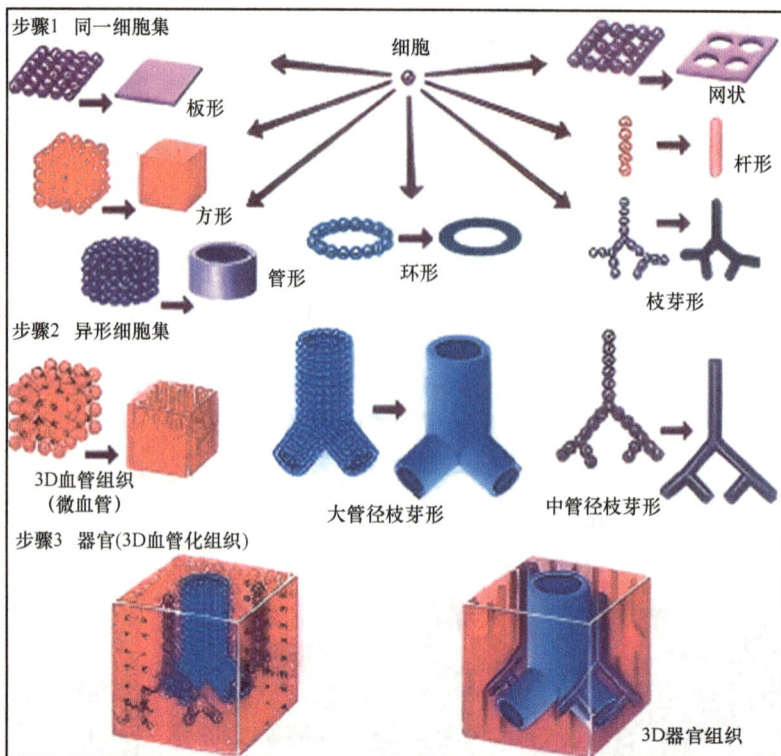

图 2-47 采用 3D 生物打印机进行器官打印的线路图

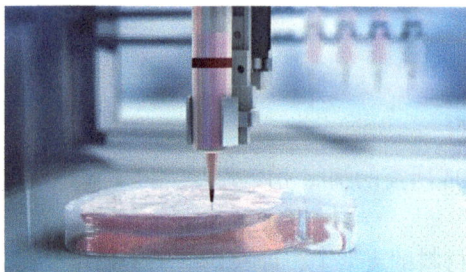

图 2-48 3D 生物打印过程图

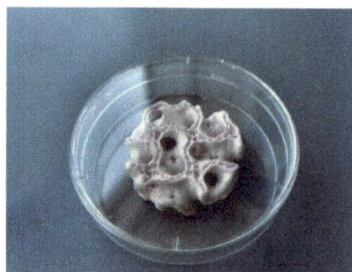

图 2-49 3D 打印骨骼实物图

2.6.5 选择性激光熔化（SLM）技术

1. SLM 技术的工艺原理及特点

（1）SLM 技术的工艺原理

选择性激光熔化（Selective Laser Melting，SLM）是一种增材制造技术，属于金属 3D 打印技术的一种。它通过高能量的激光束将金属粉末逐层完全熔化并固化，从而制造出复杂的金属零部件。SLM 技术能够直接生产几何形状复杂、高强度和高精度的金属零件，广泛应用于航空航天、医疗器械、汽车制造等领域。

SLM 技术首先通过切片软件对三维模型进行切片分层，将模型离散成二维截面图形，并规划扫描路径。随后，滚轴将金属粉末均匀平铺到激光加工区，计算器根据激光扫描信息

典型 3D 打印技术 - 选择性激光熔化（SLM）技术

控制扫描振镜偏转，有选择性地将激光束照射到加工区，形成当前二维截面的二维实体。成型区随后下降一个层厚，重复上述过程，逐层堆积得到产品原型。图2-50所示为SLM的工艺原理图。

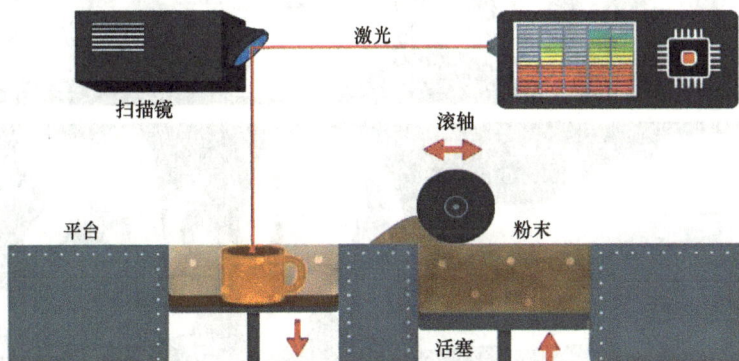

图 2-50　SLM 工艺原理

（2）SLM技术的工艺特点

SLM技术的优点如下。

1）高精度和复杂性：能制造出高度复杂和精细的部件，适用于复杂几何形状和内部结构的加工。

2）材料利用率高：通过逐层熔化金属粉末，几乎无材料浪费，提高了材料利用效率。

3）强度高：制造出的部件具有优良的力学性能和结构强度，适合高负荷应用。

4）个性化定制：能够灵活调整设计，满足定制化和小批量生产的需求。

SLM技术的缺点如下。

1）成本高：SLM设备和材料费用较高，初期投资大，维护和运行成本也不容忽视。

2）打印速度慢：相比传统制造工艺，SLM的打印速度较慢，尤其是在大尺寸或复杂部件的生产中。

3）材料限制：虽然SLM技术支持多种金属材料，但对材料的种类和性能仍有一定限制，不适用于所有金属或合金。

4）后处理复杂：SLM打印后的部件通常需要额外的热处理或机械加工，以消除应力和提高表面质量。

5）设备操作难度大：操作SLM设备需要专业知识和技能，设备调试和维护较为复杂。

图2-51所示为采用SLM技术打印的产品实物。

2. SLM 技术的工艺过程

（1）CAD设计与切片　使用CAD软件设计零件的三维模型。将模型转换为STL文件并切片，生成逐层的轮廓数据。

（2）粉末准备与铺设　制备细小的金属粉末材料。精确铺设均匀的金属粉末层，通常层厚为 20~50μm。

（3）激光熔化　高功率激光束按照切片数据精确扫描粉末层，将其熔化成熔池。熔池迅速冷却并固化，形成一层金属层。图2-52所示为激光熔化的过程。

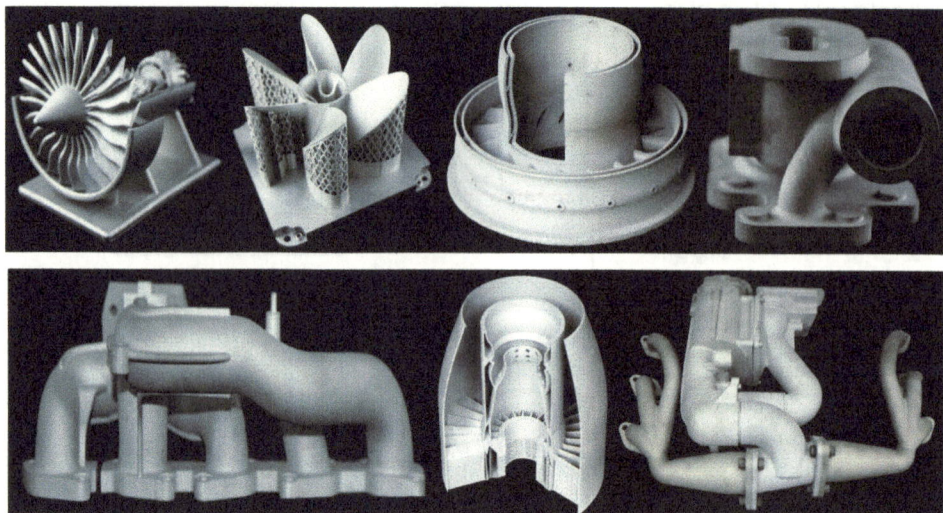

图 2-51 采用 SLM 技术打印的产品实物

（4）逐层堆积与构建　构建平台下降，放置新的一层粉末。激光束继续扫描新层，熔化粉末并形成连续的金属层。重复这一过程，直到零件完全打印。

（5）冷却与粉末回收　打印后的零件在粉末中自然冷却。未熔化的金属粉末被回收并重新使用。

（6）后处理与精加工　去除支撑结构以释放零件。进行必要的热处理以改善材料性能。对表面进行抛光、涂层或机加工，以满足应用需求。

图 2-53 所示为钛合金人体器官修复体。

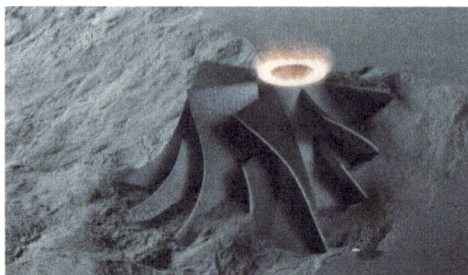

图 2-52 激光熔化过程

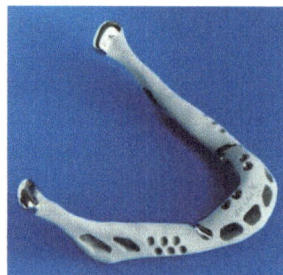

图 2-53 钛合金人体器官修复体

2.6.6 激光近净成型（LENS）技术

1. LENS 技术的工艺原理及特点

（1）LENS 技术的工艺原理

激光近净成型（Laser Engineered Net Shaping，LENS）是一种先进的增材制造技术，通过激光熔化金属粉末或线材，并逐层堆积以制造金属零件。与选择性激光熔化（SLM）不同，LENS 技术更适用于大尺寸、复杂结构的零件制造和修复。

LENS 技术采用精密的激光熔化和逐层堆积，其核心工艺原理包括材料供给、激光熔化、逐层堆积、实时监控与反馈以及必要的后处理工艺。图 2-54 所示为 LENS 技术的工艺原理图。

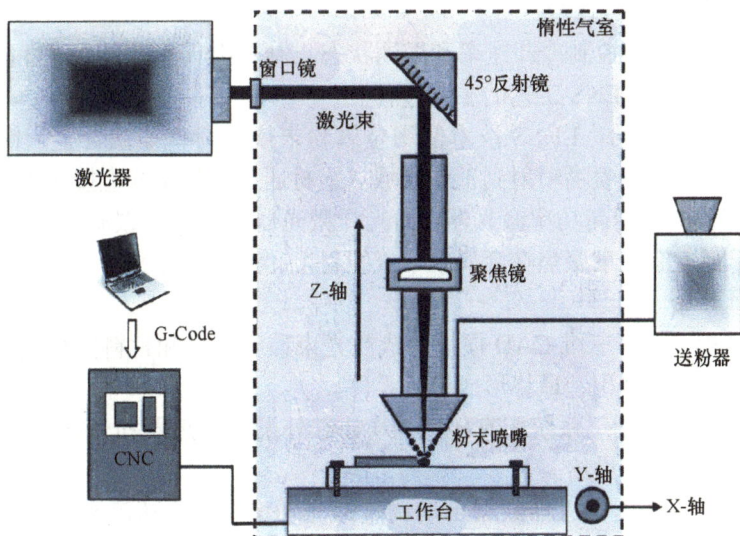

图 2-54 LENS 技术的工艺原理

（2）LENS 技术的工艺特点

LENS 技术的优点如下。

1）高材料利用率：LENS 技术能够精确控制熔化和沉积，减少材料浪费，提高材料利用率。

2）复杂几何形状：能够制造出复杂和高精度的零件，包括内部结构和空心部件，适合复杂设计的需求。

3）修复和改造：适用于修复和改造已有的零件，能够在原有部件上增材改造，延长使用寿命。

4）多种材料兼容：支持多种金属材料的加工，如不锈钢、钛合金、镍基合金等，适应性强。

5）快速制造：相对于传统的加工方式，LENS 可以缩短生产周期，实现快速原型制作和小批量生产。

LENS 技术的缺点如下。

1）表面质量较差：由于沉积过程中的热影响，制造出的部件表面可能需要额外的后处理，以提高表面质量和尺寸精度。

2）成本较高：设备和材料的成本较高，加工过程中所需的激光设备和精密控制系统也会增加整体成本。

3）生产速度限制：虽然比传统方法快，但在大规模生产时，其速度仍可能不及一些传统制造方法。

4）热处理需求：由于激光熔化过程中的高热量，部件可能需要额外的热处理，以消除内应力并提高性能。

5）技术成熟度：相对于其他增材制造技术，LENS 的技术成熟度和普及度较低，可能面临一些技术和应用挑战。

图 2-55 所示为航天飞行器的 LENS 制造样件。

2. LENS 技术的工艺过程

LENS 技术通过精确控制冷却速率和熔池状态，制造出具有优良力学性能和致密微观结构的金属零件。以下是 LENS 工艺的主要过程。

（1）材料准备与供给　LENS 技术使用金属粉末或线材，如钛合金、镍基合金和不锈钢。粉末材料通过气流从喷嘴喷射到工作区域。线材通过送丝系统直接送入熔池。

（2）激光熔化　使用高功率激光器（如光纤激光器或二氧化碳激光器），功率范围通常为几百瓦到几千瓦。激光束聚焦在金属粉末或线材上，产生熔池并沿预定路径移动，熔池迅速凝固形成金属层。

（3）逐层堆积　根据三维 CAD 模型生成激光束移动路径和材料供给路径。激光束按规划路径熔化材料，逐层堆积，最终形成三维零件。

（4）实时监控与控制　系统配有传感器（如红外温度传感器和光学监控设备），监控熔池温度、激光功率和材料供给。

（5）反馈调节　根据传感器数据自动调整激光功率、扫描速度和材料输送速度，以保持工艺稳定性和零件质量。

（6）后处理工艺　进行热处理以释放残余应力和改善材料性能。通过机加工和表面处理（如抛光或涂层）提高尺寸精度和表面光洁度。

（7）成品检验　对成形及后处理后的零件进行严格检验，确保尺寸、表面质量和力学性能符合设计要求。

图 2-56 所示为 LENS 技术的打印过程。

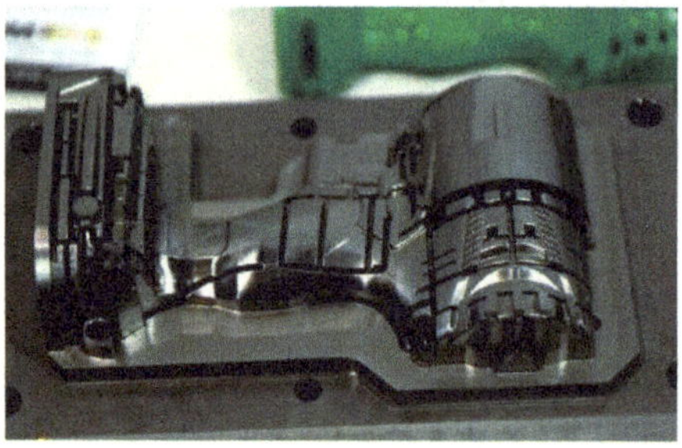

图 2-55　航天飞行器的 LENS 制造样件

图 2-56　LENS 技术的打印过程

【项目实施】

任务 2.7　电路板 3D 打印技术类型与材料选择

集成电路的制造过程复杂且精密，3D 打印技术通过提供更灵活的设计选项和快速原型制造能力，为集成电路的设计和制造带来了诸多可能性：3D 打印允许工程师在短时间内从设计概念制造出原型，加速测试和迭代过程，有效提升产品开发的效率。利用 3D 打印，设计人员能制造出传统方法难以实现的复杂微结构，如复杂的冷却通道和微型支架结构，这对高频率或高功率的集成电路尤为重要。3D打印技术支持在非标准尺寸和形状的基板上制造集成电路，提供更多个性化的解决方案。随着3D打印技术的不断发展，利用这一技术进行电路板制造已经成为现实。3D打印技术允许设计师和工程师快速从概念原型设计过渡到实体模型，支持复杂的设计且制作过程更加迅速和灵活。

1. 电路板3D打印技术类型的选择

电路板的3D打印所需的集成度极高，尺寸极微，制造技术需要极高的精度和可靠性。以下是在芯片领域制造或打印电路板时可以选用的3D打印技术类型。

（1）墨水喷射3D打印　墨水喷射3D打印技术是一种将导电和非导电墨水交替喷射到基板上，层层堆叠形成电路板的打印过程。通过使用专用的3D打印机，可以在芯片、绝缘体和其他电子组件上直接打印导电轨道。墨水喷射3D打印制作过程快速，能在短时间内产生复杂的电路板设计，适合快速原型制造和小批量生产。目前，墨水喷射3D打印的精度和导电性可能不足以满足所有应用的要求，特别是高频应用。图2-57所示为墨水喷射3D打印电路板过程图。

（2）光固化成型（SLA）技术　SLA技术使用光敏树脂制作电路板，通过紫外光照射固化树脂，从而一层层构建出所需的电路板模型。SLA技术能够实现高精度和高分辨率的打印制作，适合生产精细的电路板原型，但是其材料选择相对有限，主要是光敏树脂，且后处理过程较为复杂。

（3）选择性激光烧结（SLS）技术　SLS技术采用激光作为热源，将粉末状的材料（如金属粉末、塑料粉末等）逐层烧结，构建出3D电路板。SLS技术可以使用多种材料，包括导电材料，从而能够制造结构复杂的功能性电路板，但打印过程中产生的材料损耗可能较大，成本相对较高。采用尼龙PA 3200 GF材料制造而成的功能集成化定制型电路载板如图2-58所示。

图2-57　墨水喷射3D打印电路板过程图

图2-58　采用尼龙PA 3200 GF材料制造而成的电路载板

（4）熔融沉积成型（FDM）技术　FDM技术通过挤出熔化的塑料或其他热塑性材料来构建3D对象，如图2-59所示。这一技术可以用于直接打印含有导电填料的复合材料，从而制造出具有电子功能的结构。FDM技术操作简单，成本低廉，材料种类丰富，但是其打印精度和表面光滑度有限，可能需要额外的后处理步骤来改善成品质量。

（5）金属直接能量沉积（DED）技术　DED是一种添加性制造技术，通过高能激光束熔化金属粉末或丝材来构建金属部件。这种技术能够用于制造金属电路板或在现有基板上添加金属电路，也可以制作具有高导电性的金属电路板，适用于高性能电子设备，但是设备和材料成本较高，制造过程复杂，使用 Aerosol Jet Printing 创建的具有 3D 打印互连的芯片如图 2-60 所示。

图 2-59　线性挤出 3D 打印电路

图 2-60　使用 Aerosol Jet Printing 创建的具有 3D 打印互连的芯片

　　在集成电路领域，电路板的 3D 打印最常采用的技术是墨水喷射 3D 打印技术，主要因为它在精度、灵活性和多材料打印能力方面具有显著优势。此技术能够精确控制墨水沉积，适用于复杂电路的快速原型制作，同时降低了生产成本和环境影响。因其高效且环保的特性，墨水喷射技术已成为芯片制造中不可或缺的一部分，特别是在高端芯片生产和小批量生产中表现突出。综上所述，墨水喷射 3D 打印技术以其高精细度、材料多样性、快速原型制作的优势，以及对热管理的潜在支持，显得尤为适合芯片领域的电路板打印。该技术不仅可以满足高精度和复杂设计的需求，同时也支持高效的产品开发，为电子设备的创新和发展提供了有力的技术支持。

2. 电路板 3D 打印材料的选择

　　集成电路中电路板 3D 打印材料的选择主要涉及介质和导电材料的选择。不同的材料不仅对打印过程的可行性和效率有着直接影响，也决定了打印出的电路板的性能和应用范围。

　　（1）导电材料

　　在电路板打印中，导电材料是必不可少的，因为它们形成了电路的导电路径。

　　1）导电丝：包括导电聚合物丝和金属丝。导电聚合物丝是将导电材料，如碳纤维、石墨、导电炭黑或金属微粒等混合到常见的 3D 打印塑料中，液态金属与凝胶的复合材料制作的导电丝如图 2-61 所示。与普通的 3D 打印丝相比，导电聚合物丝处理方式类似，易于在现有的 3D 打印设备上使用，相较纯金属丝，成本较低。金属丝使用纯金属或金属合金丝材料进行 3D 打印，如银丝或铜丝。这些材料具有很高的导电性和热导性，但通常需要特定类型的 3D 打印技术，如金属喷射。

　　2）导电墨水：通常含有微小的金属粒子，如银纳米粒子。它们可以通过喷墨或挤出的方式应用于基板上，形成导电路径。适用于精细的电路设计，打印过程灵活，但是长时间的环境暴露可能导致导电性下降。中国科学院理化技术研究所研究员刘静带领的科研团队，使用液态金属作为"墨水"，首次研制出纸上直接生成电子电路的技术，如图 2-62 所示。

　　（2）绝缘材料

　　构建电路板时，除了导电路径，还需要绝缘材料来保证电路的正确功能和安全性。

图 2-61　液态金属与凝胶的复合材料制作的导电丝

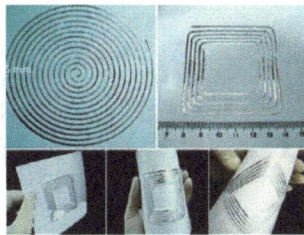

图 2-62　液态金属打印 3D 电路板

1）光固化树脂：在光固化成型（SLA）或数码光处理（DLP）打印中使用。这些树脂在暴露于特定波长的光时固化，形成绝缘层，可制作高精度和平滑的表面质量，但是材料的机械性能和热稳定性较低。

2）热塑性塑料：在熔融沉积造型（FDM）打印中使用，例如 ABS 和 PLA，它们在加热时变软，冷却后固化，形成绝缘层，其成本低廉，材料易获得。打印精度和表面光滑度较低。

选用适合打印电路板的材料需综合考虑电性能（导电性和绝缘性）、力学性能（强度和耐久性）、热性能（耐热性和热导率）、化学稳定性（抗腐蚀和环境因素）、成本与可获得性（经济性和供应稳定性）以及制造过程的兼容性。只有全面评估这些关键因素，才能确保选用的材料能满足特定应用的需求，随着 3D 打印技术的进步，更多新型材料将被开发以应对电子制造行业的需求。

任务 2.8　人工骨骼 3D 打印技术类型与材料选择

3D 打印技术在生物医药领域的应用多样且前景广阔，包括定制化组织和器官打印、个性化医疗设备（如矫形器和义肢）、药物制剂的创新设计，以及仿生结构的制造，如人工血管和骨骼。医疗 3D 打印模型如图 2-63 所示。此技术不仅推动了生物材料的发展，还提高了手术的精准度和安全性，使得医疗过程更为精确和个性化。随着技术的不断进步，3D 打印将在医疗领域扮演更加重要的角色。在 3D 打印技术的众多应用中，人工骨骼的制造是最具挑战性和影响力的领域之一。随着技术的进步，多种 3D 打印技术现已被用于人工骨骼的制造，每种技术都有其独特的优势和限制。

1. 人工骨骼 3D 打印技术类型的选择

3D 打印技术在人工骨骼的构造上表现出了巨大的潜力，可以提供高度定制化的解决方案，以匹配患者的具体解剖结构和生理需求。北京大学第三医院成功植入世界首个金属 3D 打印定制 19 厘米人造脊椎，如图 2-64 所示，标志着中国 3D 打印技术开启人工椎体时代。

在选择适合打印人工骨骼的 3D 打印技术时，主要考虑因素包括材料的兼容性、机械属性、生物活性以及卫生标准等。以下是几种可以用于人工骨骼打印的主流技术。

（1）光固化成型（SLA）技术　SLA 技术是一种早期的 3D 打印技术，利用紫外光固化光敏树脂层，按层构建 3D 结构。此技术因其高精度和光滑的表面质量而在人工骨骼打印中得到应用，它可以打印复杂的结构，适合需要精细特征的骨骼模型。使用 SLA 技术打印的人工骨骼如图 2-65 所示。

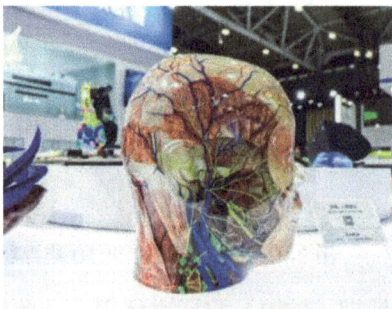

图 2-63　医疗 3D 打印模型

图 2-64　金属 3D 打印定制 19 厘米人造脊椎

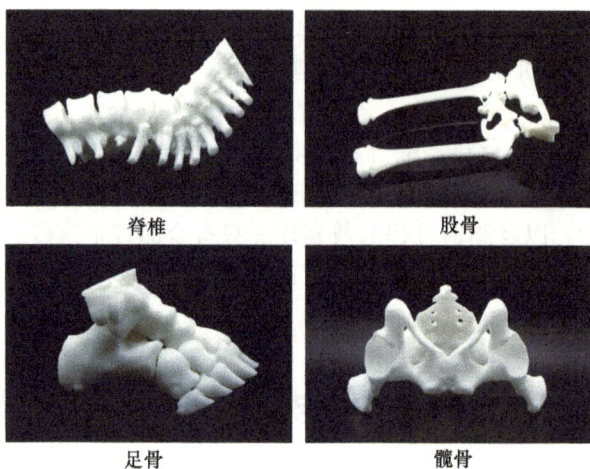

脊椎　　　　　　　　　股骨

足骨　　　　　　　　　髋骨

图 2-65　SLA 技术打印人工骨骼

（2）选择性激光烧结（SLS）技术　SLS 技术通过激光束将粉末状材料（如尼龙）烧结在一起，逐层构建 3D 模型。该技术在人工骨骼制造中常用于生产复杂的结构和非负重部位的替代品，能够打印复杂的内部结构，无需支撑结构，材料范围较广。德国 Fraunhofer 通过定制的选择性激光烧结设备和聚丙交酯／碳酸钙复合粉末材料制备的可生物降解个性化颅骨植入物如图 2-66 所示。

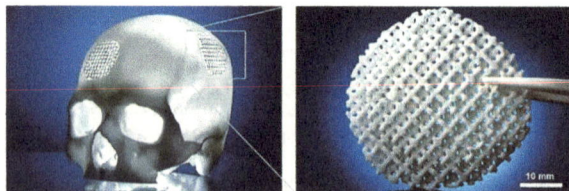

图 2-66　SLS 制备的可生物降解个性化颅骨植入物

（3）熔融沉积成型（FDM）技术　FDM 技术通过加热并挤出热塑性材料丝，逐层堆积材料构建 3D 对象，因其简易性、成本效益和材料多样性而广受欢迎，但打印分辨率和精度相对较低，可能不适用于制作精细的骨骼结构，可用来打印外固定支具，如图 2-67 所示。

图 2-67　FDM 打印外固定支具

（4）数字光处理（DLP）技术　DLP 技术使用数字光投影系统固化光敏树脂，这种方法比 SLA 快，并且可以达到同样的精度和表面质量，适用于生产精细的骨骼结构，但是材料选择和生物相容性限制了它在植入方向的应用。中国科学院上海硅酸盐研究所的吴成铁教授团队利用 DLP 打印技术将生物陶瓷材料制作成具有哈弗斯管、福尔克曼管和松质骨结构的哈弗斯仿骨支架，如图 2-68 所示。

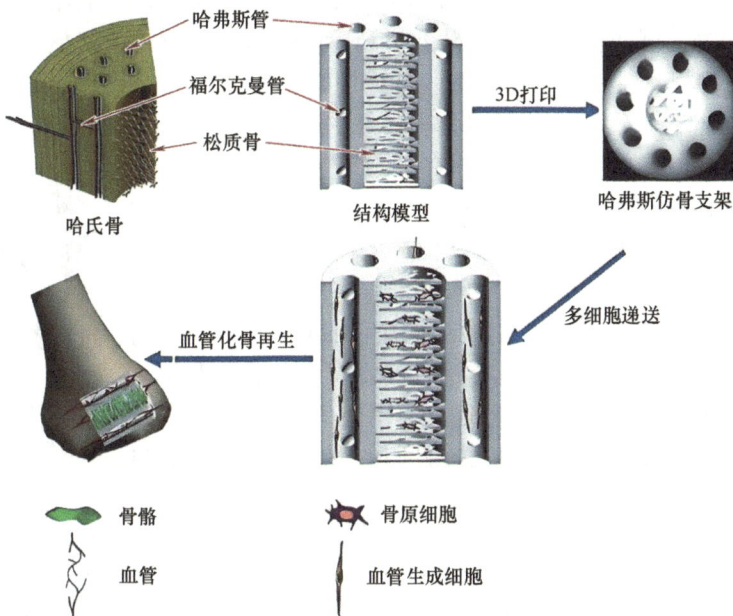

图 2-68　DLP 技术用于打印仿骨支架

（5）选择性激光熔化（SLM）技术和三维喷印（3DP）技术　SLM 技术在人工骨骼的制造中显得尤为重要，因为该技术能够生产出机械性能极强的部件，这对承担生物负载和功能性要求的骨骼植入物来说非常关键，使用 SLM 技术的肋骨植入物如图 2-69 所示。

（6）三维喷印（3DP）技术　3DP 技术在人工骨骼的制造中更多地被视为一个制作原型或模拟骨骼模型的工具，而不是直接用于生产最终用于植入的骨骼。相较于金属打印，3DP 技术在操作和材料成本上更为经济，可以快速制作骨骼模型，对于外科手术前的规划和训练尤为有价值。

图 2-69　3D 打印肋骨植入物

选择人工骨骼 3D 打印的技术类型时，需要考虑预期应用的具体需求，包括结构的复杂性、所需材料的生物相容性和机械属性，以及成本约束。目前，SLA 和 DLP 因其高精度和优良的表面质量，在精致骨骼结构的打印中得到了广泛应用；而 SLS 和 3DP 则更适合功能性骨骼替代和支架等结构较复杂且需要特定材料特性的应用。随着技术的不断进步和新材料的出现，未来将会有更多创新方案应用于人工骨骼的3D 打印中，以更好地满足医疗需求。

2. 人工骨骼 3D 打印材料的选择

在人工骨骼 3D 打印领域，材料选择是一个至关重要的环节。正确的材料不仅需要具有足够的机械强度来支撑人体重量和活动，还需要具有良好的生物相容性，以确保材料不会引起身体的不良反应。除此之外，材料还需要促进新骨的生长，以便于植入物与周围骨骼的自然融合。

（1）金属材料　在传统的人工骨骼制造中，金属材料因其出色的机械性能和耐久性而被广泛使用。随着 3D 打印技术的发展，特别是粉末床熔融（PBF）等技术的应用，钛及其合金（如 Ti6Al4V）成为人工骨骼 3D 打印中最受欢迎的金属材料，土耳其的 TrabTech 使用钛制造小梁植入物，例如髋关节，如图 2-70 所示。金属材料具有高机械强度、良好的耐腐蚀性、优异的生物相容性，但是成本高、加工难度大。

（2）聚合物材料　聚合物材料因具有良好的生物相容性、可被人体吸收或降解、成本相对较低，而在人工骨骼 3D 打印中广泛应用，其中常用的聚合物材料有聚乳酸（PLA）、聚己内酯（PCL）和聚醚醚酮（PEEK）。PEEK 材料因其优异的耐磨性、高生物相容性、化学稳定性以及与人骨相近的杨氏模量，而被视为理想的人工骨替换材料。使用 PEEK 材料制造的仿生人工骨骼，不仅与人体组织具有良好的相容性，还具有优良的影像学兼容性和植入后的舒适度。此外，PEEK 人工骨骼还拥有出色的生物力学特性，并能实现完美的解剖重建。采用 PEEK 打印的人工骨骼如图 2-71 所示。

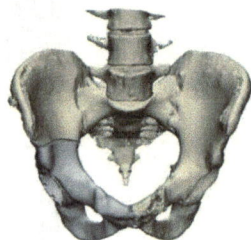

图 2-70　采用钛 3D 打印制造的髋关节植入物

（3）陶瓷材料　生物陶瓷，如羟基磷灰石（HA）和三钙磷酸盐（TCP），在人工骨骼的 3D 打印中具有特殊的地位。它们不仅具有良好的生物相容性，还能促进骨细胞的生长和骨骼的自我修复，因其脆性高，需要复合材料或特殊设计来提高其力学性能。使用生物陶瓷3D 打印的人工骨如图 2-72 所示。

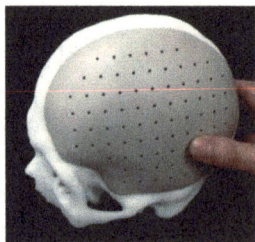

图 2-71　采用 PEEK 打印的人工骨骼

图 2-72　生物陶瓷 3D 打印人工骨

（4）复合材料　随着 3D 打印技术的进步，通过将不同类型的材料（如金属和聚合物、陶瓷和聚合物）结合使用，可以制备性能更优异的复合材料。这种材料能结合各单一材料的优点，如提高陶瓷的韧性或优化聚合物的机械性能。复合材料可定制机械性能和生物活性，具有良好的生物相容性，但是其设计和加工相对复杂，成本较高。可生物降解的聚丙交酯/碳酸钙复合材料粉末如图 2-73 所示，专门用于 SLS 技术。

图 2-73　可生物降解的聚丙交酯/碳酸钙复合材料粉末

在选择用于 3D 打印人工骨骼的材料时，需综合考虑多个关键因素。首先，应用部位的不同决定了材料的机械性能，如承重部位通常需要使用机械性能更优的金属材料。其次，材料必须具有良好的生物相容性，以避免引起不良生物反应。此外，具有促进骨骼生长和修复功能的生物活性材料在植入物中尤其重要。对于制作临时支架的材料来说，其降解速率应与组织修复的速度相匹配。最后，考虑成本效益比也是医疗应用中不可忽视的重要因素。人工骨骼 3D 打印技术的持续发展带来了对多种材料的需求，其中每种材料都有其独特的优势和局限性。材料选择应基于植入物的具体应用需求，包括预期的功能、生物相容性，以及经济性来考虑。随着新材料的不断开发和现有材料性能的改进，未来人工骨骼的 3D 打印将更加多样化和个性化，以更好地满足患者需求。

任务 2.9　飞机零部件 3D 打印技术类型与材料选择

3D 打印技术在高端装备领域的应用广泛，涵盖航空航天、国防、医疗、汽车制造和精密仪器等领域，主要优势体现在轻量化、复杂结构制造、定制化生产和缩短研发周期等方面。例如，航空航天中的轻量化部件和复杂零件制造、国防领域的武器装备原型及维修、医疗器械的个性化植入物、汽车制造中的原型和功能性零件，以及精密仪器中的快速模具制作等。随着技术进步，3D 打印将在更多高端装备领域带来革命性变革。本节以飞机制造为例，讲述飞机零部件 3D 打印技术类型及材料的选择。

1. 飞机零部件 3D 打印技术类型的选择

在现代飞机制造领域，3D 打印技术已经成为一种革命性的制造方法。与传统制造方法相比，3D 打印技术能够提供更高的设计灵活性、降低材料浪费、缩短生产周期，并允许制造更加复杂和性能优越的零部件。采用 3D 打印技术进行一体化设计垂直尾翼支架制造，能将零部件数量从 30 个减少到 1 个，如图 2-74 所示。

（1）熔融沉积成型（FDM）技术　FDM 是最常见的 3D 打印技术之一，它通过逐层加热并挤压塑料丝材料来构建零件。尽管 FDM 主要用于原型设计和小批量生产，但其在飞机内饰件和非结构性部件的制造中也展现出了巨大的应用潜力，其设备成本相对较低，操作简便，但是打印分辨率和强度较低，适用范围受限。芬兰航空公司为其 A320 飞机在机舱安装了采用 FDM 技术打印的隔板，如图 2-75 所示。

图 2-74 3D 打印垂直尾翼支架

图 2-75 采用 FDM 技术打印的隔板

（2）选择性激光熔化（SLM）技术 SLM 技术是目前飞机零部件制造中最核心的 3D 打印技术之一，它提供了更高的设计自由度，有利于创造复杂形状和结构，通过优化结构设计实现了轻量化，从而降低了部件重量。SLM 技术在航空发动机领域的应用可有效提升研发效率和制造质量，能够根据原始零件的三维模型精确打印出高质量的替换零件，实现发动机的有效维修和再制造。这不仅大幅降低了维修的成本，而且延长了发动机的使用寿命。采用 SLM 技术制作的涡扇发动机模型如图 2-76 所示。

（3）电子束选区熔化成型（EBSM）技术 EBSM 是一种 3D 打印技术，专门用于金属材料，已经成为航空发动机热端复杂构件的一种重要成型手段，适用于高温高强硬脆金属间化合物构件的成型制造，如图 2-77 所示。

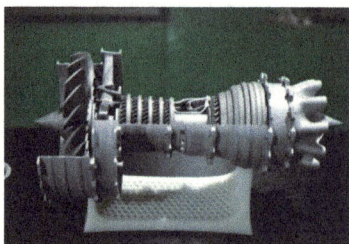

图 2-76 涡扇发动机模型

图 2-77 发动机

（4）选择性激光烧结（SLS）技术 SLS 与 PBF 相似，但它使用的是塑料或其他非金属粉末。SLS 技术无需支撑结构，可以制造出强度高、耐用性好的零部件，是制造复杂几何形状、内部通道或其他难以用传统方法加工的理想选择。阿联酋航空使用 SLS 技术打印的显示器外壳如图 2-78 所示。

（5）激光近净成形（LENS）技术 LENS 是一种先进的增材制造技术，利用高能激光束熔化金属粉末或丝材逐层堆积成型，从而直接制造或修复复杂形状的零部件。这种技术在航空领域的应用具有显著的优势和潜力，尤其是在飞机零部件制造中。利用 LENS 制成的钛金属飞机机翼部件如图 2-79 所示。

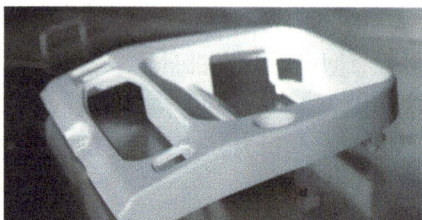

图 2-78 使用 SLS 技术打印的显示器外壳

图 2-79 利用 LENS 制成的钛金属飞机机翼部件

在选择适用于飞机零部件的 3D 打印技术时，需要考虑以下因素。

1）部件功能：结构性部件对材料的机械性能有更高的要求。

2）材料类型：不同的打印技术支持不同类型的材料。

3）成本效益：考虑到生产效率、材料消耗、设备维护等因素的成本。

4）设计复杂度：复杂或定制的设计可能需要特定的打印技术来实现。

随着 3D 打印技术的不断发展和成熟，其在飞机零部件制造中的应用越来越广泛。不同的 3D 打印技术各有优势和应用范围，从而为航空制造业带来了前所未有的灵活性和创新潜力。选择合适的 3D 打印技术应基于对零部件功能、造价、材料和生产效率等多因素的综合考量。随着新技术的涌现和旧技术的改进，未来飞机零部件的 3D 打印将更加高效、经济和可靠。

2. 飞机零部件 3D 打印材料的选择

在 3D 打印飞机零部件的过程中，材料的选择是至关重要的一环。正确的材料不仅能够确保零部件满足所需的机械性能和耐久性要求，还能影响制造成本、打印效率和最终产品的质量。下面是一些可以用于飞机零部件 3D 打印的材料。

（1）常用材料

1）钛合金：以 Ti6Al4V 最为常见，因其高强度、低密度及良好的耐蚀性而特别适合飞机结构和发动机零部件。康科技运用 SLM 工艺打印的钛合金零件，分别应用在由航空工业成飞、洪都和西飞承制的登机舱门、后机身舱门和应急舱门上。

2）铝合金：轻质且强度高，适合制造飞机的结构件及一些非承重零部件。

3）高温合金：如 Inconel 系列，适用于发动机热端零部件等高温应用场合。

4）高性能塑料：如 PEEK，这类材料主要用于非承力结构性零部件和内饰件的制造。

5）碳纤维复合材料：具有高强度、高刚度、轻质特性及良好的耐腐蚀性，适用于飞机的外部结构。使用碳纤维 /PEKK 热塑性打印的复合材料舱门铰链如图 2-80 所示。

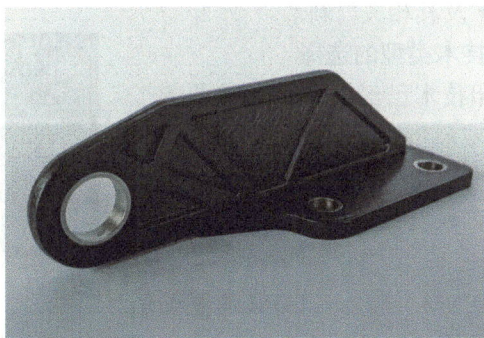

图 2-80　使用碳纤维 /PEKK 热塑性打印的复合材料舱门铰链

（2）材料选择的考虑因素

在选择适用于飞机零部件的 3D 打印材料时，需要考虑以下主要因素。

1）强度与稳定性：材料必须能承受飞行中的高载荷和压力变化。

2）耐高温性能：材料应能在高温环境中维持性能，尤其是用于发动机和排气系统的部件。

3）重量：轻质材料有助于提高燃油效率和飞机整体性能。

4）耐腐蚀性：材料要能抵抗各种腐蚀环境。

5）生产成本和可持续性：制造成本和材料的可持续性也是选材时的重要因素。

（3）特殊应用材料的选择

1）轻质化需求：对于需要减轻飞机重量以提高燃油效率的零部件，可以选择密度低、比强度高的材料，如钛合金和铝合金。

2）耐高温部件：对于航空发动机热端组件，选择具有耐高温性能和高温机械性能优异的高温合金。

3）内部复杂结构：对于内部结构复杂的零件，使用可以精准控制微观结构的材料，如特定配方的粉末，可以在保证性能的同时实现复杂设计。

在 3D 打印飞机零部件的过程中，材料的选择对实现设计意图、优化性能和降低成本等方面起着决定性作用。通过理解不同材料的特性以及它们如何满足特定应用的要求，可以为飞机零部件的成功打印提供坚实的基础。随着 3D 打印技术和材料科学的发展，预计将会有更多的创新材料投入使用，为航空制造业带来更广阔的发展前景。

任务 2.10   建筑原型 3D 打印技术类型与材料选择

3D 打印技术在建筑领域的应用正带来深刻的变革，这包括加速建筑过程、降低成本、增加设计的自由度和可持续性。加利福尼亚州的"Emerging Objects"使用 840 个定制的 3D 打印水泥块建造了"绽放"亭子，如图 2-81 所示。此技术使建筑过程中的材料利用更有效，减少了浪费，并允许使用复杂的设计结构，这在传统方法中往往难以实现。通过使用环境友好的材料，3D 打印进一步推动建筑业向可持续化发展。此外，该技术也在应急住房和快速建造领域显示出巨大潜力，为灾后重建提供了快速解决方案。随着技术和材料创新的不断进步，3D 打印预计将在全球建筑业中扮演越来越重要的角色。本节旨在介绍用于打印建筑原型的几种主要 3D 打印技术及其相关材料。

1. 建筑原型 3D 打印技术类型的选择

在建筑领域，3D 打印技术已经成为一种重要的工具，可用于创建建筑模型或原型。这些原型帮助建筑师验证设计、优化结构方案并与客户沟通视觉概念。选择合适的 3D 打印技术对于实现设计目标、控制成本和保证建筑原型质量至关重要。

图 2-81 3D 打印建造"绽放"亭子

（1）熔融沉积成型（FDM）技术 FDM 通过加热并挤压塑料材料丝，逐层沉积来构建 3D 打印对象，其物料成本相对低廉，打印过程简单，是入门级用户常选的技术，适用于制作粗糙原型或较大尺寸的模型原型，并广泛用于教育和初步设计验证。使用 FDM 技术打印的建筑模型如图 2-82 所示。最常见的 3D 建筑打印技术是挤压混凝土，通过连续挤压混凝土层来构建结构。这种技术类似于常规 3D 打印中的 FDM，苏州 3D 打印的可以实际居住的别墅如图 2-83 所示。

（2）光固化成型（SLA）技术 通过使用紫外光束在光敏树脂表面绘制每一层的形状来固化树脂，逐层堆叠形成 3D 对象，能够打印出细节丰富、表面光滑的模型，适合需要高精度和细腻表面的原型制作，常用于制作中小型的精细建筑模型，包括复杂结构和精细纹理。使用 SLA 技术打印的建筑艺术模型如图 2-84 所示。

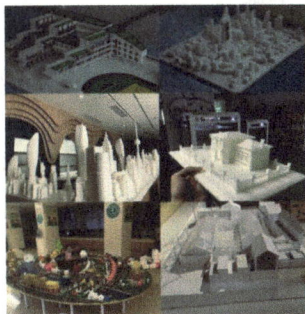

图 2-82　使用 FDM 技术打印的建筑模型

图 2-83　苏州 3D 打印的别墅

（3）选择性激光烧结（SLS）技术　使用激光作为能源，将粉末状材料（如尼龙）烧结成固体，逐层制成 3D 对象，不需要使用支撑结构，可以打印复杂的几何形状，成型物具有良好的强度和耐用性。SLS 适合制作功能性零部件原型，包括经受一定物理负荷的建筑组件。

（4）数字光处理（DLP）技术　与 SLA 类似，但使用数字光投影技术一次性固化整层树脂，从而提高了打印速度，其优点是速度快，效率高，且可以打印出高精度的模型，适用于规模较小的建筑原型制作，特别是当要求较短的打印时间时。

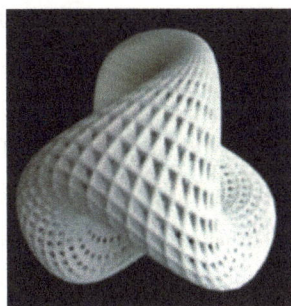

图 2-84　使用 SLA 技术打印的建筑艺术模型

（5）多头喷射（MJP）技术　通过喷射光固化树脂或可熔融材料，直接在构建平台上创建物体，能够在单个模型中使用多种材料和颜色，适合打印具有复杂细节和颜色要求的模型，可以用于有高精度和多材料融合要求的原型制作，如需表现多种材料特性和颜色的复杂建筑模型。

选择合适的 3D 打印技术对于制造建筑原型来说非常关键。它不仅影响原型的制作成本和时间，还直接关系到最终产品的质量和功能。因此，了解每种技术的优缺点及其适用范围，对于任何一个建筑设计或工程项目来说都是必不可少的。

2. 建筑原型 3D 打印材料的选择

在 3D 打印建筑原型过程中，材料的选择对打印效果、成本、耐久性和模型的实用性有着重要影响。根据打印技术的不同，可以选择不同的材料。

（1）光固化树脂　光固化树脂是一种液态材料，常用于 SLA 和 DLP 打印技术中。这种材料能提供细致的表面质量和高精度的几何形状，能够打印精细细节，适用于需要高精度和良好表面质量的建筑原型，但是树脂成本高且容易老化。

（2）热塑性塑料　热塑性塑料，如 ABS 和 PLA，是 FDM 技术中最常用的材料，它的成本低廉，易于打印，适合教学和初步模型制作，适用于教育、初步概念验证和不要求细节的建筑模型，但是打印产品的表面质量和细节呈现不如树脂，通过后处理技术（如打磨和喷漆）可以部分改善。

（3）金属粉末　用于选择性激光熔化（SLM）技术，可以创建功能性零件和复杂结构，用于制作需要承受物理负荷或在实际环境中测试的原型，但是成本较高、打印过程复杂。优化设计和利用金属 3D 打印的优势，可以实现成本效益的平衡。

（4）砂石和陶瓷　砂石和陶瓷材料在粉床融合（如 3DP）技术中得到应用，可以制作具有独特外观和质感的模型，可以提供不同的纹理和外观，适用于制作具有独特视觉效果的最终用户展示模型。砂石和陶瓷强度较低，不适用于功能性测试。

在选择 3D 打印建筑原型的材料时，需要考虑打印技术、模型的用途、成本和期望的质量。不同材料提供了不同的属性，如强度、耐用性、精度和外观等，使其在不同的应用场景中有着各自的优势和局限。了解和选择最合适的材料对于实现项目目标至关重要。

任务 2.11　机器人部件 3D 打印技术类型与材料选择

在现代制造业中，机器人技术的应用日益广泛，从自动化生产线到精密医疗设备，机器人的作用不可或缺。3D 打印技术，作为一种创新的制造手段，已经被广泛应用于机器人部件的设计和生产，它可以减轻机器人重量、提高工艺灵活性、实现个性化定制。研究人员利用激光扫描技术首次成功打印出一只机械手，如图 2-85 所示。这只机械手由不同种类的聚合物构成，包括模拟骨骼、韧带和肌腱的部分，所用技术支持一次性打印，使用了具有弹性的特殊塑料，为柔性机器人结构制造提供了新的方法。

1. 机器人部件 3D 打印技术类型的选择

在 3D 打印领域，有多种技术适用于机器人部件的制造。每种技术都有其特点和优势，适用于不同类型的设计需求和材料选择。以下是几种可以使用的 3D 打印技术，它们被广泛应用于机器人部件的生产。

（1）熔融沉积成型（FDM）技术　FDM 是最常见的 3D 打印技术之一，它通过加热塑料材料至熔点并逐层沉积来构建三维物体。FDM 技术打印成本相对较低，材料易于获得，打印速度快，适用于打印原型、非负载部件和低成本的机器人部件，但是部件的强度较低。

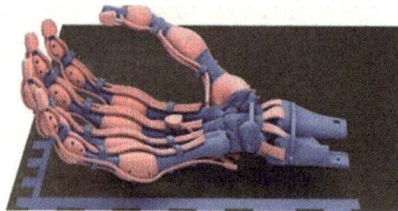

图 2-85　机械手示意图

（2）光固化成型（SLA）技术　SLA 技术通过将液态光敏树脂暴露在紫外线下，使其固化成固态形状，从而构建出三维物体，它能够打印出更好的细节和更平滑的表面，适合制作精密的机器人部件，如传感器夹持器，或需要细致表面处理的零件。SLA 成本较 FDM 高，树脂材料的价格更高且强度通常低于 FDM。

（3）选择性激光烧结（SLS）技术　SLS 是一种使用激光作为热源来熔结粉末材料（通常是塑料、金属或陶瓷）的 3D 打印技术。在机器人制造中，SLS 技术提供了多方面的应用优势，能够制造复杂、精密的零件和整体结构，可以利用 SLS 技术的独特功能来制造机器人组件，用于替代传统的金属末端工具，如图 2-86 所示。

（4）数字光处理（DLP）技术　DLP 使用数字光投影技术固化树脂，它的打印速度快，适合批量生产

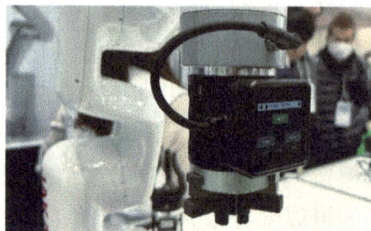

图 2-86　机臂末端

小型精密部件，适用于生产高精度的小型部件，与 SLA 相似，材料的耐久性和成本是考虑因素。

选择合适的 3D 打印技术取决于机器人部件的功能需求、预期的强度和耐用性以及预算限制。掌握这些技术的特点和优势可以帮助设计师和制造商更有效地选择适合其特定应用的 3D 打印方法。

2. 机器人部件 3D 打印材料的选择

在 3D 打印技术日益成熟的今天，材料的选择变得尤为重要，尤其是在机器人部件制造方面。不同的 3D 打印材料具有不同的物理和化学性质，这将直接影响到机器人部件的性能、耐用性和应用范围。因此，合适的材料选择对于确保机器人系统的高效运作至关重要。

（1）塑料及其复合材料

塑料是 3D 打印中最常见的材料类型之一，具有轻质、成本低廉和加工容易等特点。

1）ABS（丙烯腈 - 丁二烯 - 苯乙烯共聚物）：ABS 是一种坚固的塑料，如图 2-87 所示，它具有良好的耐热性和冲击强度，适用于制造耐用的机器人外壳和非负载部件。

2）PLA（聚乳酸）：PLA 是一种环保材料，如图 2-88 所示，此类材料生物可降解，适合用于打印原型和非长期应用的部件。

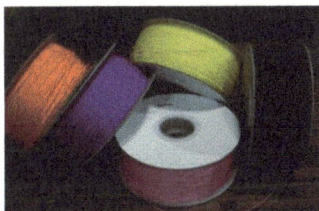

图 2-87　ABS 塑料类 3D 打印材料　　　图 2-88　PLA 塑料类 3D 打印材料

3）复合材料：将塑料与木材、金属或碳纤维等材料结合，可制造出具有特定性质的复合材料，如增强的结构强度或特殊的外观效果。使用 3D 打印技术制作的连续纤维增强复合材料"机械腿"如图 2-89 所示。

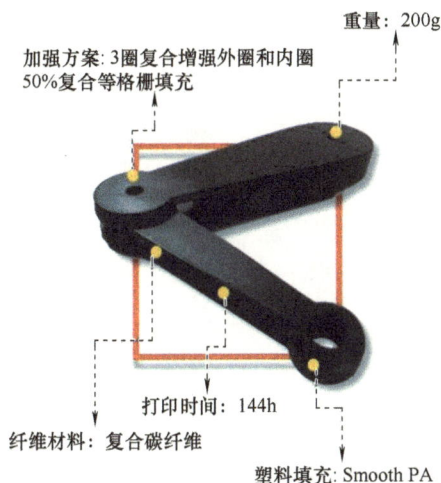

图 2-89　连续纤维增强复合材料"机械腿"

75

（2）金属

金属材料在机器人部件制造中尤为重要，因为它们通常提供更高的强度和耐久性。

1）钛合金：因其出色的强度重量比和耐腐蚀性，钛合金是航空航天和医疗机器人部件的理想选择。

2）不锈钢：提供了良好的综合性能，如耐腐蚀性和高强度，广泛用于制造机械结构部件。

3）铝合金：重量轻，导热性好，适用于需要散热或轻质化的机器人部件。

（3）陶瓷材料

陶瓷材料以其优异的耐热性、耐腐蚀性和电绝缘性，在特定机器人应用中发挥重要作用。

1）氧化锆：硬度高，耐磨损，适用于制造耐用的机器人零件。

2）氮化硅：热震稳定性好，适合高温环境下的应用。

在选择材料时，不仅需要考虑材料本身的性能和成本，还应考虑设计目的、部件功能以及预期的使用环境等因素。例如，加载部件可能需要高强度、高硬度的材料，而外壳类部件则可能更注重外观和易加工性。

【课后习题】

1. 简述熔融沉积成型技术的工艺原理、特点与常用材料。
2. 简述光固化成型技术的工艺原理、特点与常用材料。
3. 机器人部件 3D 打印常用的技术类型和材料是哪些？

项目 3
三维模型构建与前处理

学习目标

- 掌握 SOLIDWORKS 软件的三维建模方法，掌握装配体制作方法。
- 了解逆向技术，会使用 Geomagic 软件逆向处理点云数据并进行逆向建模。
- 掌握 Cura 切片软件参数设置。
- 掌握 Bambu Studio 切片软件参数设置。

素养目标

- 引导学生在正向和逆向设计中发挥创新性，培养学生解决问题的能力。
- 培养学生的职业道德和伦理观念，引导他们树立正确的价值观，如尊重知识产权、注重产品质量、关注环保等。

课前讨论

你能打印出理想的三维模型吗？
◆ 你看过电影《十二生肖》吗？男主人公是用什么方法把流失海外的国宝偷梁换柱的？对，是逆向扫描和 3D 打印技术。
◆ 在生活中你曾经有过什么设计创意吗？如果自己就能把它制作出来，是不是很有意义？

📖 【知识准备】

3D 打印一般借助三维模型，可以根据需要进行正向设计，或者扫描现有实物进行逆向处理和设计。三维模型还必须进行切片处理才能生成 3D 打印机可以识别打印的文件。本项目将学习三维模型设计和切片处理方法。

3.1 正向三维设计

3.1.1 正向三维设计常用软件

机械行业常用的三维设计软件有 AutoCAD、NX、Creo、3ds Max、SOLIDWORKS、CATIA 等，每一款都有其各自的适用场景。

AutoCAD 是美国 Autodesk 公司开发的绘图工具，可以用于二维绘图、设计文档和基本三维设计。AutoCAD 应用非常广泛，覆盖机械、建筑、家居、服装等多个行业。借助 AutoCAD 可以进行工程绘图、图形演示以及 3D 打印等，它是目前国际上广为流行的绘图工具。

3ds Max 是 Autodesk 公司开发的三维动画渲染和制作软件，一开始运用在计算机游戏的动画制作中，后来又用于影视特效制作，现在很多影片的 3D 特效都是用它进行制作的。

CATIA 是达索公司开发的三维设计软件，主要用于航空航天、汽车、船舶、工业设计等领域。CATIA 拥有强大的曲面建模和复杂装配设计能力，适用于高端机械设计和复杂产品开发。

Creo 是美国 PTC 公司旗下的 CAD/CAM/CAE 一体化三维设计软件，应用非常广泛。Creo 以参数化著称，也是最早应用参数化技术的软件。

NX 是西门子公司出品的一个工程设计软件，它为用户的产品设计及加工过程提供了高效的解决方案。

SOLIDWORKS 是一款由达索公司开发的三维设计软件，被广泛用于机械设计和产品开发领域。它提供了强大的建模、装配和绘图工具，使工程师可以方便地进行复杂零件和装配设计。SOLIDWORKS 的用户界面友好，学习难度相对较低。

以上每款软件都有适用的方向，AutoCAD 更多用于建筑、机械制图，3ds Max 主要用于三维动画渲染和制作，Creo 行业应用广泛，CATIA 适合流线型建模，NX 主要用于汽车、飞机建模，SOLIDWORKS 使用方便，广泛应用于各个行业。

3.1.2 SOLIDWORKS 软件简介

SOLIDWORKS 用户众多，本书以此为平台介绍三维建模方法，其他软件建模过程与之类似。双击软件图标，打开 SOLIDWORKS，可以看到如图 3-1 所示界面。单击"文件"→"新建"可以新建零件、装配体或工程图文件，如图 3-2 所示。

1)"零件"按钮：单击该按钮，可以生成单一的三维零件文件，打开零件界面，如图 3-3 所示。

图 3-1 SOLIDWORKS 的初始界面

图 3-2 新建文件

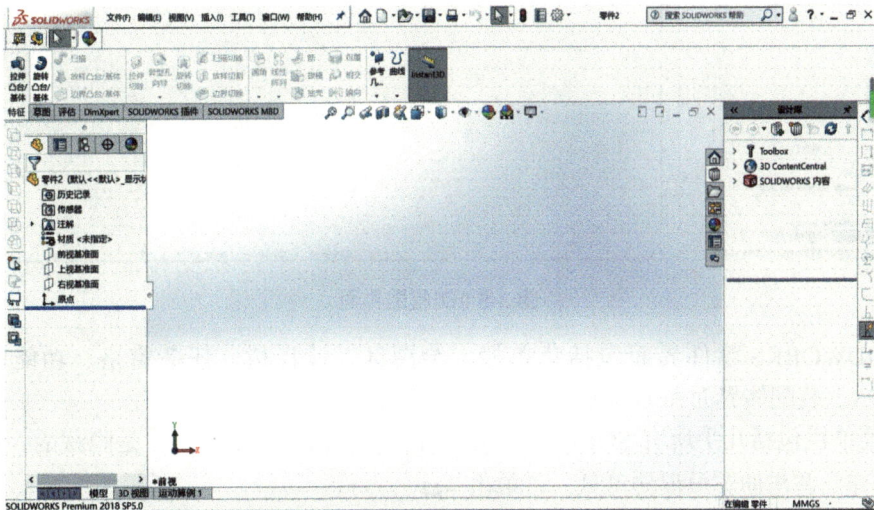

图 3-3 零件界面

2）"装配体"按钮：单击该按钮，可以生成零件或其他装配体的装配体文件，装配体界面如图 3-4 所示。

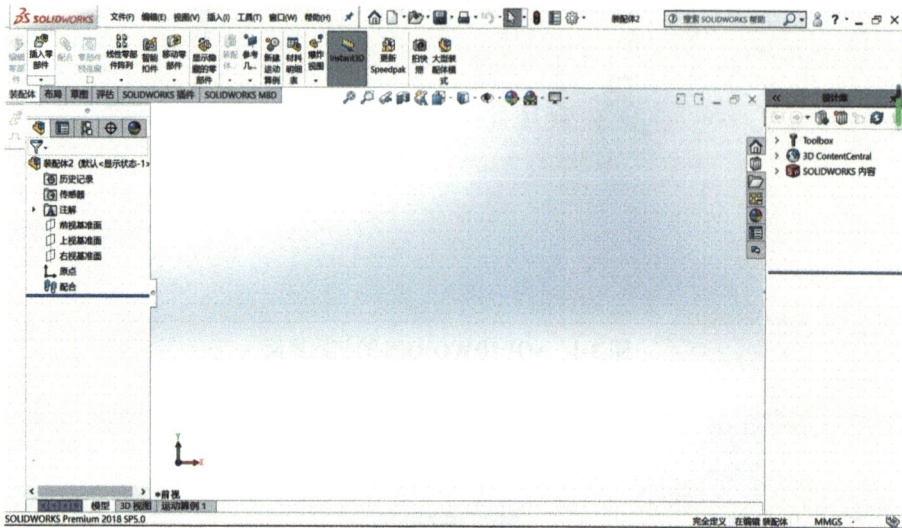

图 3-4 装配体界面

3）"工程图"按钮：单击该按钮，可以生成属于零件或装配体的二维工程图文件，工程图界面如图 3-5 所示。

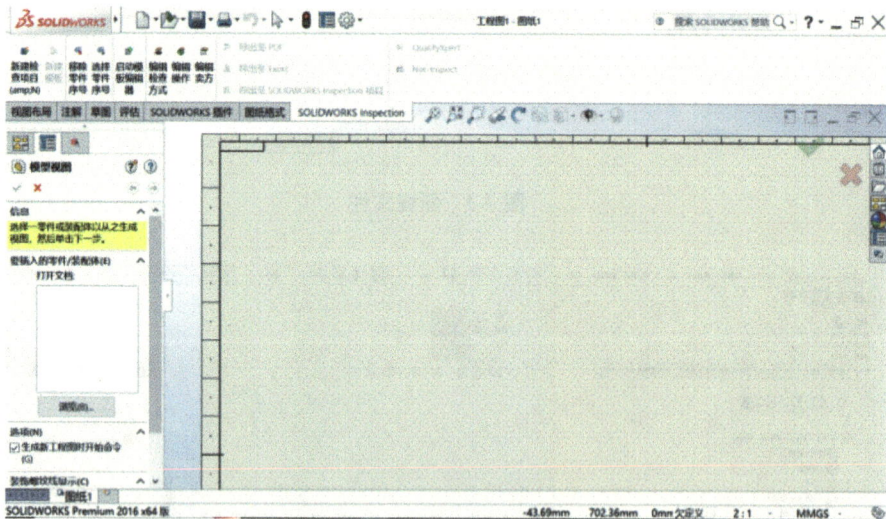

图 3-5 工程图界面

SOLIDWORKS 零件界面包括菜单栏、绘图区、设计树、任务窗格、功能区等，如图 3-6 所示。装配体界面和工程图界面与其类似，在此不再赘述。

1）菜单栏包括几乎所有 SOLIDWORKS 命令。默认情况下，菜单是隐藏的，单击菜单项即可打开。若想使菜单保持可见，可单击 📌。

2）绘图区是 SOLIDWORKS 的工作区域，用于显示或制作模型。

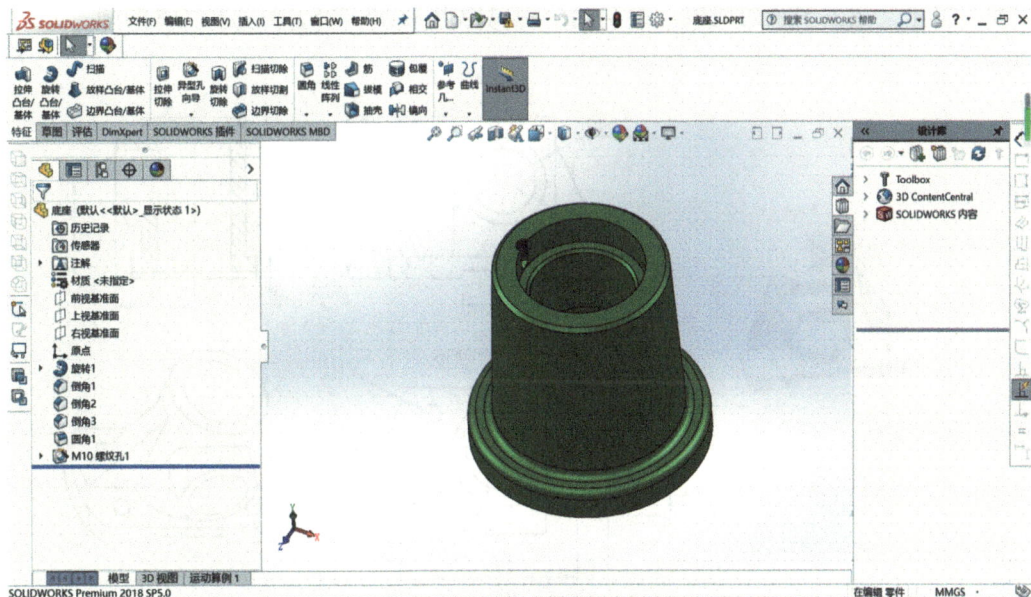

图 3-6 零件界面组成

3）设计树位于 SOLIDWORKS 用户界面的左侧，是 SOLIDWORKS 中比较常用的部分，提供了激活的零件、装配体或工程图的大纲视图，用户所进行的每一步操作，都会在设计树中体现。

4）任务窗格位于界面右侧，包括 Toolbox、类似 Windows 的文件管理器、工程图等，提供了对特定任务的快速访问和管理。

5）功能区包括特征、草图、曲面、评估等选项卡，每个选项卡分为多个选项区域。

下面通过零件图绘制和装配体绘制来学习 SOLIDWORKS 软件的建模方法。

3.1.3 简单零件设计实例—基座

基座是用于支撑和固定各种设备或构件的重要零件，如电子设备、汽车、建筑物等的基座。基座通常由金属、塑料、橡胶等材料制成，具有承载力强、稳定性好、寿命长等特点。根据环境不同，基座也各式各样。下面介绍一种简单的基座及其绘制方法，结构如图 3-7 所示。

此基座为组合体，分为底板、立圆柱筒、水平圆柱筒和肋板，可以先绘制底板，再绘制立圆柱筒、水平圆柱筒，最后绘制肋板。具体操作步骤如下。

1. 绘制底座

1）新建文件。启动 SOLIDWORKS，选择菜单栏中的"文件"→"新建"命令，或者单击"快速访问"工具栏中的"新建"按钮，在弹出的"新建 SOLIDWORKS 文件"对话框中单击"零件"按钮，然后单击"确定"按钮，创建一个新的零件文件。

2）绘制草图。在左侧的 FeatureManager 设计树中选择"前视基准面"作为绘制图形的基准面。单击功能区的"草图"→"圆"按钮，以原点为圆心绘制直径 110 的圆。单击"草图"→"直线"按钮，绘制两条相距 60 的直线和圆相交，并且关于原点对称。单击

"裁剪"按钮,裁去多余的线段。绘制四个距离原点35和17.5,且直径为8的圆,如图3-8所示。

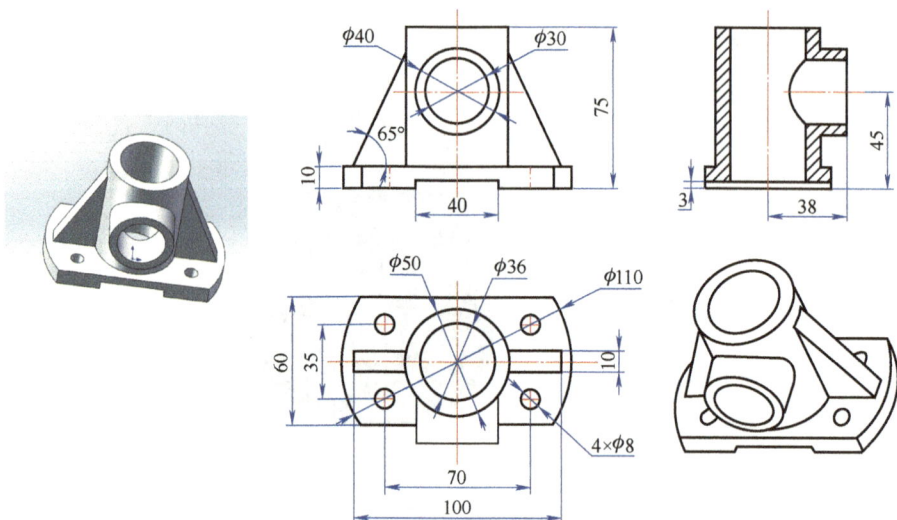

图 3-7　基座模型及其零件图

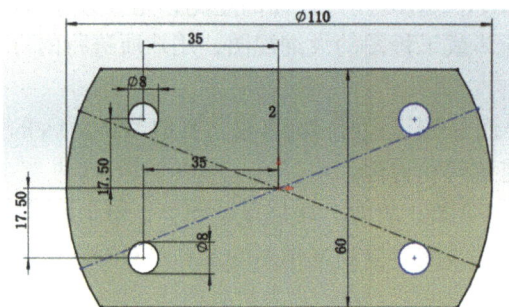

图 3-8　草图

3)拉伸实体。选择菜单栏中的"插入"→"凸台/基体"→"拉伸"命令,或者单击功能区的"特征"→"拉伸凸台/基体"按钮,此时系统弹出"凸台-拉伸"属性管理器。设置拉伸终止条件为"给定深度",输入拉伸距离为10,然后单击"确定"按钮,结果如图3-9所示。

4)新建草图。选择生成的凸台面侧面作为草图绘制基准面,单击"草图"→"草图绘制"按钮,在其上新建一张草图,单击"草图"→"矩形"按钮,绘制草图并标注尺寸,矩形居中对称放置。

5)拉伸切除。选择菜单栏的"插入"→"拉伸切除"命令,或者单击功能区的"特征"→"拉伸切除"按钮,此时弹出"切除-拉伸"属性管理器。设置拉伸终止条件为"完全贯穿",然后单击"确定"按钮,结果如图3-10所示。

2. 绘制立圆柱筒

1)绘制草图。选择底板上表面作为绘制图形的基准面。单击"草图"→"圆形"按钮,绘制草图并标注尺寸。

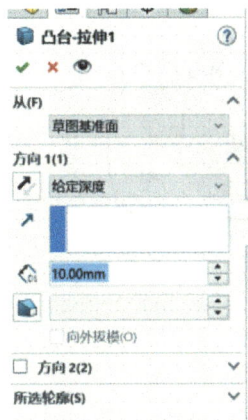

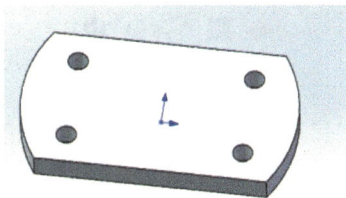

图 3-9　拉伸实体 1

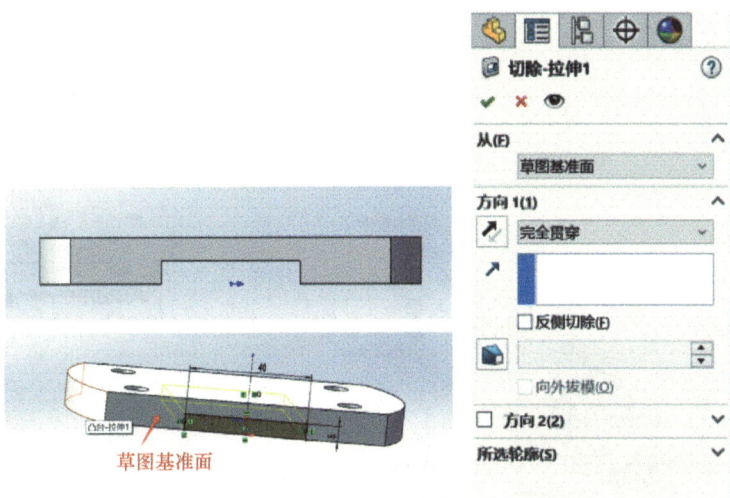

图 3-10　拉伸切除 1

2）拉伸实体。选择菜单栏中的"插入"→"凸台／基体"→"拉伸"命令，或者单击功能区的"特征"→"拉伸凸台／基体"按钮，此时系统弹出"凸台‑拉伸"属性管理器。设置拉伸终止条件为"给定深度"，输入拉伸距离为 65，然后单击"确定"按钮，结果如图 3-11 所示。

3）绘制草图。选择圆柱上表面作为绘制图形的基准面。单击"草图"→"圆形"按钮，绘制草图并标注尺寸。

4）拉伸切除。选择菜单栏中的"插入"→"拉伸切除"命令，或者单击功能区的"特征"→"拉伸切除"按钮，此时系统弹出"切除‑拉伸"属性管理器。设置拉伸终止条件为"完全贯穿"，然后单击"确定"按钮，结果如图 3-12 所示。

3. 绘制水平圆柱筒

1）新建基准面，作为后续水平圆柱筒草图绘制平面。单击"特征"→"参考几何体"按钮，此时系统弹出"基准面"属性管理器。"第一参考"为上视基准面，偏移距离 38，如图 3-13 所示。

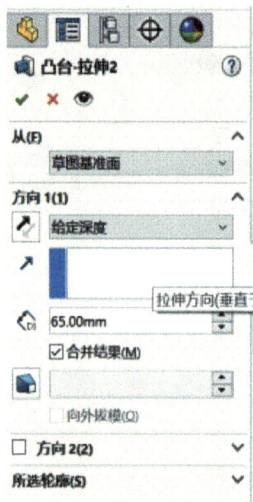

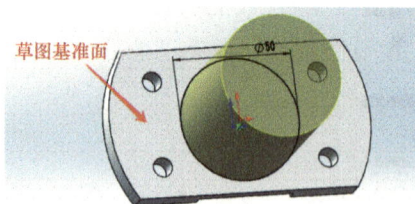

图 3-11　拉伸实体 2

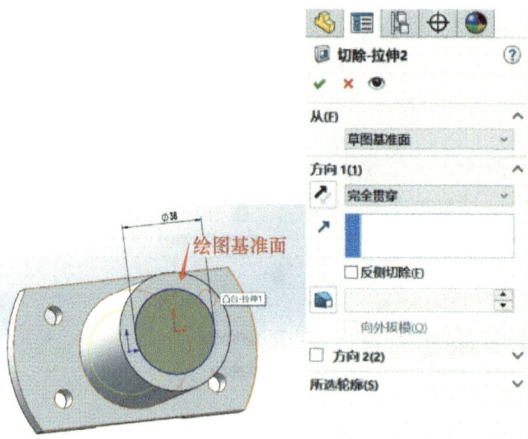

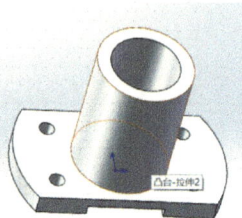

图 3-12　拉伸切除 2

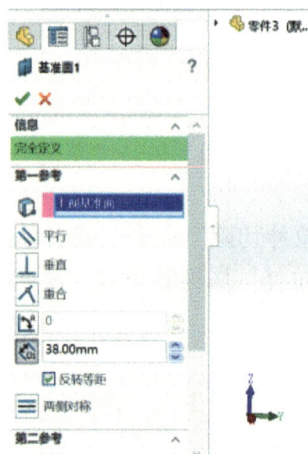

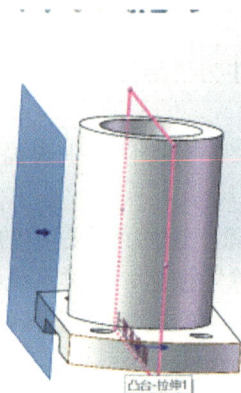

图 3-13　新建基准面

2）绘制草图。选择新建的基准面。单击"草图"→"圆形"按钮，绘制草图并标注尺寸。

3）拉伸实体。选择菜单栏中的"插入"→"凸台／基体"→"拉伸"命令，或者单击功能区的"特征"→"拉伸凸台／基体"按钮，此时系统弹出"凸台-拉伸"属性管理器。设置拉伸终止条件为"成形到下一面"，选择外圆柱面，然后单击"确定"按钮，结果如图 3-14 所示。

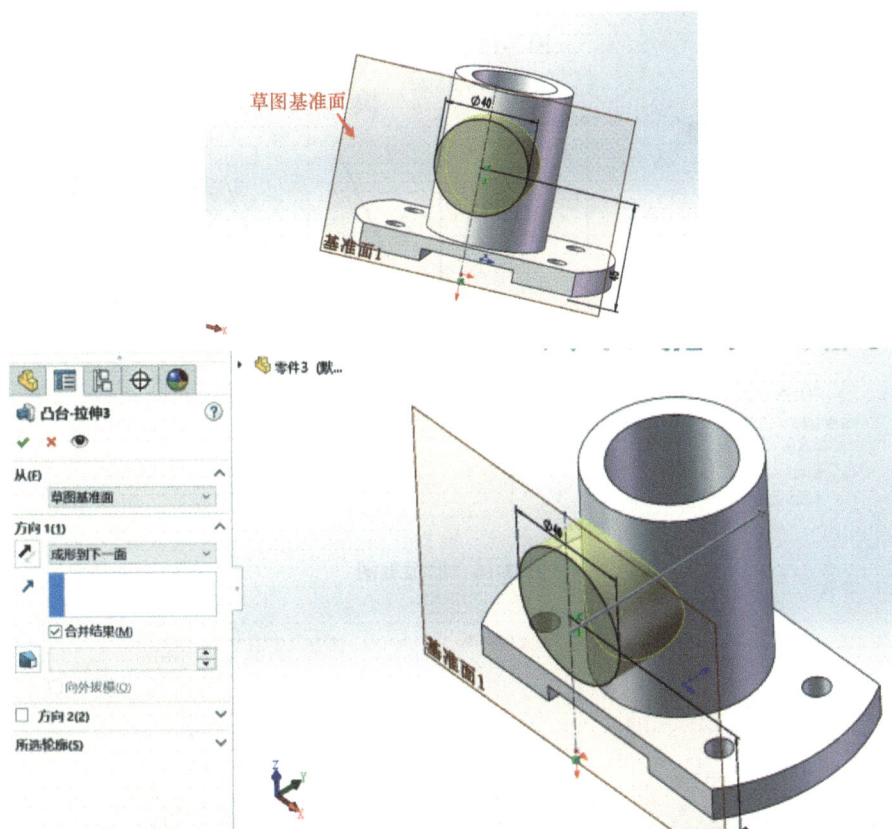

图 3-14　拉伸实体 3

4）绘制草图。选择新建的基准面。单击"草图"→"圆形"按钮，绘制草图并标注尺寸。

5）拉伸切除。选择菜单栏中的"插入"→"拉伸切除"命令，或者单击功能区的"特征"→"拉伸切除"按钮，此时系统弹出"切除-拉伸"属性管理器。选择"方向 1"为"成形到一面"，选择内圆柱面，然后单击"确定"按钮，结果如图 3-15 所示。

4. 绘制双侧肋板

1）绘制草图。选择上视基准面。单击"草图"→"直线"按钮，绘制如图 3-16 所示的草图并标注尺寸。设置线段端点和底板上表面重合。

2）绘制筋特征。选择菜单栏中的"插入"→"筋"命令，或者单击功能区的"特征"→"筋"按钮，此时系统弹出"筋"属性管理器。设置肋板的宽度为 10，拉伸方向平行于草图，然后单击"确定"按钮，结果如图 3-17 所示。

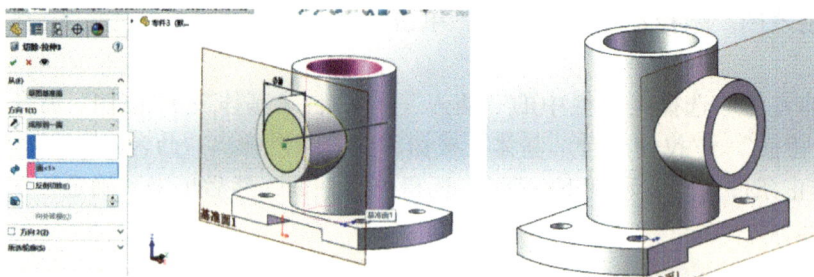

图 3-15   拉伸切除 3

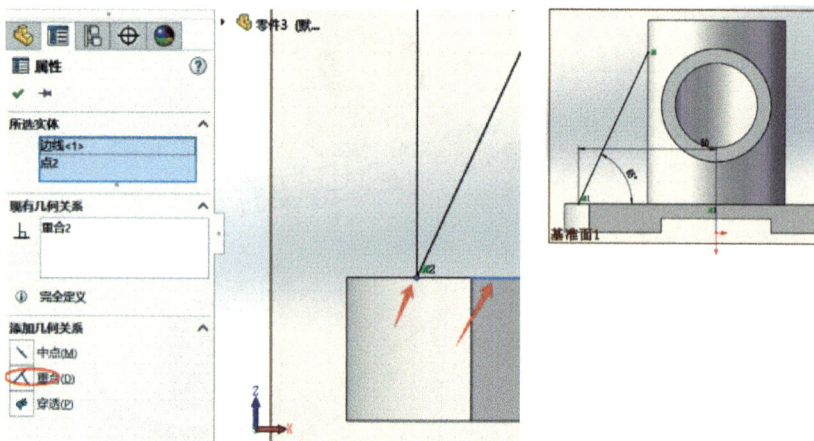

图 3-16   肋板草图

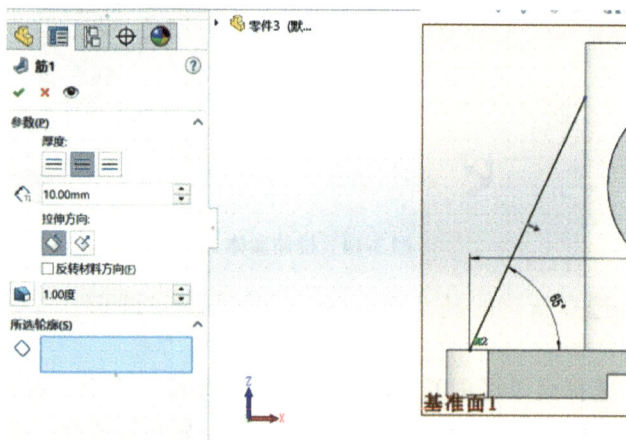

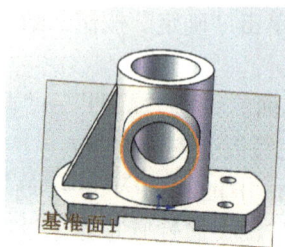

图 3-17   筋特征

3）镜像筋特征。单击"特征"→"镜向"按钮，此时系统弹出"镜向"属性管理器。镜像基准面为右视基准面，要镜像的特征为筋特征，然后单击"确定"按钮，最后结果如图 3-18 所示。

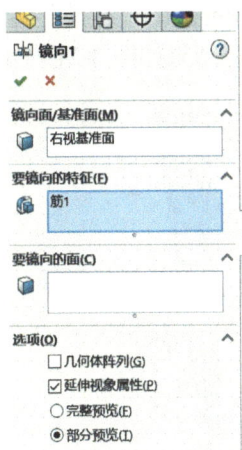

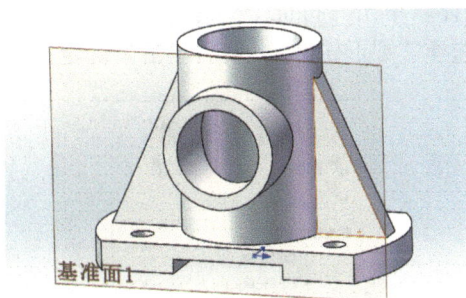

图 3-18　镜像筋特征

3.1.4　壳体设计实例—水杯

本例绘制的水杯如图 3-19 所示，由水杯主体和把手两部分组成。具体绘图步骤如下。

1. 绘制杯子主体

1）新建文件。启动 SOLIDWORKS，选择菜单栏中的"文件"→"新建"命令，在对话框中单击"零件"按钮，然后单击"确定"按钮，创建一个新的零件文件。

2）绘制草图。在左侧的 FeatureManager 设计树中选择"前视基准面"作为绘制图形的基准面。单击"草图"→"圆"按钮，以原点为圆心绘制直径 50 的圆。

3）拉伸实体。单击"特征"→"拉伸凸台／基体"按钮，此时系统弹出"凸台 - 拉伸"属性管理器。"方向 1"选择"给定深度"，深度为 100，打开拔模开关，拔模角度为 8，向外拔模，然后单击"确定"按钮，结果如图 3-20 所示。

图 3-19　水杯模型

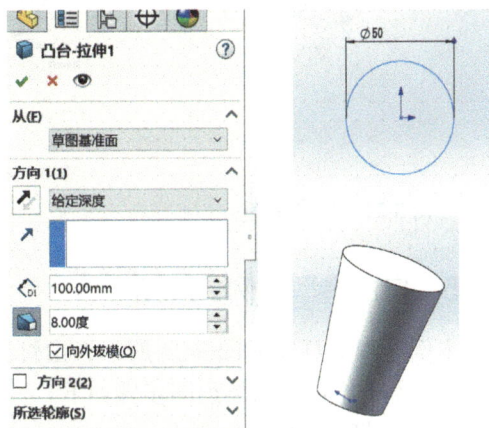

图 3-20　杯子主体

2. 绘制把手

1）绘制草图。在左侧的 FeatureManager 设计树中选择"上视基准面"作为绘制图形的基准面。单击"草图"→"样条曲线"按钮，绘制样条曲线，退出草图。

2）扫描实体。单击"特征"→"扫描"按钮，此时系统弹出"扫描"属性管理器。"轮廓和路径"中选择"圆形轮廓"，然后单击"确定"按钮，结果如图 3-21 所示。

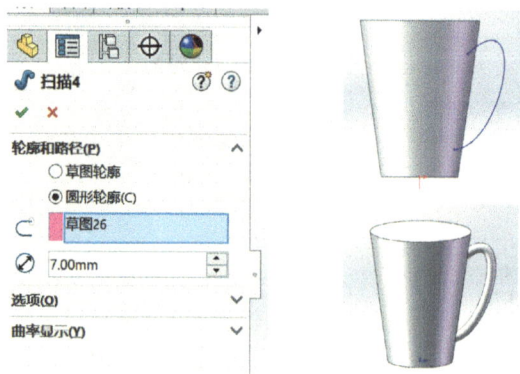

图 3-21　水杯把手

3）抽壳。单击"特征"→"抽壳"按钮，此时系统弹出"抽壳"属性管理器。"移除的面"选项中选择水杯上表面，厚度设置为 6，然后单击"确定"按钮，结果如图 3-22 所示。

4）倒圆角。单击"特征"→"圆角"按钮，此时系统弹出"圆角"属性管理器。在"要圆角化的项目"中选择水杯底部、上部四条边线，"圆角参数"设置为"对称"，圆角半径为 2，如图 3-23 所示，然后单击"确定"按钮。

图 3-22　拉伸抽壳

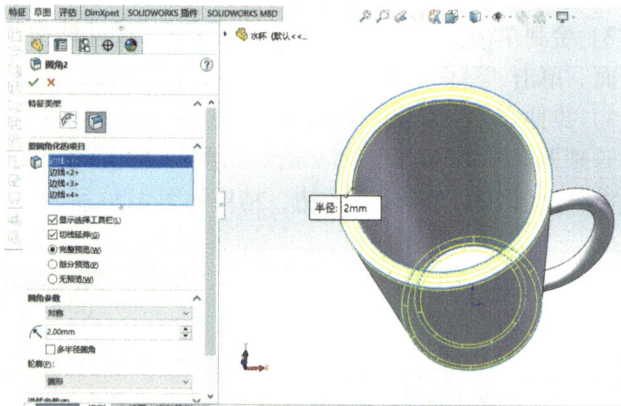

图 3-23　倒圆角

3.1.5　自由造型实例—灯笼

本例绘制的灯笼如图 3-24 所示，由灯笼主体、支撑杆、上端凸台和挂钩、下端凸台和灯须几个部分组成。具体绘图步骤如下。

1. 绘制灯笼主体

1）新建文件。启动 SOLIDWORKS，选择菜单栏中的"文件"→"新建"命令，或单击

"快速访问"工具栏中的"新建"按钮，在打开的"新建 SOLIDWORKS 文件"对话框中单击"零件"按钮，然后单击"确定"按钮，创建一个新的零件文件。

2）新建草图。在左侧的 FeatureManager 设计树中选择"上视基准面"作为绘图基准面。单击"草图绘制"按钮，新建一张草图。草图尺寸如图 3-25 所示。

图 3-24　灯笼模型

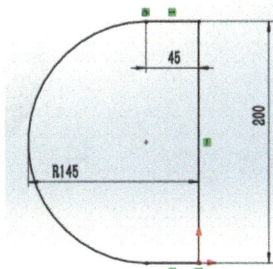

图 3-25　灯笼主体草图

3）旋转实体。选择菜单栏中的"插入"→"凸台／基体"→"旋转"命令，或者单击功能区的"特征"→"旋转凸台／基体"按钮，弹出"旋转"属性管理器。旋转轴如箭头所示，设定旋转的终止条件为"给定深度"，输入旋转角度为 360°，单击"确定"按钮，绘制结果如图 3-26 所示。

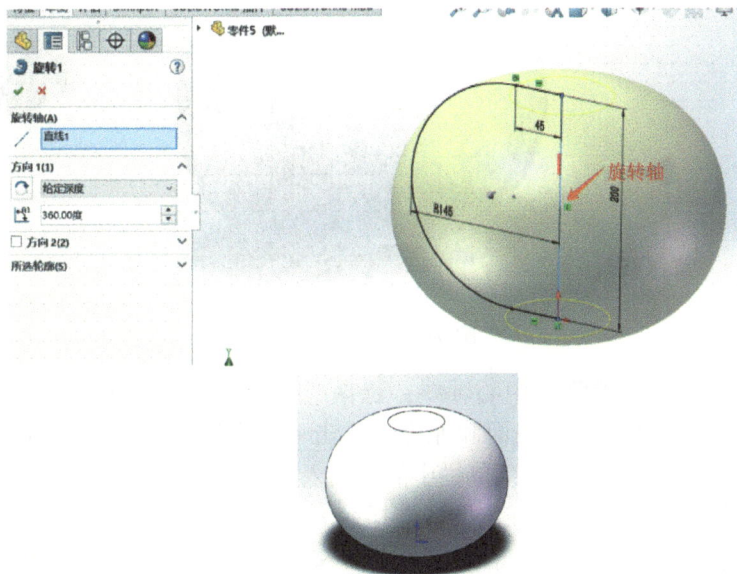

图 3-26　旋转实体

2. 绘制灯笼支撑杆

1）在左侧的 FeatureManager 设计树中选择"前视基准面"作为绘图基准面。单击"草图绘制"按钮，新建一张草图。选择"等距实体"命令，选择灯笼边界线，确定，如图 3-27 所示。选择等距实体形成草图，过中心位置绘制竖直直线，单击"确定"按钮。对草图进行强力裁剪，单击"确定"按钮退出。

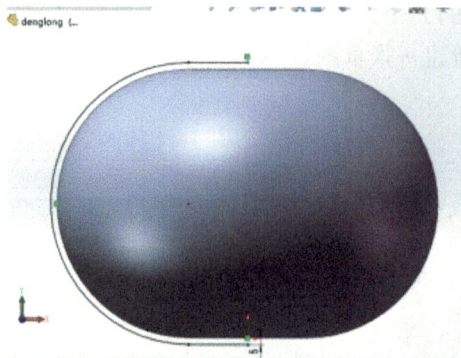

图 3-27　等距实体

2）拉伸实体。单击"特征"→"拉伸凸台／基体"按钮，此时系统弹出"凸台 - 拉伸"属性管理器。"方向 1"选择"两侧对称"，深度为 5，勾选"薄壁特征"，选择"单向"，厚度为 10，然后单击"确定"按钮，结果如图 3-28 所示。

图 3-28　支撑杆实体

3）阵列支撑杆。设置阵列中心轴线：选择"特征"→"参考几何体"→"基准轴"命令，参考实体选择灯笼主体上表面和原点，单击"确定"按钮，基准轴生成。单击"特征"→"圆周阵列"按钮，或选择菜单栏中的"插入"→"阵列／镜向"→"圆周阵列"命令，弹出"圆周阵列"属性管理器。在绘图区选择前一步生成的基准轴作为圆周阵列的阵列轴，在"角度"文本框中输入"360"。在"实例数"文本框中输入"10"，勾选"等间距"复选框，在绘图区选择生成的单个支撑体，如图 3-29 所示，单击"确定"按钮。

3. 绘制上端凸台和挂钩

1）选择灯笼主体上表面作为绘图基准面，绘制直径 90 的圆，然后单击"特征"→"拉伸凸台／基体"按钮，此时系统弹出"凸台 - 拉伸"属性管理器，拉伸高度为 15，然后单击"确定"按钮，如图 3-30 所示。

2）在左侧的 FeatureManager 设计树中选择"前视基准面"作为绘图基准面。单击"草图绘制"按钮，新建一张草图。绘制草图如图 3-31 所示。

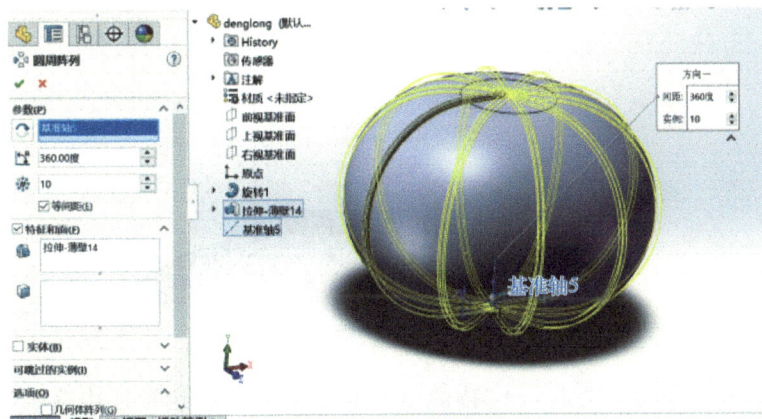

图 3-29 阵列支撑杆实体

图 3-30 拉伸凸台

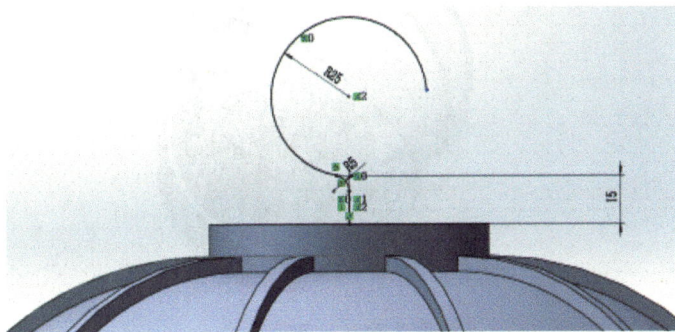

图 3-31 绘制草图

3）扫描实体。单击"特征"→"扫描"按钮，此时系统弹出"扫描"属性管理器。"轮廓和路径"中选择圆形轮廓，然后单击"确定"按钮，结果如图 3-32 所示。

图 3-32　扫描实体

4）选择菜单栏中的"插入"→"特征"→"圆顶"命令，选择挂钩端面为圆顶绘制面，参数为 6，绘制结果如图 3-33 所示。

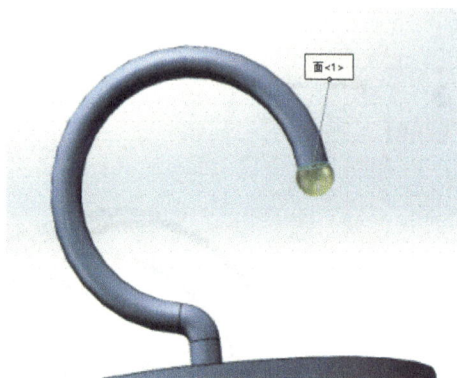

图 3-33　圆顶特征

4. 绘制下端凸台和灯须

1）选择灯笼主体下表面作为绘图基准面，绘制直径 90 的圆，然后拉伸凸台，拉伸高度为 15，确定，结果如图 3-34 所示。

图 3-34　拉伸特征

2）绘制灯笼的灯须。以灯笼下凸台为基准，新建草图，绘制直径 2，距中心垂直距离

39 的圆，完成后拉伸成实体，高 50。最后通过阵列特征，绕凸台 360° 均匀分布 50 条灯须，如图 3-35 所示，绘制结束。

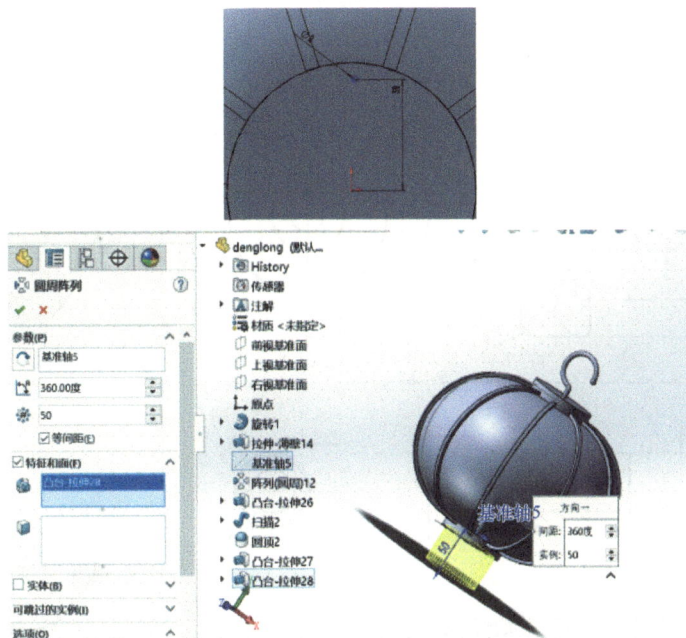

图 3-35 灯须特征

3.1.6 装配体设计实例—万向轮

装配体设计方法分为自下而上和自上而下两种。在实践中，设计师通常使用自上而下的设计方法来布局装配体并捕捉自定义零件的关键特点。

自下而上的设计方法是比较传统的方法。首先设计并创建零件，然后将零件插入装配体，再使用配合来定位零件。如果想更改零件，必须单独编辑零件，更改后的零件在装配体中可见。自下而上的设计方法对于先前建造过的、现售的零件或者对于皮带轮、马达等标准件来说是优先技术，这些零件不根据设计而更改形状和大小。本书中的装配文件都采用自下而上的设计方法。

自上而下的装配设计中，零件的一个或多个特征由装配体中的某项特性定义，如布局草图或另一个零件的几何体。设计意图来自装配体并下移到零件中，因此称为"自上而下"。可以在关联装配体中生成一个新零件，也可以在关联装配体中生成新的子装配体。

万向轮是一种允许水平 360° 旋转的脚轮。万向轮的广泛应用得益于其独特的功能特性，涉及机器人技术、物流设备、轨道交通等多个领域。

下面使用自下而上的设计方法创建万向轮装配体。万向轮模型如图 3-36 所示，需要准备 5 个零件：滚轮、轴套、立轴、连接架和心轴，见表 3-1。

图 3-36 万向轮模型

表 3-1 万向轮所含零件

零件	二维图	三维模型
滚轮	A—A 28 6 $\phi100$ $\phi70$ $\phi30$ $\phi14$ R4	
轴套	A—A $\phi14$ $\phi8$ 28 未注倒角C0.5	
立轴	49 6 4 27 3 $\phi14$ $\phi8$ $\phi14$ $\phi18$ 未注倒角C0.5	
连接架	44 R2 65 75 $\phi8$ 30 36 18 20	

（续）

零件	二维图	三维模型
心轴	40 35 2 $\phi 8$　$\phi 6$　$\phi 16$ 未注倒角C0.5	

新建装配体文件，首先导入滚轮定位，然后插入轴套并装配，再插入立轴和连接架并装配，之后插入心轴装配，最后将零件旋转到适当角度，具体操作步骤如下。

1）启动 SOLIDWORKS，单击"标准"工具栏中的"新建"按钮，或选择菜单栏中的"文件"→"新建"命令，在弹出的"新建 SOLIDWORKS 文件"对话框中单击"装配体"按钮，然后单击"确定"按钮，创建一个新的装配文件。系统弹出"开始装配体"属性管理器，如图 3-37 所示。

图 3-37　新建装配体

2）定位滚轮。单击"开始装配体"属性管理器中的"浏览"按钮，系统弹出"打开"对话框，选择已创建的"滚轮"零件，单击"打开"按钮，系统进入装配界面。选择菜单栏中的"视图"→"隐藏／显示"→"原点"命令，显示坐标原点，将光标移动至原点位置，在目标位置单击，将滚轮放入装配界面中，如图 3-38 所示。

3）插入轴套。选择菜单栏中的"插入"→"零部件"→"现有零件／装配体"命令，或单击功能区的"装配体"→"插入零部件"按钮，弹出"插入零部件"属性管理器。单击"浏览"按钮，在弹出的"打开"对话框中选择"轴套"零件，将其插入装配界面中，如图 3-39 所示。

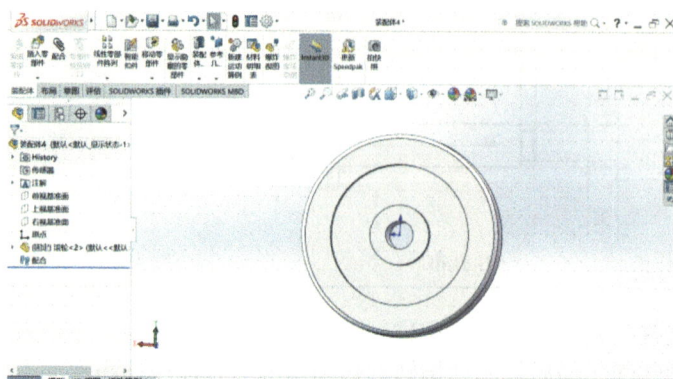

图 3-38　定位滚轮

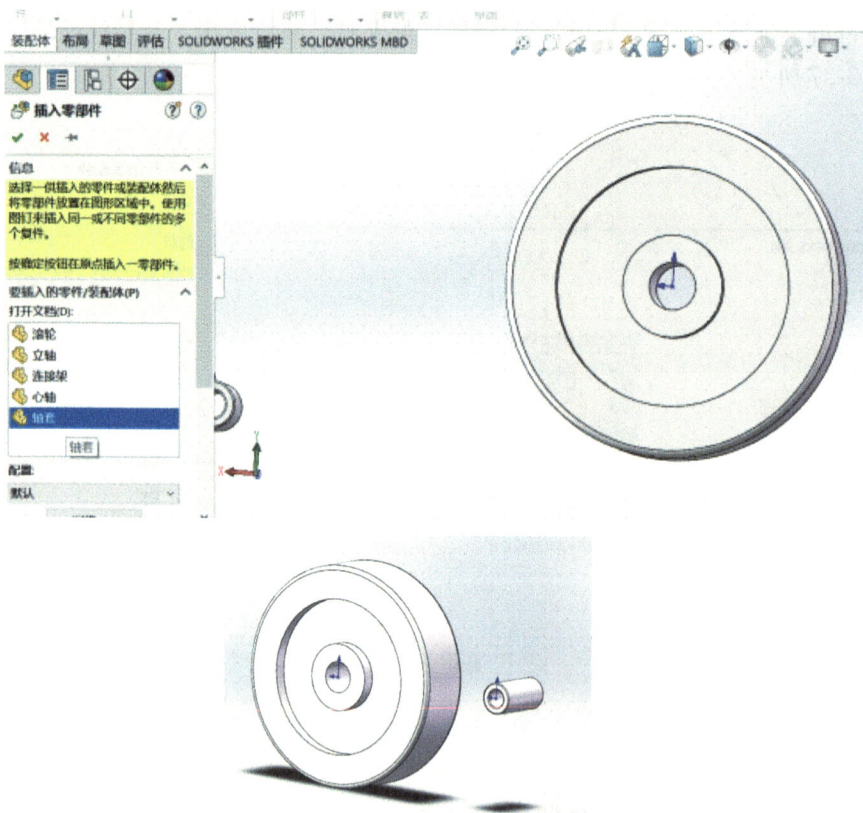

图 3-39　插入轴套

4）添加装配关系。选择菜单栏中的"插入"→"配合"命令，或单击功能区的"装配体"→"配合"按钮，系统弹出"配合"属性管理器。选择如图 3-40 所示的配合面，在"配合"属性管理器中单击"同轴心"按钮，添加"同轴心"关系，单击"确定"按钮。选择如图 3-41 所示的配合面（箭头所示），在"配合"属性管理器中单击"重合"按钮，添加"重合"关系,单击"确定"按钮,将其旋转到适当位置,如图 3-42 所示。

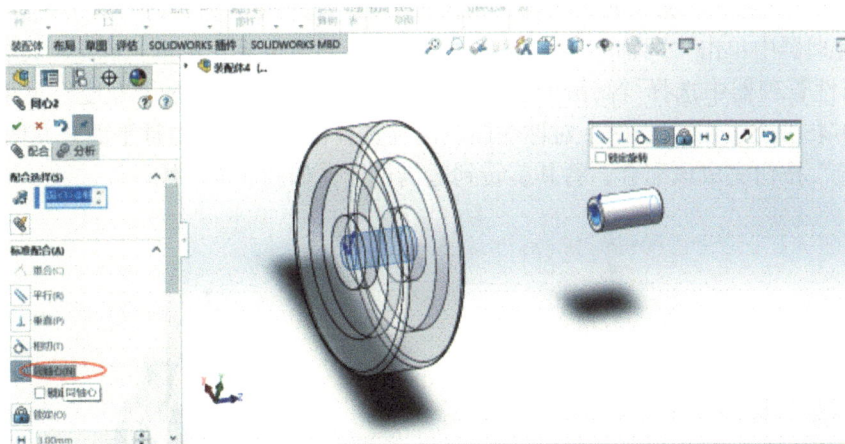

图 3-40 同轴心配合 1

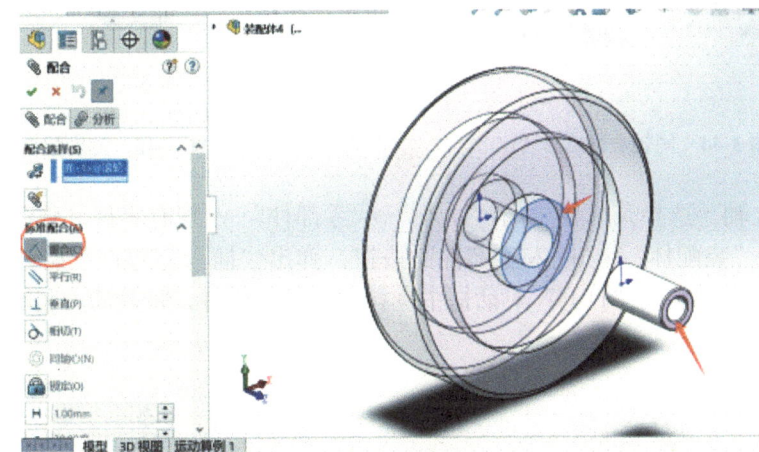

图 3-41 重合配合

5）插入连接架。选择菜单栏中的"插入"→"零部件"→"现有零件／装配体"命令,或单击功能区的"装配体"→"插入零部件"按钮,弹出"插入零部件"属性管理器。单击"浏览"按钮,在弹出的"打开"对话框中选择"连接架"零件,将其插入装配界面中,如图 3-43 所示。

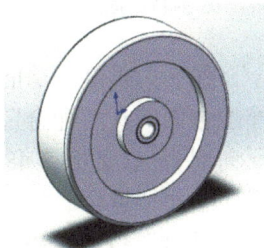

图 3-42 轴套配合

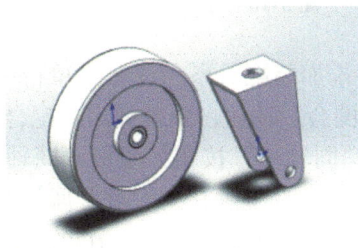

图 3-43 插入连接架

6）添加装配关系。选择菜单栏中的"插入"→"配合"命令，或单击功能区的"装配体"→"配合"按钮，系统弹出"配合"属性管理器。选择如图 3-44 所示的配合面，在"配合"属性管理器中单击"同轴心"按钮，添加"同轴心"关系，单击"确定"按钮。继续在"配合"属性管理器中选择"高级配合"，单击"宽度"按钮，添加"宽度"关系，"宽度"选择如图 3-45 所示连接架的两个对称平面，薄片选择滚轮的两个对称平面，共四个配合面，单击"确定"按钮完成该配合，将其旋转到适当位置，如图 3-46 所示。

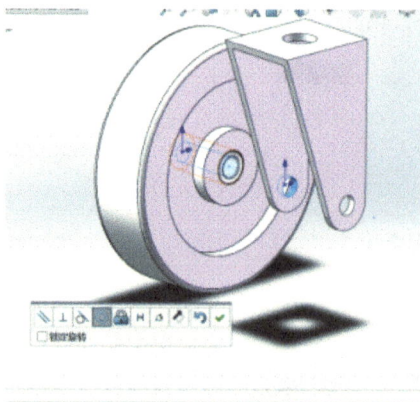

图 3-44　同轴心配合 2

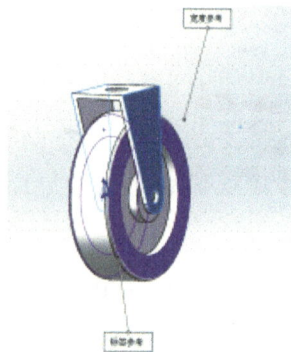

图 3-45　宽度配合

7）插入立轴。选择菜单栏中的"插入"→"零部件"→"现有零件 / 装配体"命令，或单击功能区的"装配体"→"插入零部件"按钮，弹出"插入零部件"属性管理器。单击"浏览"按钮，在弹出的"打开"对话框中选择"立轴"零件，将其插入装配界面中，如图 3-47 所示。

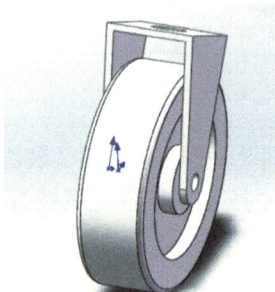

图 3-46　连接架添加配合后

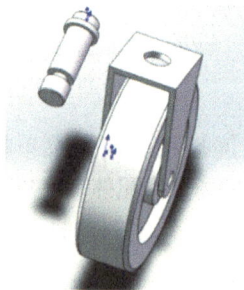

图 3-47　插入立轴

8）添加装配关系。选择菜单栏中的"插入"→"配合"命令，或单击功能区的"装配体"→"配合"按钮，系统弹出"配合"属性管理器。选择配合面，在"配合"属性管理器中单击"同轴心"按钮，添加"同轴心"关系，单击"反向对齐"，如图 3-48 所示，单击"确定"按钮。继续在"配合"属性管理器中选择"重合"，添加"重合"关系，选择配合面（如图 3-49 中箭头所示），在"配合"属性管理器中单击"重合"按钮，添加"重合"关系，单击"确定"按钮，将其旋转到适当位置。

9）插入心轴。选择菜单栏中的"插入"→"零部件"→"现有零件 / 装配体"命令，或单击功能区的"装配体"→"插入零部件"按钮，弹出"插入零部件"属性管理器。单击"浏览"按钮，在弹出的"打开"对话框中选择"心轴"，将其插入装配界面中，如图3-50所示。

图3-48　添加同轴心约束1

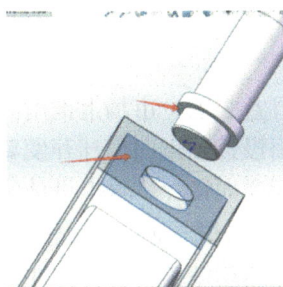

图3-49　添加重合约束1

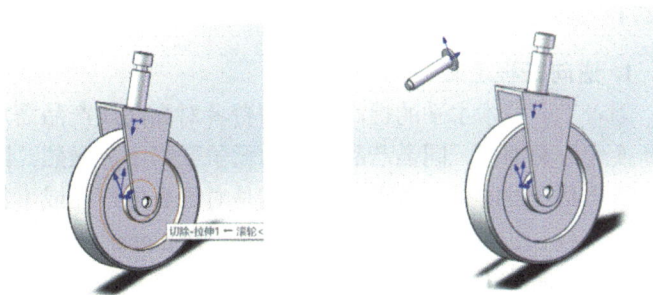

图3-50　插入心轴

10）添加装配关系。选择菜单栏中的"插入"→"配合"命令，或单击功能区的"装配体"→"配合"按钮，系统弹出"配合"属性管理器。选择配合面，在"配合"属性管理器中单击"同轴心"按钮，添加"同轴心"关系，单击"同向对齐"，如图3-51所示，单击"确定"按钮。继续在"配合"属性管理器中选择"重合"，添加"重合"关系，选择如图3-52所示的配合面（箭头所示），在"配合"属性管理器中单击"重合"按钮，添加"重合"关系，单击"确定"按钮，将其旋转到适当位置。结果如图3-53所示。选择菜单栏中的"视图"→"隐藏/显示"→"原点"命令。为装配体设置颜色，如图3-54所示。

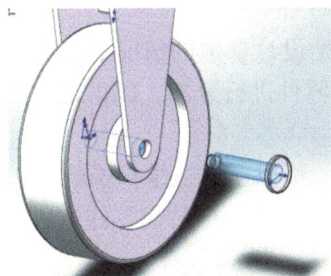

图3-51　添加同轴心约束2

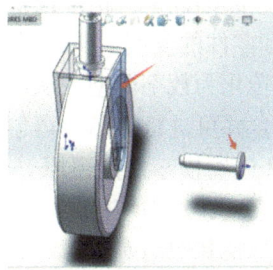

图3-52　添加重合约束2

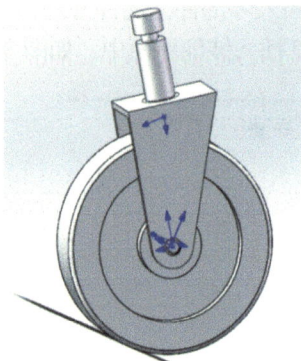

图 3-53　装配完成

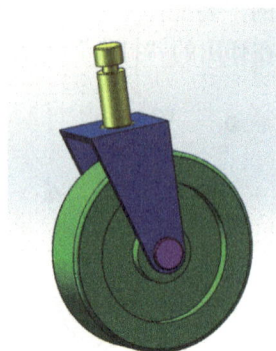

图 3-54　设置颜色后

3.2　逆向设计

3.2.1　逆向工程

1. 逆向工程定义

随着工业技术水平的提高以及消费者对高品质产品需求的日益强烈，市场上推出的产品更新换代节奏加快，同类产品之间的竞争变得十分激烈。除了由设计师正向设计开发新产品外，新产品开发的另一条重要路线就是对已有的产品或事物进行逆向设计，这个设计过程称为逆向工程，也称为反向工程（Reverse Engineering，RE）。总结来说，逆向工程是指对一产品进行逆向分析及研究，从而演绎并获得该产品的处理流程、组织结构、工作性能等设计要素，以制作出功能相近但又有自身特色的产品。与传统的正向设计从无到有进行产品开发不同，逆向工程是利用数字化测量设备，准确、快速地获得产品或实物的三维数据，然后进行改进、分析或仿制，具体可包括功能逆向、性能逆向及材质、结构等方面的逆向，而逆向对象可以是整机或零部件。逆向工程的应用领域很广，如集成电路逆向设计、实物逆向设计等，这里特指实物逆向设计。

2. 逆向工程应用范围

1）新零件的设计。在工业领域中，有些复杂产品或零件很难用一个确定的设计概念来表达，为获得更优化的设计，设计者常通过创建基于功能和需求分析的一个物理模型，来进行复杂或重要零件的设计，然后用逆向方法构造出三维模型，在该模型的基础上做进一步的修改，实现产品的改型或仿形设计。

2）已有零件的复制。在缺乏二维设计图样或者原始设计参数的情况下，三维扫描可以将实物零件转化为数字模型，从而通过逆向工程技术对零件进行复制，以再现原产品或零件的设计意图，并可进行产品的再创新设计。

3）损坏或磨损零件的还原。当零件损坏或磨损时，可以通过三维扫描的方法，重构该零件的数字模型，对损坏的零件表面进行还原或修补，可快速生产替代零件，从而提高设备的利用率并延长其使用寿命。

4）产品的反复修改和精度提高。例如在汽车外形设计中，设计师基于功能和美学需要对产品进行概念化设计，然后使用一些软材料（如油泥）将设计模型制作成实物模型，在这个过程中，对初始模型的改动会非常大，且没有必要花大量的时间使物理模型的精度非常高。这时，三维扫描的作用就非常明显，可以采用逆向的方法进行模型制作、修改和精练，提高模型的精度，直到满足各种要求。

5）数字化模型的检测。对加工后的零件进行三维扫描测量，通过将该数据与原始设计的三维模型在计算机上进行数据比较，可以检测制造误差，提高检测精度。

6）特殊领域产品的复制。如艺术品、考古文物的复制，医学领域中人体骨骼的复制，具有个人特征的太空服、头盔、假肢的制造中，都需要从实物模型得到产品数字化模型。

3. 逆向工程关键技术流程

逆向工程一般可分为五个阶段：数据获取、数据处理、模型重建、快速加工、模型评价与修正。

1）数据获取：这是逆向工程的第一步，即使用各种测量技术来获取产品或零件的几何数据。这些数据是后续步骤的基础，因此这一步的质量直接影响到最终重建模型的准确性。

2）数据处理：在获取了原始数据后，需要进行数据处理，这可能包括数据的清洗、滤波和优化，以确保数据的准确性和完整性。这一步是必要的，因为原始数据可能包含噪声或不一致性，需要专业处理才能用于后续的分析和建模。

3）模型重建：基于处理后的数据，利用 CAD 技术来重建产品的三维模型。这一步是逆向工程的核心，因为它直接关系到最终产品的设计和加工。

4）快速加工：在 CAD 模型完成后，需要通过快速加工或 3D 打印等技术，将设计转化为实际的物理模型或产品，这一步属于逆向工程的应用阶段，可将理论上的设计转化为实际可用的产品。

5）模型评价与修正：对重建的 CAD 模型进行评价和修正，这可能包括尺寸检查、功能测试等，以确保模型满足所有设计要求。如果有必要，需根据评价结果对模型进行修正，直到满足所有要求。

3.2.2　数据采集、处理和模型重构技术

逆向工程可以以产品实物为依据，利用测量设备获得产品的三维点云数据，利用建模工具在计算机中创建三维模型，从而开发出性能更先进、结构更合理的产品。逆向工程功能强大，关键技术有数据采集、数据处理、模型重构技术。

1. 数据采集技术

数据采集是指通过特定的测量方法和设备，将物体表面形状转换成几何空间坐标点，从而得到逆向建模以及尺寸评价所需数据的过程。选择快速而精确的数据采集系统，是实现逆向设计的前提条件，它在很大程度上决定了所设计产品的最终质量，以及设计的效率和成本。常见的数据采集系统有多种形式，其采集原理不同，所能达到的精度、效率以及所需投入的成本也不同，一般需要根据所设计产品的类型做出相应选择。根据采集时测头是否与被测零件接触，可将采集方法分为接触式和非接触式，用到的扫描仪分别为接触式扫描仪和非接触式扫描仪。

（1）接触式

为了获得物体表面的三维数据，最直接的方法就是通过接触物体表面每一点来获取其坐标值。典型的接触式扫描仪如三坐标测量机（CMM）。通过接触式测量可以获得高精度的三维数据，但也有局限性：如测量时间较长、标定控制部分和探针系统的过程较复杂、测量容易造成物体表面破损、无法测量具有一定弹性的物体、物体在测量过程中需要保持静止等。以上这些局限性限制了接触式扫描仪在实际应用中的使用。

（2）非接触式

为了改进以上接触式扫描仪的局限性，非接触式扫描仪的概念被提出。非接触法测量物体不需要与物体接触，因此可以对具有弹性的物体进行三维测量。非接触式扫描仪采用一个稳定度及精度良好的旋转电动机，当光束打（射）到由电动机所带动的多面棱规时反射形成扫描光束。由于多面棱规位于扫描透镜的前焦面上并均匀旋转，使光束对反射镜而言，其入射角相对地连续性改变，因而反射角也做连续性改变，经由扫描透镜的作用形成一平行且连续由上而下的扫描线。例如，光栅三维扫描仪采用的是白光光栅扫描，全自动拼接，具有高效率、高精度、高寿命、高解析度等优点，特别适合复杂自由曲面逆向建模。非接触式扫描仪可以分为结构光式扫描仪、激光式扫描仪和 CT 断层式扫描仪等。

激光式扫描仪大多采用时间飞行法原理，即发射激光到物体表面，并使用传感器接收从物体表面反射回来的激光，计算激光在整个过程中飞行的时间。由于激光在空气中传播的速度是已知的，飞行时间的长短就决定了物体表面一点距离扫描仪的远近。

CT 断层式扫描是指利用 X 射线对物体某一厚度的层面进行逐层扫描，并根据扫描结果分析得到物体的三维信息，把物体每一个断层的三维信息堆叠起来，就完成了对整个物体的三维扫描。CT 断层式扫描仪的主要优势是无须破坏物体即可获得物体内部的三维构造。

2. 数据处理和模型重构技术

测量设备的缺陷、测量方法和零件表面质量的影响，使得测量结果含有误差，特别对于边界和尖锐处的数据测量。对原始数据预处理能够降低甚至消除误差对后面建模的影响。预处理包括去除误差的点、精简数据、多视点云对齐、提取特征以及数据的分块等，预处理后使用测量数据重构模型。

（1）典型软件介绍

1）Geomagic Wrap。该软件可从扫描所得的点云数据中创建出完美的多边形模型和网格，并可自动转换为 NURBS 曲面。该软件是目前应用较为广泛的逆向工程软件，是点云处理及三维曲面构建功能最强大的软件之一，从点云处理到三维曲面重建的时间通常只有同类产品的 1/3。

ⓐ 软件主要功能。Geomagic Wrap 主要功能包括：自动将点云数据转换为多边形（Polygons）；快速减少多边形数目（Decimate）；把多边形转换为 NURBS 曲面；曲面分析（公差分析等）；输出与 CAD/CAE/CAM 匹配的文件格式（IGS、STL、DXF 等）。

ⓑ 软件应用界面。当启动 Geomagic Wrap 软件后，将会出现如图 3-55 所示的应用界面。该界面被分为如下几个部分。

● 视图窗口：显示模型管理器中被选中的物体对象。

● 菜单栏：提供所有应用过程所涉及的命令接口。
● 工具栏：包含常用命令快捷方式的图标。

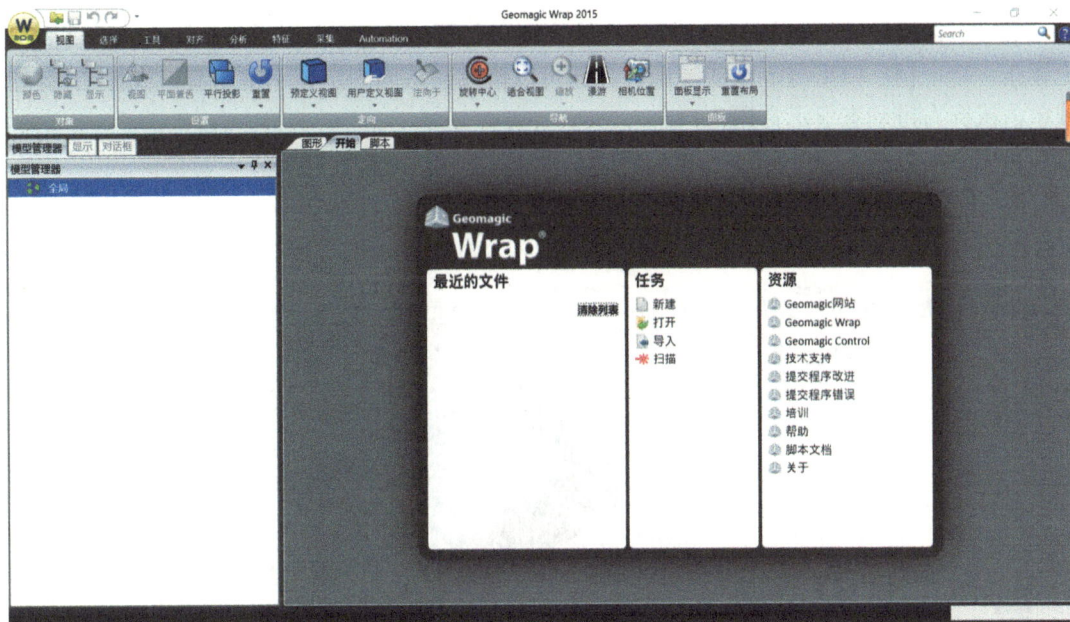

图 3-55 软件界面1

ⓒ 软件特点：点云处理模块功能强大；软件功能操作便捷，易学易用；强大的自动拟合曲面功能，对艺术、雕塑、考古、医学、玩具类工件优势较大。

2）Geomagic Design X。Geomagic Design X 原本是韩国 Rapidform XOR 软件，2013 年被 3D Systems 收购，拥有强大的点云处理能力和正向建模能力，可以与其他三维软件无缝衔接，适合工业零部件的逆向建模。它是专业的参数化逆向建模软件，可以打开较大的扫描数据文件，速度快，效率高，易学易用，常用于比赛中。

ⓐ 软件主要功能。

● 数据导入与准备：Geomagic Design X 支持从各种数据源导入物理对象的数据，包括扫描仪获取的点云数据、现有的 CAD 模型和 STL 文件等。该软件提供了强大的数据准备工具，用于清理、对齐和融合导入的数据，以确保数据的准确性和质量。

● 自动曲面提取与重建：Geomagic Design X 具备先进的曲面提取和重建功能，可以自动从点云数据中提取出精确的曲面几何信息。该软件使用先进的算法和技术，支持自动填充、平滑和拟合曲线和曲面，以创建高质量的 CAD 模型。

● 特征提取与编辑：Geomagic Design X 提供了广泛的特征提取工具，可以从扫描数据中提取出线、孔、曲面和其他几何特征。这些特征可以用于修改、编辑和补充 CAD 模型，以满足设计要求。

● CAD 建模与编辑：除了逆向工程功能，Geomagic Design X 还具备强大的 CAD 建模和编辑工具。该软件提供了广泛的建模特性，包括创建实体、修剪、缩放、合并等，使设计师能够在数字环境中精确地创建、修改和优化 CAD 模型。

● 导出与集成：Geomagic Design X 支持将最终的 CAD 模型导出为各种标准的文件格式，如 STL、STEP、IGES 等。此外，该软件可与其他 CAD 软件无缝集成，便于设计团队进行协作和共享。

ⓑ 软件界面。该软件的用户界面比较直观，如图 3-56 所示，主要由菜单、工具面板、工具条、特征树、模型树等组成。用户界面可以修改，从而固定显示常用窗口或在工具栏区域单击鼠标右键动态显示常用窗口。

图 3-56　软件界面 2

● 菜单：包含软件中所有的功能，如文件操作等。

● 工具面板：由初始、模型、草图、3D 草图、对齐、曲面创建、点、多边形、领域九部分构成，每一种模式都有其对应的工具栏，便于创建和编辑特征。

● 工具条：在工具条中会根据模型显示区的实体或曲线来激活相应命令，例如创建实体时，布尔运算、剪切实体等编辑实体的命令就会显示为激活状态。在工具条单击鼠标右键，选择"自定义"，可以定制工具栏。

● 特征树：Geomagic Design X 使用参数化特征建模。

● 模型树：分类显示所有创建的特征，可以用来选择和控制特征实体的可见性。

● 精度分析：用于检查实体、面片、草图的质量。在创建曲面之后，可直接检查扫描数据和所创建曲面之间的偏差。精度分析在默认模式、面片模式以及 2D/3D 草图模式下均可用。

● 属性：选择一个特征之后，会出现属性窗口。例如，选择一个面片之后，可在属性窗口内查看其边界框大小，更改面片颜色、实体材质等属性。

（2）其他软件介绍

1）Imageware。Imageware 由美国 EDS 公司出品，正被广泛应用于汽车、航空航天、消费家电、模具、电子等设计与制造领域。Imageware 处理数据的流程遵循点—曲线—曲面原则，流程简单清晰，软件易于使用。

2）CopyCAD。CopyCAD 是由英国 DELCAM 公司出品的功能强大的逆向工程系统软件，它能从已存在的零件或实体模型中产生三维 CAD 模型。该软件为来自数字化数据的 CAD 曲面的产生提供了多样化的工具。CopyCAD 能够接收来自坐标测量机床的数据，同时跟踪机床和激光扫描器。

CopyCAD 简单的用户界面允许用户在尽可能短的时间内获得高质量的复杂曲面进行生产，即使初次使用者也能做到这点。该软件可以完全控制曲面边界的选取，然后根据设定的公差自动产生光滑的多片曲面，同时，CopyCAD 还能够确保连接曲面之间正切的连续性。

3.2.3 逆向设计实例—工艺品逆向建模

本节对工艺品鸭子进行逆向建模。首先，利用扫描仪对工艺品鸭子进行表面数据采集，然后运用逆向工程软件（如 Geomagic Wrap）对点云数据进行点、多边形以及曲面的处理，之后导入 Geomagic Design X 进行模型的实体重构；最后可以利用 3D 打印技术或模具制造出样品。

1. 数据采集

（1）喷粉　扫描表面透明、闪光或强反光的物体时，可使用专业显像剂进行喷粉，然后扫描。此处的工艺品鸭子不反光、不透明，所以不需要喷显像剂，如图 3-57 所示。

（2）标定　在进行激光扫描时，模型需贴上标志点进行标定，当扫描不到标志点时，设备不投射激光线。标志点尽量粘贴在平面区域或者曲率较小的曲面，且距离物体边界稍远一些。标志点不要粘贴在一条直线上，且不要对称粘贴。公共标志点至少为 3 个，但因扫描角度等原因，一般建议 5~7 个为宜。标志点应使相机在尽可能多的角度同时看到。粘贴标志点要保证扫描策略的顺利实施，并使标志点在长、宽、高方向均等。如果物体外形都是曲面，可以把标志点贴到背景桌面上，如图 3-58 所示。

图 3-57　工艺品鸭子

图 3-58　粘贴标志点

（3）数据采集　标定完成后开启扫描设备，设置扫描参数后完成扫描工作，保存为点云数据文件"鸭子 .asc"。

2. Geomagic Wrap 软件数据处理

（1）点云阶段　第一阶段是点云阶段，主要任务是对扫描数据进行一系列技术处理，从而得到完整而理想的点云数据，并封装成可用的多边形数据。主要包括去掉扫描过程中产生的杂点、噪声点，将点云文件三角面片化（封装），保存为 STL 文件格式。

1）![icon]：着色点，为了更加清晰、方便地观察点云的形状，将点云进行着色。

2）![icon]：断开组件连接，指同一物体上一定数量的点各自形成点云，并且彼此分离。

3）![icon]：体外弧点，选择与其他绝大多数点云具有一定距离的点（敏感性设置：低数值时选择远距离点，高数值时选择的范围接近真实数据）。

4）![icon]：减少噪声，因为逆向设备与扫描方法的缘故，扫描数据存在系统误差和随机误差，其中有一些扫描点的误差比较大，超出允许的范围，这就是噪声点。

5）![icon]：封装，对点云进行三角面片化，如图 3-59 所示。

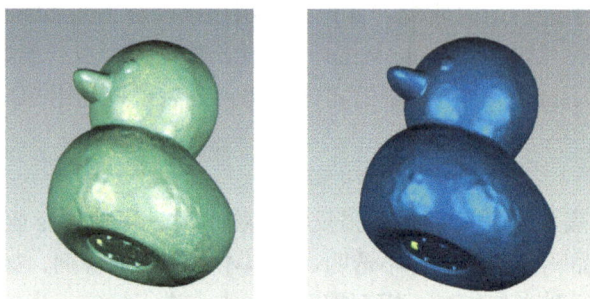

图 3-59　点云阶段数据处理前后效果

（2）多边形阶段　第二阶段是多边形阶段，主要任务是在扫描数据封装（合并）后进行一系列技术处理，以得到一个完整的理想的多边形数据模型，为多边形高级阶段的处理以及曲面拟合打下基础。主要包括将封装后的三角面片数据处理光顺、完整，保持数据的原始特征。

1）删除钉状物："平滑级别"处在中间位置，使点云表面趋于光滑。

2）填充孔：修补因为点云缺失而造成的孔洞，可根据曲率趋势补好孔洞。

3）去除特征：先选择有不合理特征的位置，然后应用该命令去除特征，并使该区域与其他部位之间形成光滑的连续状态。

4）网格医生：集成了删除钉状物、填充孔、去除特征、开流形等功能，对于简单数据能够快速处理完成，如图 3-60 所示。

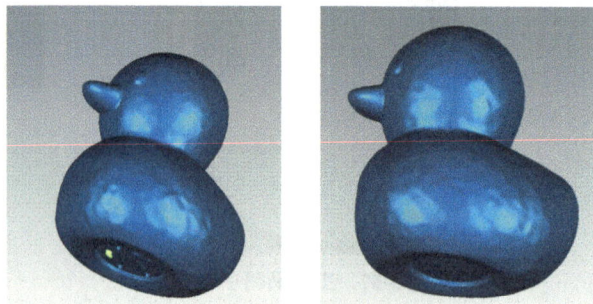

图 3-60　多边形阶段数据处理前后效果

5）数据保存：将处理好的数据另存为"鸭子 .stl"文件，可为后续逆向建模提供基础文档。

3. 逆向设计过程

1）打开 Geomagic Design X 软件，导入"鸭子.stl"数据文件，导入后如图 3-61 所示。

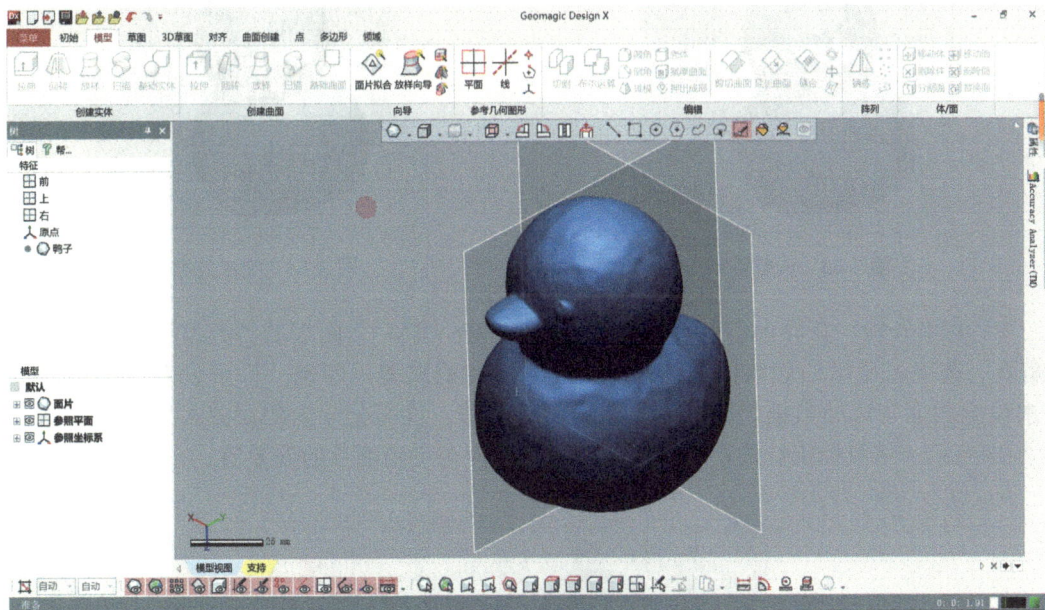

图 3-61 导入模型

2）曲面建模。单击"自动曲面创建"按钮，弹出对话框，然后单击"下一步"按钮，均匀分布网格，如图 3-62 所示。在此状态下需调节十字的位置，使网格均匀分布，如图 3-63 所示，完成效果图如图 3-64 所示。

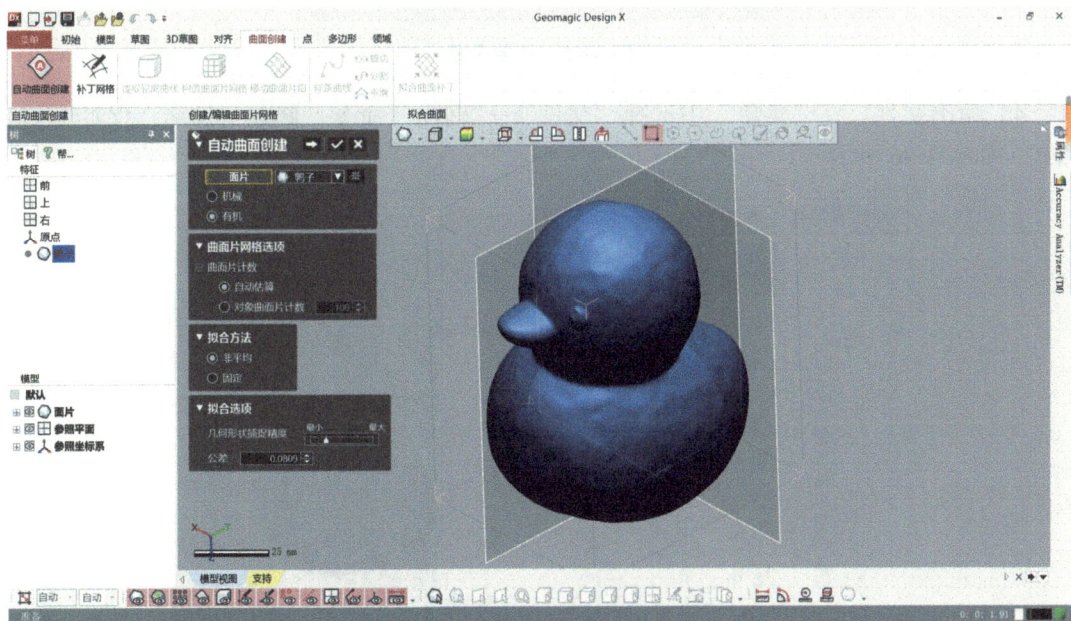

图 3-62 自动曲面创建

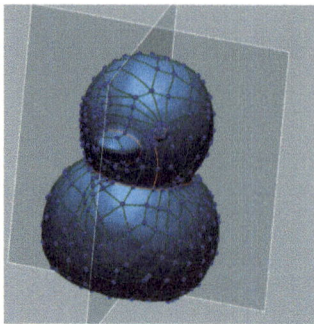

图 3-63　调整网格

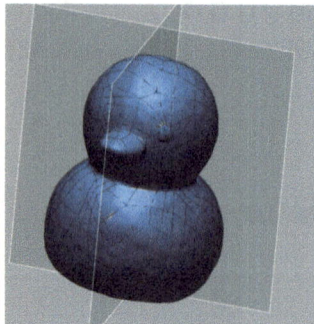

图 3-64　完成效果图

3）偏差分析。在界面右侧"Accuracy Analyzer（TM）"面板的"类型"选项组中选中"偏差"选项，显示曲面与网格（三角面片）之间的误差。勾选"许可公差"选项，根据需求设定曲面与原始数据之间的上、下极限偏差值，许可公差内的误差将用绿色显示，如图 3-65 所示，将鼠标指针放在绿色区域即可看到面与三角面片的误差值。

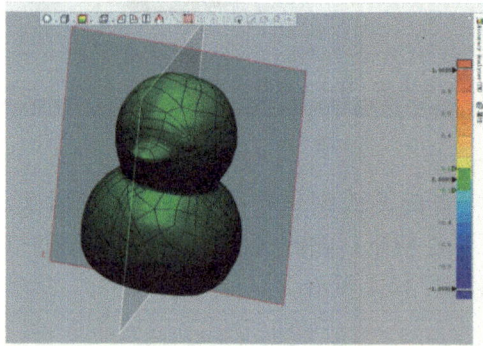

图 3-65　偏差分析

4）输出文件。在"菜单"中选择"文件"→"输出"命令，修改文件名，保存为 STP 格式，如图 3-66 所示。

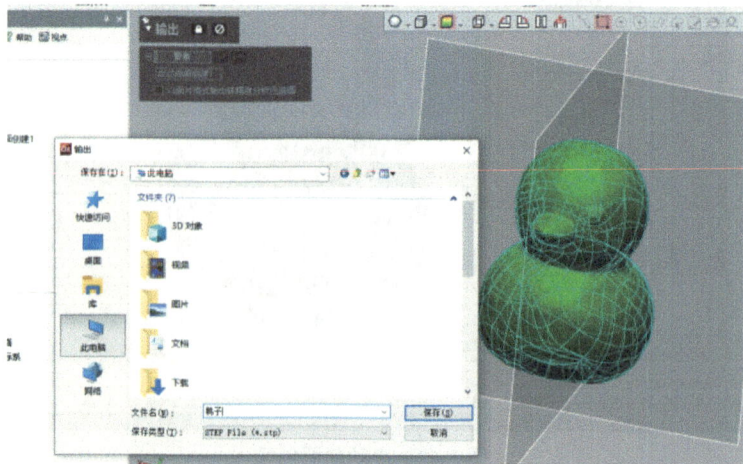

图 3-66　输出文件

3.3　3D 打印模型前处理

3D 打印机进行快速成型制造之前，需要用户提供目标产品的源文件方可开始工作。这里所指的目标源文件就是 3D 打印设备可识别的三维模型数据文件，如 STL 格式文件。因此，3D 模型数据处理即前处理是快速成型制造的重要步骤。

3D 打印前处理过程

3.3.1　三维模型的格式转换

设计软件和打印机之间协作的标准文件格式是 STL 格式。STL 格式是目前 3D 打印制造设备使用的通用格式，是由美国 3D Systems 公司于 1988 年制定的一个接口协议。如果设计的三维模型不是 STL 格式，那么将其转换成 3D 打印机可以识别的 STL 格式是 3D 打印的关键一步。STL 用三角网格来表现三维模型，输出 STL 文件时的参数选用会影响成型质量。三维建模软件的 STL 输出方法很简单，一般选择另存为 STL 格式即可。

保存为 STL 格式文件后还要设置打印参数，即切片处理，切片处理完成后将生成切片轮廓信息并进行轮廓填充。最后，将切片生成的指令文件（GCode）复制或者直接发送给3D 打印设备，装好打印材料，调节好各项打印参数，通过打印机控制按钮发送打印指令。至此数据传输处理完成，等待三维模型最终打印成型即可。

3.3.2　Cura 切片软件

Cura 是一款开源的 3D 打印机切片软件，可以完成模型读入、模型旋转、模型缩放以及调用切片引擎 CuraEngine 进行切片处理，直至输出可被 3D 打印机识别的 GCode 文件。Cura 目前也支持调用其他切片引擎进行切片，如 Slic3r、Skeinforge 等，因此使用更加方便灵活。

切片软件首先要读入三维模型（通常为三角网格的 STL 格式文件），然后根据切片方向和切片厚度，求取一系列切平面与 STL 模型中三角面片的交线，将获得的交线进行排序，使之首尾相连，即可组成切面的轮廓。在求取交线的过程中，需要遍历所有三角面片。

切片分层后，还需要对获得的每一层的轮廓进行扫描以对内部设置填充。内部填充是为了让 3D 打印的物体具有一定的强度，但又不至于浪费材料。扫描填充的方式有往返直线扫描、分区扫描、环形扫描等。之后所有层叠加构成完整的物体，并利用打印路径生成算法产生打印路径，转化为 GCode 代码。将获得的 GCode 文件存入 SD 卡等存储设备，插入 3D 打印机中，3D 打印机控制主板上的固件读取 SD 卡中的 GCode 代码，并根据代码控制电动机逐层打印 3D 模型。

Cura 软件界面如图 3-67 所示，左侧为参数栏，有基本设置、高级设置及插件等，右侧是视图区，可对模型进行移动、缩放、旋转等操作。

（1）层厚　指打印每层的高度，是决定侧面打印质量的重要参数，层厚不得超过喷头直径的 80%，默认是 0.2mm。可调范围为 0.1~0.3mm。在保证打印质量的前提下，可以适当增大层厚以提高打印速度，如图 3-68 所示。

图 3-67　Cura 软件界面

（2）壁厚　为模型侧面外壁的厚度，一般设置为喷头直径的整数倍。默认参数是 0.8mm。可根据需要调为 1.2mm。该参数决定了走线的次数和厚度，如图 3-69 所示。

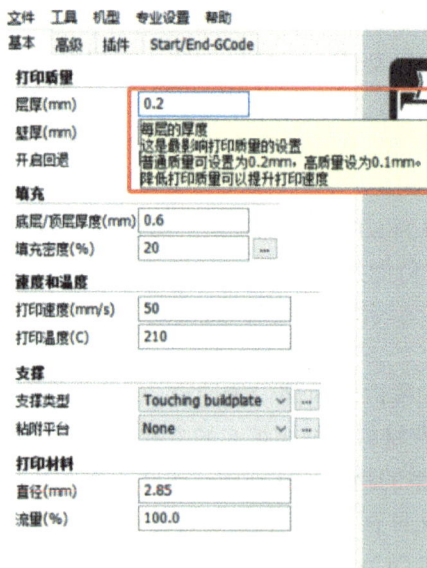

图 3-68　层厚

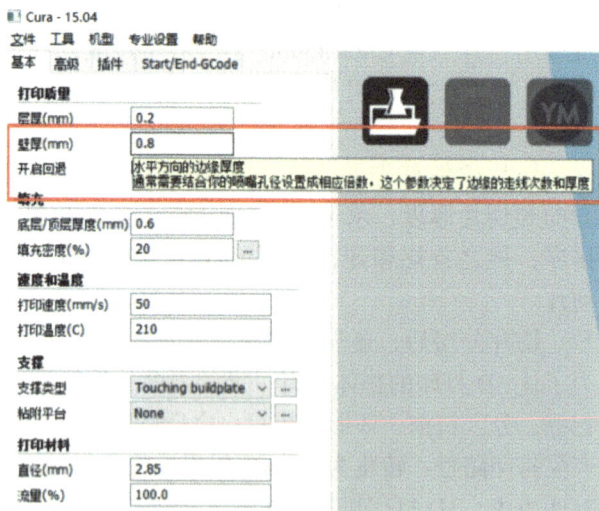

图 3-69　壁厚

（3）开启回退　当在非打印区域移动碰头时，适当的回退丝能避免多余的挤出和拉丝，如图 3-70 所示。

（4）底层 / 顶层厚度　指模型上下面的厚度，一般为层高的整数倍，默认为 0.6mm，可根据模型需要进行调整。该参数越接近壁厚，打印出来的实物越均匀，如图 3-71 所示。

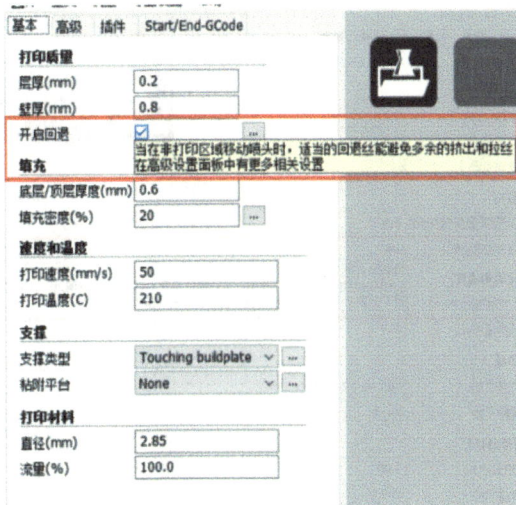

图 3-70 开启回退

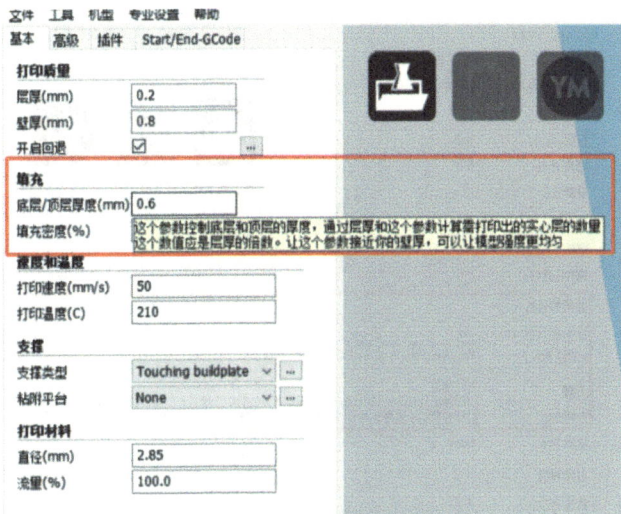

图 3-71 底层 / 顶层厚度

（5）填充密度 指模型内部的填充密度，默认为18%，可调范围为0%~100%。0%为全部空心，100%为全部实心，可根据打印模型的强度需要自行调整，一般为20%。该参数不会影响打印表面质量，如图3-72所示。

（6）打印速度 指打印喷嘴的移动速度，也就是吐丝时运动的速度。默认速度为30mm/s，可高达150mm/s。建议打印复杂模型时使用低速，简单模型时使用高速，一般低于80mm/s即可。速度过高会引起供丝不足的问题，影响实物的外观，如图3-73所示。

（7）支撑类型 指打印悬空部分的模型时可选择的支撑方式，默认为"None"，选择"Touching buildplate（延伸到平台）"时，系统默认对需要支撑的悬空部分自动建起可以达到平台的支撑，如图3-74所示。选择"Everywhere（所有悬空）"支撑类型后，模型所有悬空的部分都会创建支撑。一般选择延伸到平台。

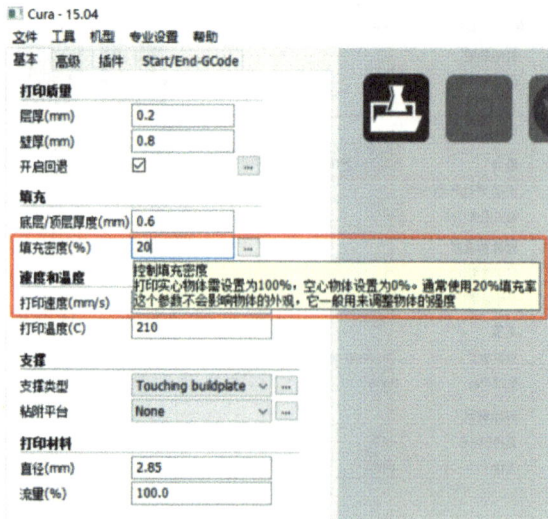

图 3-72　填充密度

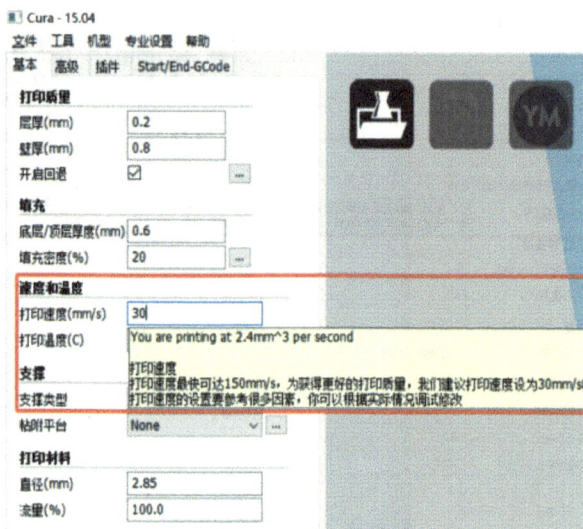

图 3-73　打印速度

（8）粘附平台　指用哪种方式将模型固定到平台上，默认为"None"。"Brim（延边）"是指在模型底边周围增加数圈薄层，薄层数可调。"Raft（底座）"是指在打印模型前打印一个网状底座，底座厚度可调，如图 3-75 所示。

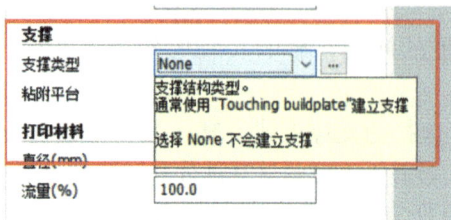

图 3-74　支撑类型

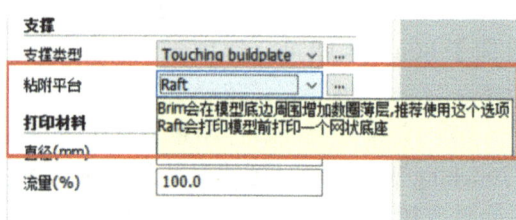

图 3-75　粘附平台

（9）喷嘴孔径　喷嘴孔径是固定值，过大过小都会引起送料异常，默认值为 0.4mm，如图 3-76 所示。

图 3-76　喷嘴孔径

3.3.3　Bambu Studio 切片软件

Bambu Studio 是一款功能丰富的开源切片软件，它包含了基于项目的工作流，系统化的切片算法，以及易于使用的图形界面。

1. Bambu Studio 初始界面

双击图标打开切片软件，登录或注册账户，用户设置可以同步到 Bambu Cloud，以便在多台计算机之间共享信息。"使用引导"可以引导用户自主学习软件知识。单击"新建项目"，进入准备界面，如图 3-77 和图 3-78 所示。在准备界面的左侧是打印机及工艺设置面板。

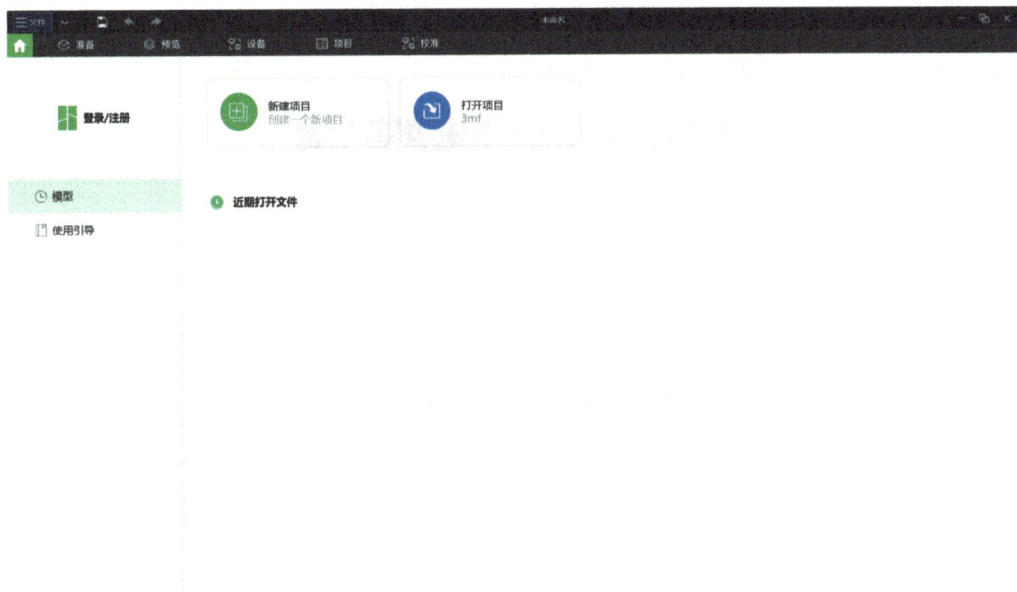

图 3-77　Bambu Studio 软件新建项目

页面右侧窗口上方有一个工具栏，下面介绍其中几个基本的编辑功能。

● ⬡：导入模型。

● ▦：增加分盘，零件分色、逐板打印的时候会用到，一般选择单盘打印。

- ：自动朝向，当模型拖进来后，软件会自动选择最合适的打印摆放姿势。

- ：全局整理，当模型是装配体的时候可以一键拆分，通常配合自动摆放使用。

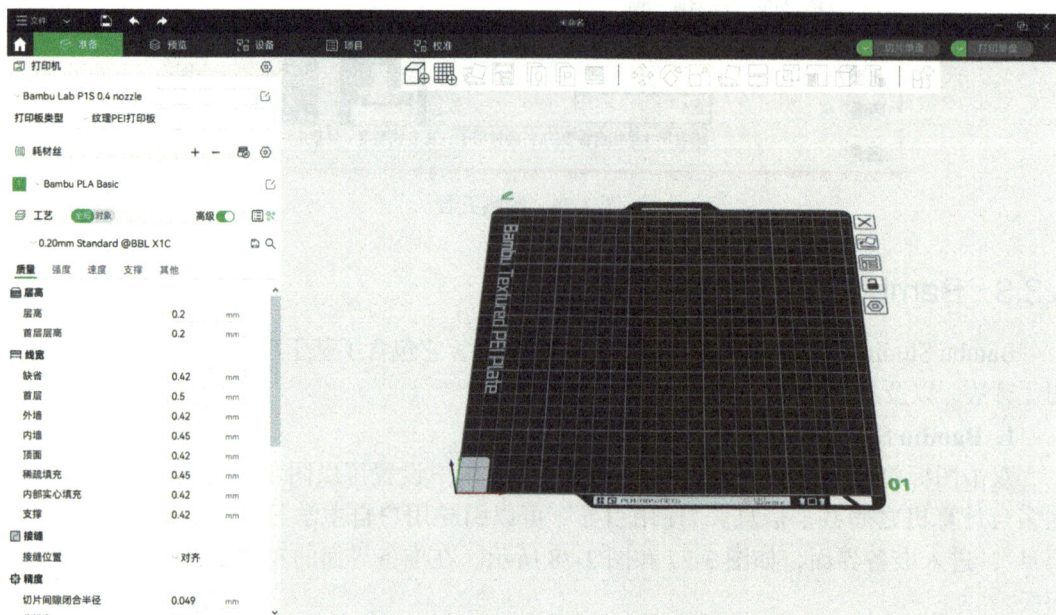

图 3-78　Bambu Studio 准备界面

打印机和工艺参数设置界面如图 3-79 所示。

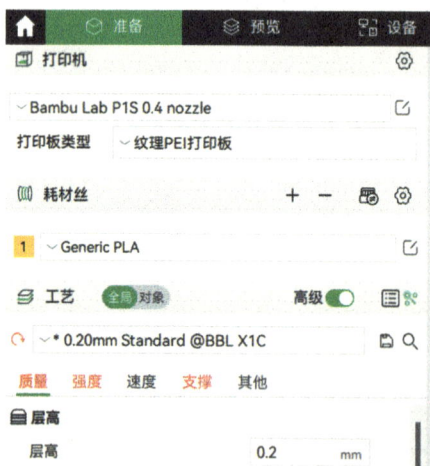

图 3-79　打印机和工艺参数设置界面

1）打印机：选择打印机型号，以型号 P1S 为例，如图 3-80 所示，对应的喷嘴直径为 0.4mm，越小的直径可以打印越精细的特征，但打印时间也相对越长，一般选择机器自带的喷嘴。

2）打印板类型：机器自带的打印版类型是"纹理 PEI 打印板"，也可以选购第三方光面板。

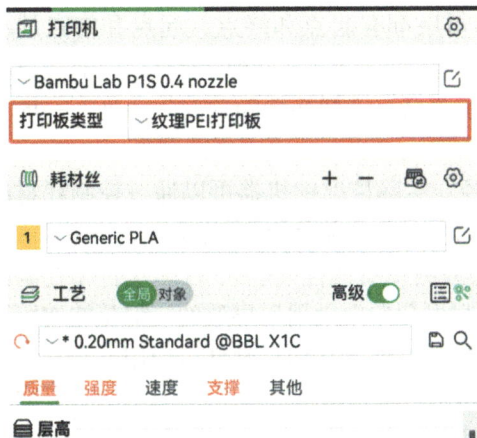

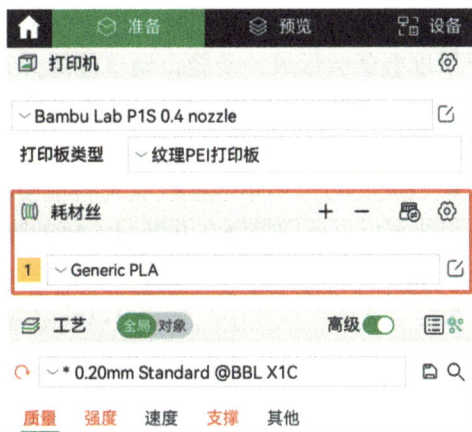

图 3-80 打印板设置及耗材丝设置

3）耗材丝：单击 +、- 图标可以增加和删除耗材，单击耗材旁边的颜色框可以修改颜色，单击已选耗材右侧的图标可以编辑耗材的打印配置，如图 3-81 所示。如果购买第三方耗材，可以在这里修改参数更改耗材的打印配置。

4）工艺。

首先开启"高级"选项，之后可以看到更多的工艺参数，包括质量、强度、速度、支撑和其他，下面介绍一些常用的参数设置。

图 3-81 耗材丝设置

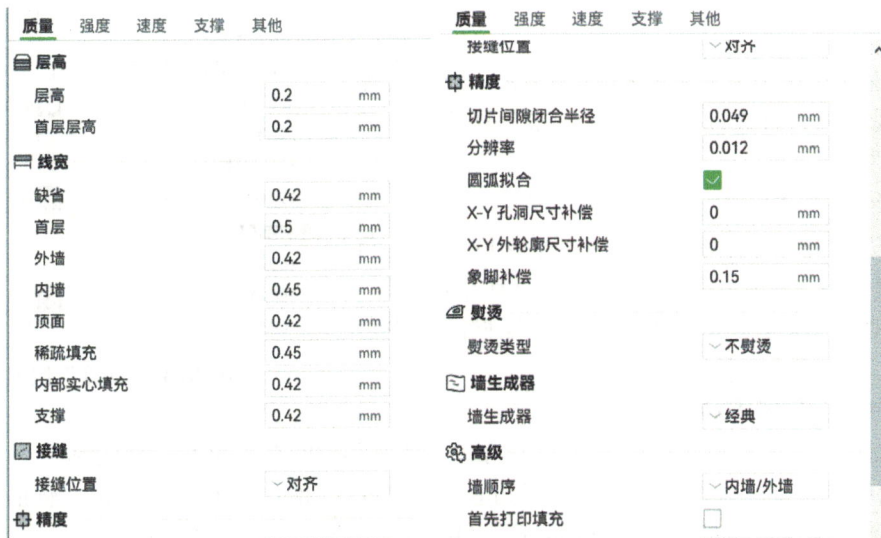

① 质量："质量"选项卡如图 3-82 所示。这里分析 6 个重要的参数设置。

● 层高：层高就是打印机每层堆叠的高度，默认是 0.2mm，最低可以调整到 0.08mm，层高越小则模型打印越精细，层纹越不明显，但耗时也就越长，一般使用默认值 0.2mm 即可。

图 3-82 "质量"选项卡

● 接缝：因为打印机的原理是逐层打印，每层都有起点和终点，起点和终点的相接处层层堆叠就会形成一条缝，调整接缝分布其实就是调整每层的交点分布。目前接缝有对齐、背面、随机 3 种选择，默认选择"对齐"，系统会自动把接缝隐藏在拐角处，一般不做修改。

● 线宽：可以简单地把线宽理解成喷嘴直径。实际情况中机器可以通过控制耗材的流量，将线宽可调范围控制在 0.75~1.5 倍的喷嘴直径，这个参数不要随意调整。

● 精度：默认值是 0。这里以孔洞尺寸补偿为例说明其含义。3D 打印在打印孔洞的时候，尺寸会比图纸尺寸小一点，可以理解为是耗材融化后向内坍塌导致的。但是在实际应用中，建议建模的时候将涉及配合的孔直径多加 0.2mm，而不在切片软件里使用这个孔洞补偿进行修改。

● 熨烫：顾名思义就是打印后利用热端的温度把表面抹一遍，选择熨烫对打印时间影响不大，有兴趣可以试一试。

● 墙生成器：这个选项比较重要，包括"经典"和 Arachne 两个选项，使用不同的算法来生成墙的路径，各有优势，如图 3-83 所示。机器自带的 0.4mm 喷嘴在切片切不出的时候，改成 Arachne 模式可能有所改善。

图 3-83　墙生成器设置界面

② 强度："强度"选项卡如图 3-84 所示。下面介绍其中 2 个重要的参数设置。

● 墙层数：墙层可以理解为壁厚，两层墙就是两层厚。增加墙层数的目的是增加模型的强度，但一般不用修改。

● 稀疏填充：增加稀疏填充可以增加强度，适当减小可以省料，主要有"稀疏填充密度"和"稀疏填充图案"两个选项，一般不需要修改。

③ 速度：一般使用默认值，无须修改，在打印特殊模型或者第三方耗材、打印效果不理想时，可能需要调整。

④ 支撑：模型悬空或倾斜角度太大，没有支撑就会出现坍塌，首先勾选"开启支撑"复选框，如图 3-85a 所示。

● 类型：一般选择"树状（自动）"。

● 阈值角度：模型倾斜面与水平面的夹角，角度越小越倾斜，一旦小于设定值就会自动添加支撑。默认是 30°，这是一个适用于大部分耗材的倾斜角度，建议不修改。

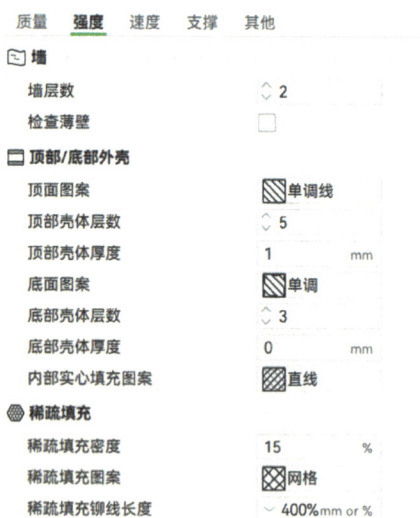

图 3-84　"强度"选项卡

⑤ 其他，如图 3-85b 所示。

● Brim：当模型与底板接触面太小的时，高速移动的挤出机及耗材的粘合力，很容易把小底面模型带动，这个时候就需要用到 Brim（裙边），增加模型与底板的接触面积，防止翘边。一般"Brim 类型"选择"仅外侧"，"Brim 与模型的间隙"不用改。

● 擦拭塔：一般是关闭的，在使用 AMS 多色打印的时候才会用到。

质量	强度	速度	支撑	其他

🖥 支撑

开启支撑	↺ ✅
类型	↺ ∨ 树状(自动)
样式	缺省
阈值角度	↕ 30

a)

质量	强度	速度	支撑	其他

📋 热床粘接

Skirt圈数	↕ 0	
Skirt高度	↕ 1	层
Brim类型	↺ ∨ 仅外侧	
Brim宽度	5	mm
Brim与模型的间隙	0.1	mm

🗃 擦拭塔

开启	↺ ☐

b)

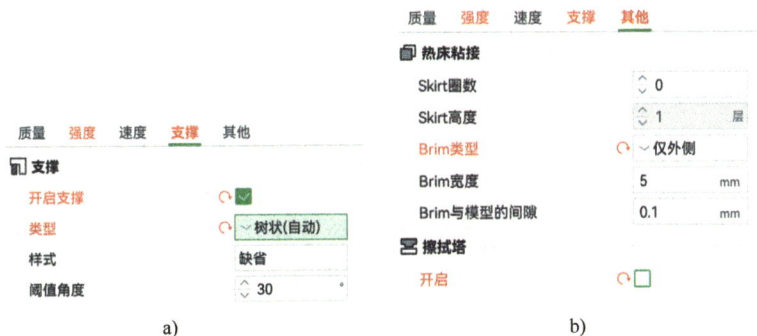

图3-85　支撑参数及其他设置界面

完成参数设置后，选择"切片单盘"→"导出单盘切片文件"，将文件存放到存储卡，或在线发送到打印机进行打印。

2. 打印和工艺参数设置

开始给模型切片之前，需要对使用的机器进行预设，对耗材丝以及打印模型进行设置。如图3-86所示加载零件模型。

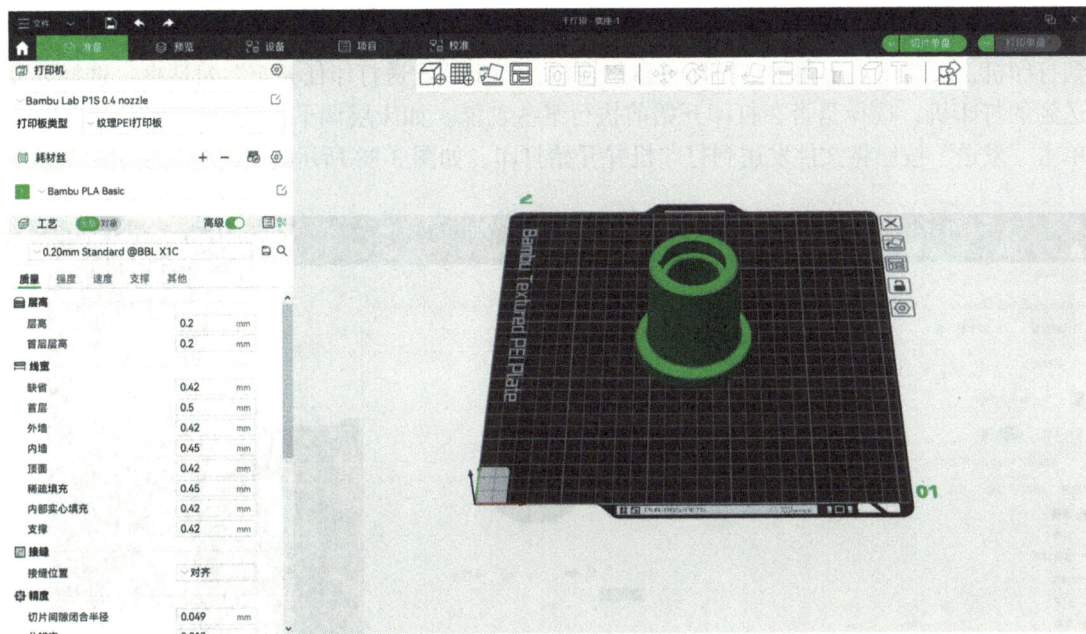

图3-86　加载零件模型

3. 摆放设置

Bambu Studio工具栏包含"盘""自动摆放""自动朝向""拆分为对象""拆分为零件"等工具，可用于模型摆放、装配体拆分等，如图3-87所示。

盘是一个模型容器，是Bambu Studio中的切片和打印单元。可以创建多个盘，并将模型放入不同的盘中，进行多盘切片、预览和打印。

模型在单盘上自动摆放，可以通过单击每个盘右上角的"自动摆放"图标，自动摆放盘上的模型。单击每个盘右上角的"自动朝向"图标，可自动调整盘上模型的朝向。Bambu Studio 提供了一种可以自动整理多个对象的工具"全局整理"，只需单击一下，就可以很好地整理许多对象。

一个 STL 文件可以包含多个壳体，每个壳体都由三角形面片组成。当打开 STL 文件时，它可能包含多个独立壳体，但也会被作为一个整体对象导入。有时，为了使模型易于打印、方便涂色或者为不同的壳进行不同的打印参数设置，需要对这些壳体进行拆分。Bambu Studio 提供了两种拆分工具："拆分为对象"和"拆分为零件"，它们都位于模型上方的工具栏上。

Bambu Studio 与其他 CAD 软件可能在轴方向上存在差异，导致导入后的模型出现方向不一致的情况。Bambu Studio 具有"选择底面"功能，用户可以选择模型的某个平面作为模型底面。

图 3-87　Bambu Studio 工具栏

4. 输出打印

用户可以通过 WLAN 或 SD 卡等存储卡传输打印作业。要通过 WLAN 将打印作业发送到打印机，可单击右上角的"打印单盘"按钮，弹出"发送打印任务至"对话框，选择要发送到的打印机，选择是否在打印开始前执行某些功能，如床层调平、流量校准等。完成后，单击"发送"按钮将文件发送到打印机并开始打印，如图 3-88 所示。

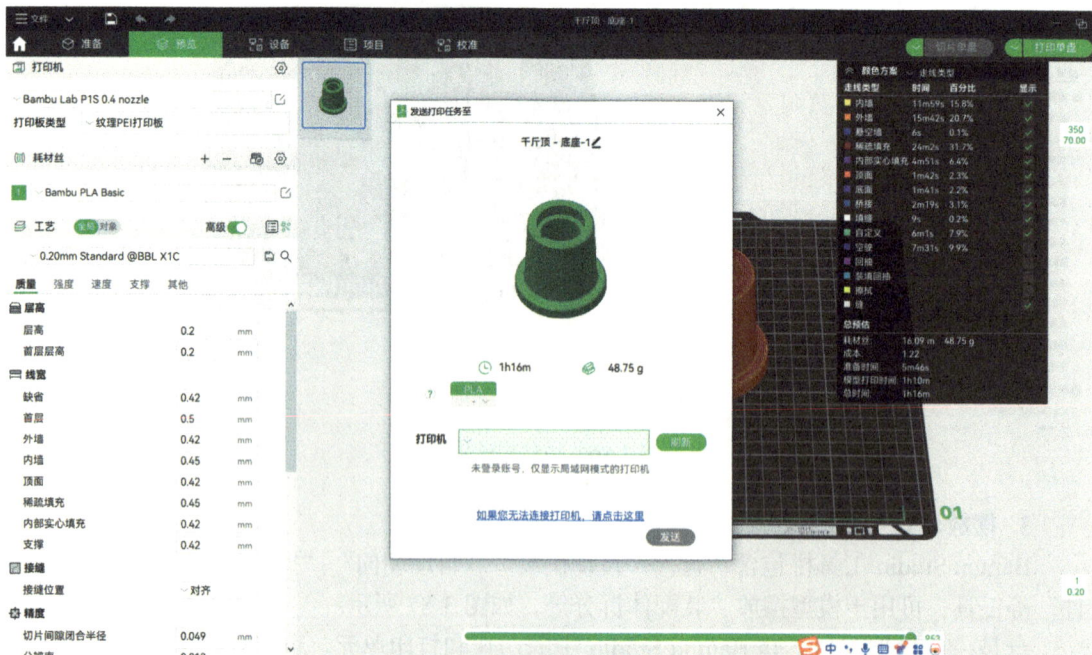

图 3-88　发送到打印机

要使用存储卡文件传输选项时，单击"打印单盘"图标旁边的向下箭头，然后选择"导出单盘切片文件"，单击此按钮，将弹出一个文件资源管理器窗口，选择存储卡位置后，单击"保存"按钮，文件将导出到存储卡，如图3-89所示。

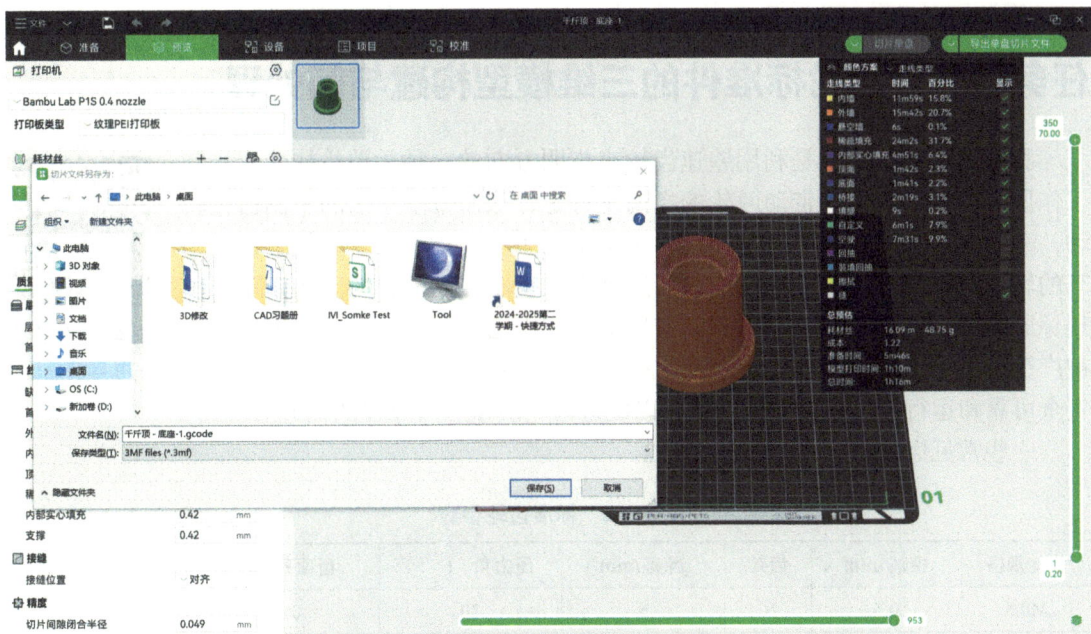

图3-89　导出切片文件

3.3.4　支撑结构的设置

3D打印工件支撑是3D打印过程中非常重要的一环，它直接影响到打印质量和成功率。应在模型设计合理的前提下，避免过于复杂的几何形状和内部空洞，然后根据模型的几何形状和特点，选择合适的支撑结构。常见的支撑结构有金字塔形、圆柱形、网格等。应合理地布置支撑结构，使其尽可能少地影响模型的表面质量，避免将支撑结构放置在模型的关键部位，如边缘、孔洞等。同时，尽量使支撑结构与模型表面保持一定距离，以减少对模型表面的刮擦和磨损。尽量减少支撑结构的数量，以降低打印成本和提高打印效率。

3D打印模型添加支撑结构的方法有两种，第一种方法是使用支撑结构生成软件。很多3D打印软件都提供了支撑结构生成功能，这些软件通过分析模型的几何形状和重力方向，自动在需要的位置生成细小的支撑结构。在生成支撑结构之前，用户可以根据模型特点和打印机特性进行支撑参数设置。这种方法的优点是简单易用，无需额外工作。然而，由软件自动生成的支撑结构可能不够精确，需要进一步手动调整。第二种方法是手动添加支撑结构。对于复杂结构或需要高精确度的模型，手动添加支撑结构可能是更好的选择。在这种方法中，设计师需要使用三维建模软件在模型的薄弱部分添加额外的几何体来支撑模型。支撑结构应该牢固、稳定，并且不会与模型表面产生太多的摩擦。这种方法的优点是可以根据具体需求进行精确控制，但需要更多的时间和技术经验。

任务 3.4 齿轮标准件的三维模型构建与前处理

我国古代的指南车是利用差速齿轮来指明方向的一种简单机械装置。其工作原理是，靠人力来带动两轮的指南车行走，从而带动车内的木制齿轮转动，来传递转向时两个车轮的差动，再来带动车上的指向木人，使其指向与车的转向方向相反、角度相同，从而达到木人指示方向的目的。指南车的出现标志着中国古代在齿轮传动和离合器的应用上已取得很大成就。齿轮现在被广泛应用于各种机械传动中，其准确性和性能直接影响到整个机械系统的安全可靠和运行效率。齿轮标准化可以促进齿轮质量和可靠性的提升。

齿轮标准件调用与前处理

一些常见齿轮的规格参数见表 3-2。

表 3-2 标准齿轮参数

齿轮规格	模数/mm	齿数	齿宽/mm	压力角/(°)	齿顶高/mm	齿根高/mm
M0.5	0.5	10	5	20	0.41	0.48
M1	1	20	10	20	0.82	0.96
M1.5	1.5	30	15	20	1.24	1.44
M2	2	40	20	20	1.65	1.92

下面采用软件中的标准零件库生成 M2 直齿圆柱齿轮。首先打开 SOLIDWORKS 设计库，如图 3-90 所示。

图 3-90 SOLIDWORKS 设计库

3.4.1　齿轮三维模型的构建

打开设计库里面的 Toolbox，里面有很多标准件，例如轴承、螺母、螺钉等，如图 3-91 所示。

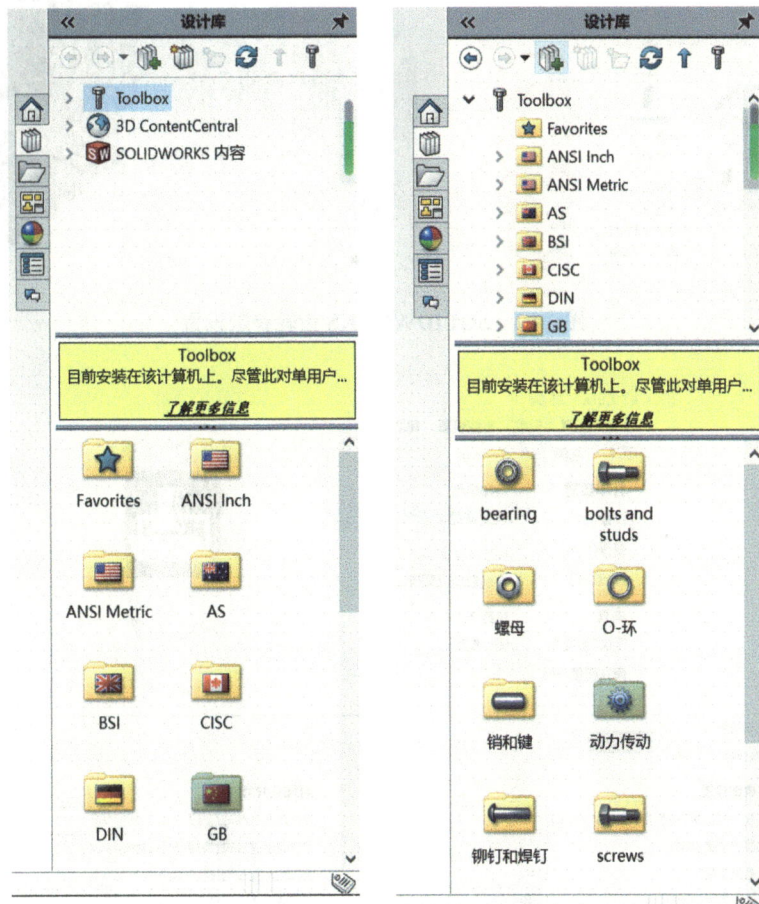

图 3-91　SOLIDWORKS 设计库中的标准件

双击"动力传动"→"齿轮"，右击"正齿轮"选项，选择"生成零件"命令，配置零部件参数，设置模数为 2，齿数为 40，齿宽为 20，压力角为 20，如图 3-92 所示，单击"确定"按钮。

3.4.2　齿轮模型前处理

齿轮模型设计完成之后，将文件保存为 STL 格式，导入切片软件进行切片处理，使得 3D 打印机能够识别文件，然后按照文件进行逐层打印。齿轮模型切片处理，操作步骤如下。

1）机型设置。打开 Cura 软件，在菜单栏选择"机型"→"机型设置"命令，打开"机型设置"对话框，设置打印机参数，如图 3-93 所示，设置完成后单击"添加机型"按钮。

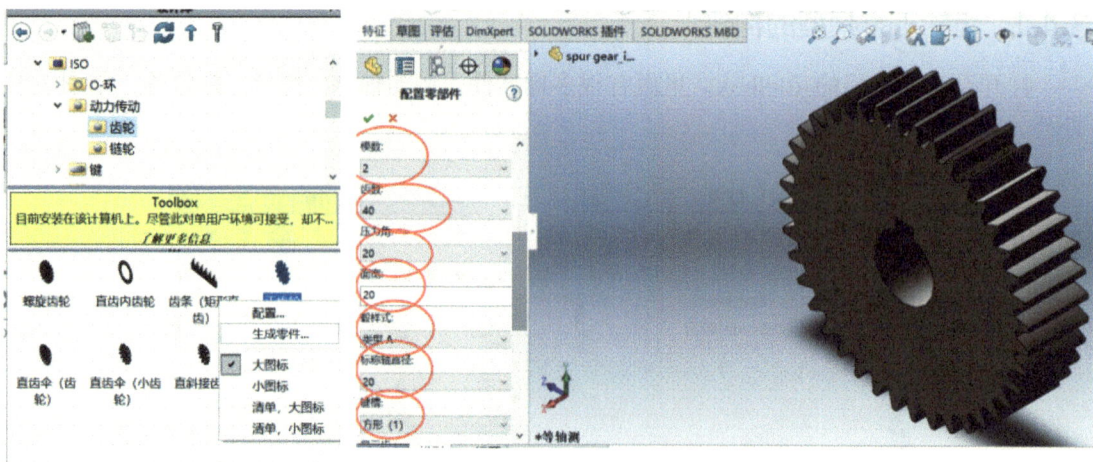

图 3-92 SOLIDWORKS 齿轮参数设置

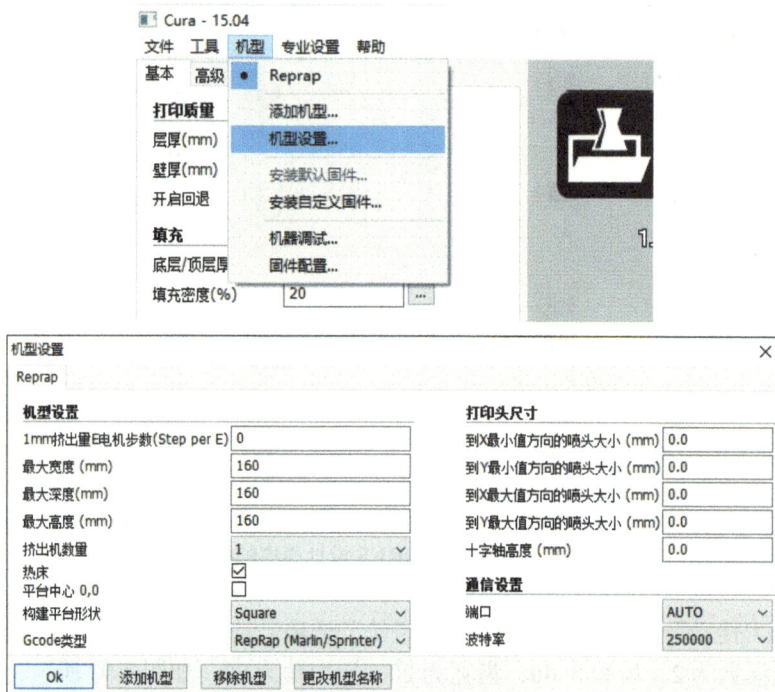

图 3-93 机型设置

2）读取模型文件并设置参数。执行"文件"→"读取模型文件"命令，将"chilun"文件导入软件中，在"基本"选项卡中设置参数：层厚为 0.2mm；填充密度为 20%；打印速度为 30mm/s；打印温度为 210℃，如图 3-94 所示。设置完成后，调整零件位置，减少支撑，缩短打印时间。切片软件开始对模型进行切片处理，估算打印时间和消耗的耗材长度。

3）选择"文件"→"Save GCode"命令，将文件另存为打印机可以识别的格式（如 .gcode 格式），就可以到打印机打印了。

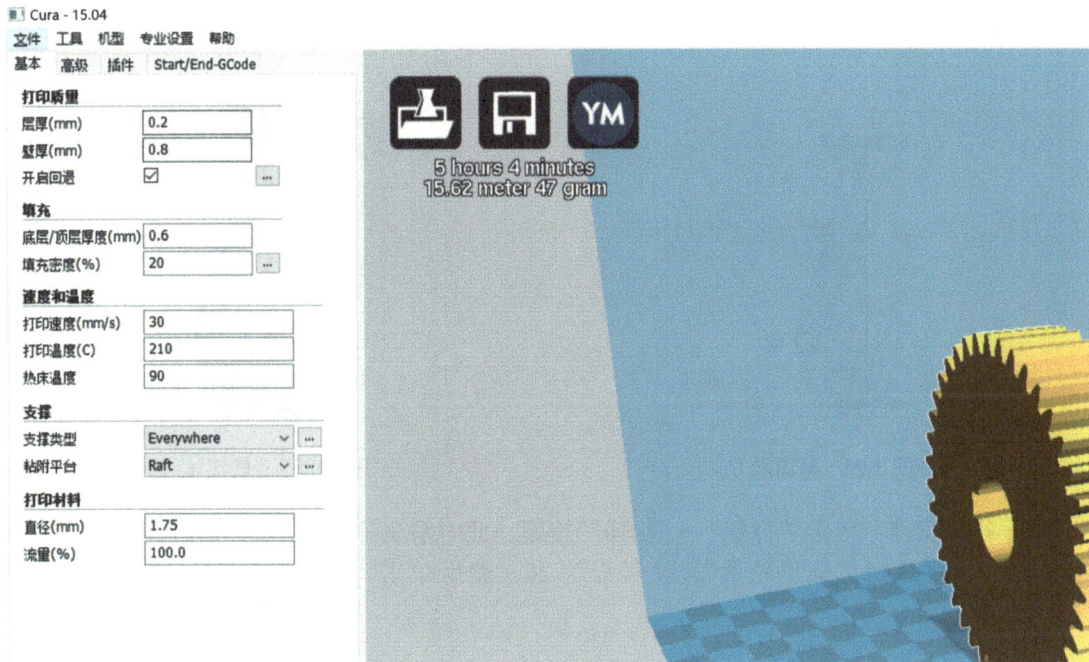

图 3-94 打印参数设置

任务 3.5 花瓶三维模型构建与前处理

花瓶建模与前处理

3.5.1 花瓶三维模型构建

花瓶多为陶瓷、玻璃或水晶制成，外表美观光滑。潮州是中国瓷都之一，其瓷器等行销世界。

下面用 SOLIDWORKS 绘制图 3-95 所示花瓶三维模型。

1）新建文件。启动 SOLIDWORKS，选择菜单栏中的"文件"→"新建"命令，在打开的"新建 SOLIDWORKS 文件"对话框中单击"零件"按钮，然后单击"确定"按钮，创建一个新的零件文件。

2）新建草图。在左侧的 FeatureManager 设计树中选择"上视基准面"作为绘图基准面。单击"草图绘制"按钮，新建一张草图。选择"直线"和"样条曲线"绘制草图，尺寸如图 3-96 所示。

图 3-95 花瓶三维模型

3）旋转实体。单击"特征"→"旋转凸台／基体"按钮，在弹出的"旋转"属性管理器中设置旋转轴，旋转的终止条件为"给定深度"，输入旋转角度为 360，绘制结果如图 3-97 所示。

4）新建草图。在左侧的 FeatureManager 设计树中选择"前视基准面"作为绘图基准面。单击"草图绘制"按钮，新建一张草图。选择"转换实体引用"，选择如图 3-98 所示的边界

123

线，单击"确定"按钮。

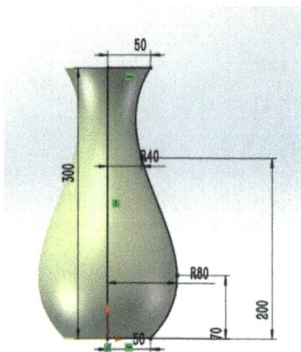

图 3-96　草图尺寸

图 3-97　旋转实体

5）扫描实体。单击"特征"→"扫描"按钮，此时系统弹出"扫描"属性管理器。"轮廓和路径"中选择"圆形轮廓"，直径设为 20，然后单击"确定"按钮，结果如图 3-99 所示。

图 3-98　草图

图 3-99　扫描实体

6）阵列实体。单击"特征"→"圆周阵列"按钮，弹出"阵列（圆周）"属性管理器，参数设置如图 3-100 所示，单击"确定"按钮。

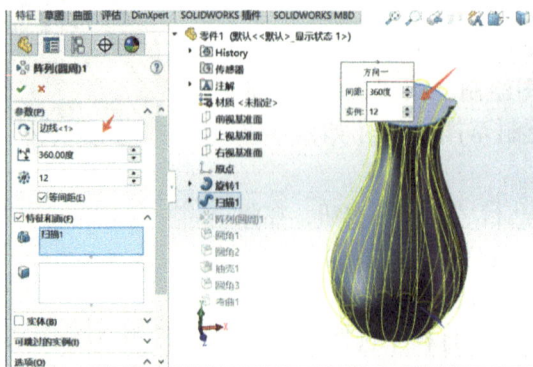

图 3-100　阵列实体

7）凹陷处倒圆角。选择菜单栏中的"插入"→"特征"→"圆角"命令，或者单击功能区的"特征"→"圆角"按钮，此时系统弹出"圆角"属性管理器。半径设为4，然后选择边线，在弹出的新工具栏中选择"所有凹陷"。单击"确定"按钮，倒圆角后的图形如图3-101所示。

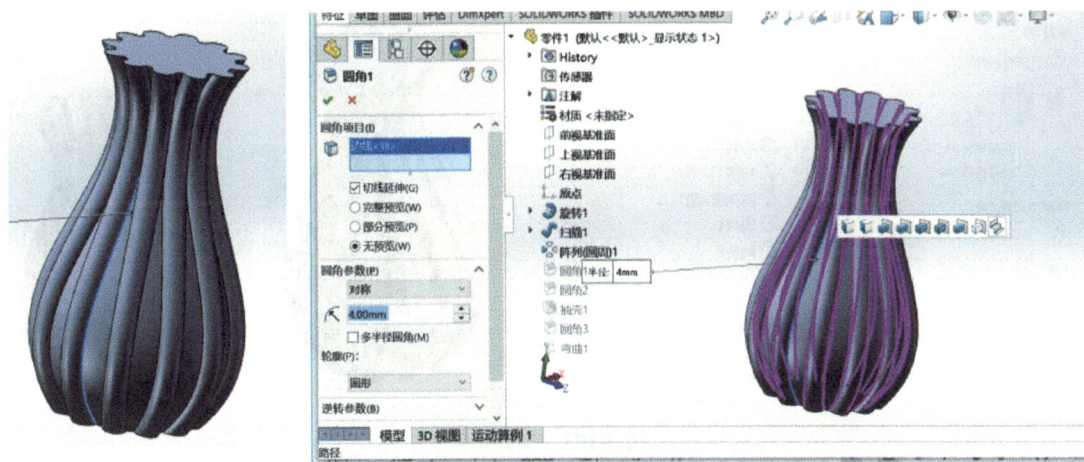

图 3-101 凹陷处倒圆角

8）底面倒圆角。选择菜单栏中的"插入"→"特征"→"圆角"命令，或者单击"特征"→"圆角"按钮，此时系统弹出"圆角"属性管理器。半径设为5，然后选择如图3-102所示的底面，单击"确定"按钮。

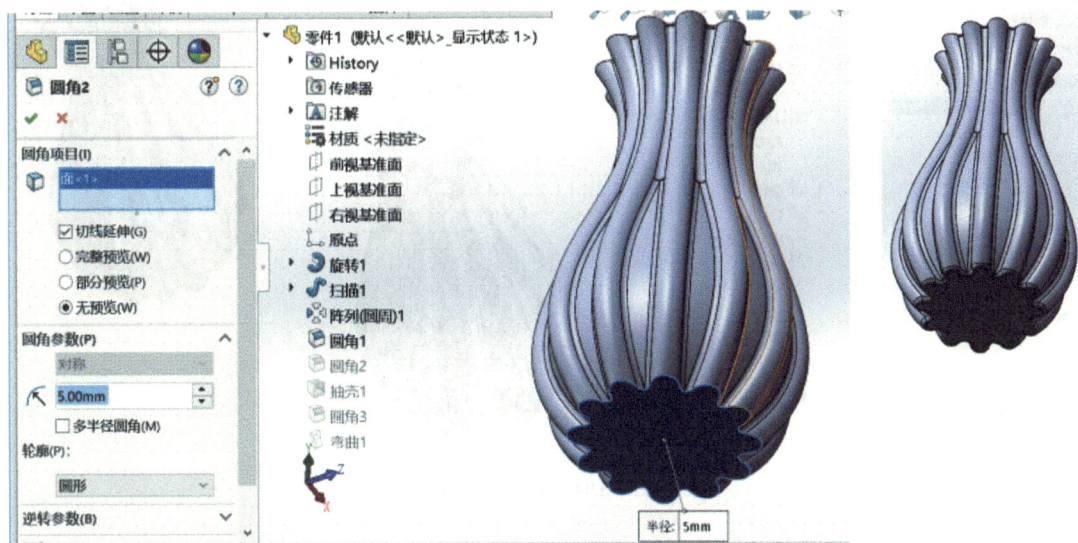

图 3-102 底面倒圆角

9）抽壳。单击"特征"→"抽壳"按钮，此时系统弹出"抽壳"属性管理器。移除的面选择花瓶上表面，厚度设置为 5，然后单击"确定"按钮，结果如图 3-103 所示。

图 3-103　抽壳实体

10）瓶口倒圆角。选择菜单栏中的"插入"→"特征"→"圆角"命令，或者单击功能区的"特征"→"圆角"按钮，此时系统弹出"圆角"属性管理器。半径设为 2，然后选择图 3-104 所示瓶口表面，单击"确定"按钮。

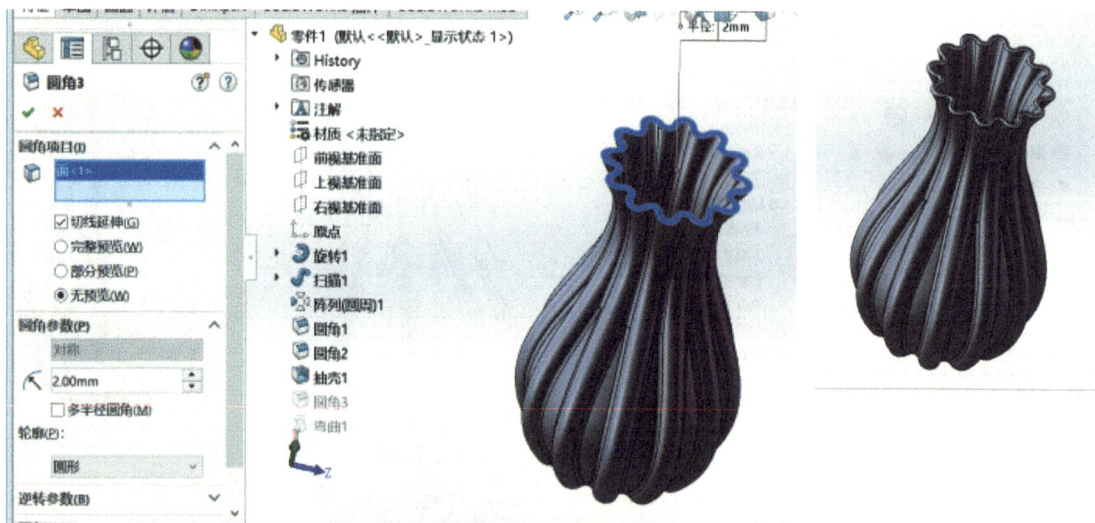

图 3-104　瓶口倒圆角

11）扭曲实体。选择菜单栏中的"插入"→"特征"→"弯曲"命令，选择圆角 3，设置角度为 90 度，选择"扭曲"，单击"确定"按钮，结果如图 3-105 所示。

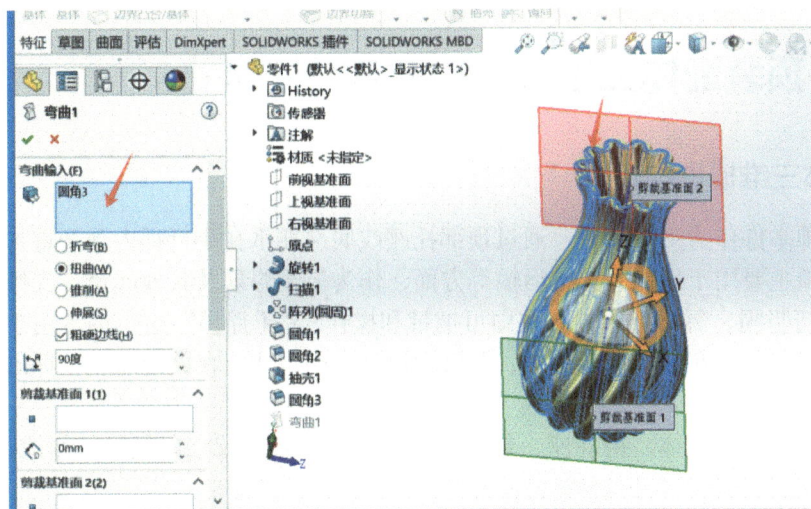

图 3-105 扭曲实体

3.5.2 花瓶三维模型前处理

花瓶三维模型设计完成之后，将文件保存为 STL 格式，然后导入切片软件进行切片处理，使得 3D 打印机能够识别文件，然后按照文件进行逐层打印。切片操作步骤如下。

1）机型设置。打开 Cura 软件，在菜单栏中选择"机型"→"机型设置"命令，打开"机型设置"对话框，设置打印机参数，设置完成后单击"OK"按钮。

2）读取模型文件并设置参数。执行"文件"→"读取模型文件"命令，将"huaping"文件导入软件中，在"基本"选项卡中设置参数：层厚为 0.2mm；填充密度为 20%；打印速度为 30mm/s；打印温度为 210℃。花瓶尺寸太大，无法在默认的打印机中直接打印，可以适当缩小花瓶尺寸，比如缩为原来的 0.3 倍。调整花瓶位置，减少支撑生成，缩短打印时间，如图 3-106 所示。打印参数设置完成后，切片软件开始对模型进行切片处理，并估算打印时间和消耗的耗材长度。

3）保存文件。另存为打印机可以识别的格式。单击"保存"，将花瓶保存为 .gcode 文件。

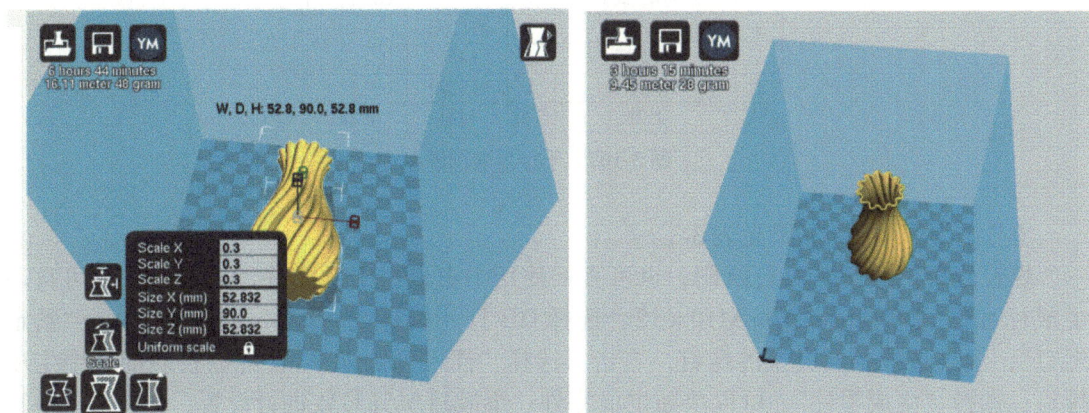

图 3-106 花瓶切片处理

任务 3.6 千斤顶装配体三维模型构建与前处理

3.6.1 千斤顶装配体三维模型构建

千斤顶是指用刚性顶举件作为工作装置，通过顶部托座或底部托爪在小行程内顶开重物的轻小起重设备。千斤顶主要用于厂矿、交通运输等方面，作为车辆修理及其他起重、支撑等辅助工具，其结构轻巧坚固、灵活可靠，一人即可携带和操作。"千斤顶"这个词常用于比喻力量巨大，足以担当重任。在生活和工作中，要努力提升自己，才能在关键时刻发挥出"千斤顶"的作用。

如图 3-107 所示为千斤顶装配体，由底座、螺旋杆、螺套、顶垫、绞杠以及螺钉组成，其中螺钉为标准件。

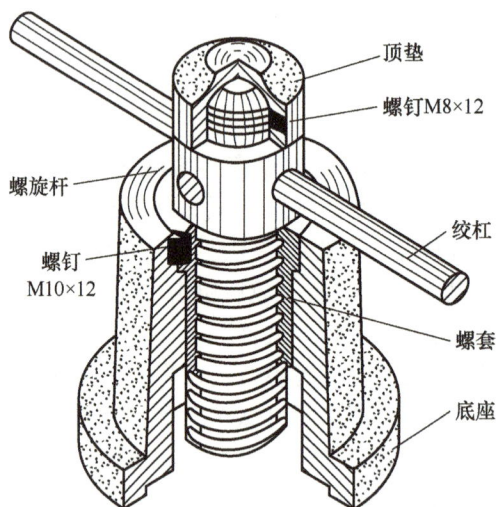

7	顶垫	1	35	
6	螺钉M8×12	1		GB/T 75
5	绞杠	1	QZ35A	
4	螺钉M12×12	1		GB/T 73
3	螺套	1	HT200	
2	螺旋杆	1	45	
1	底座	1	HT200	
符号	名称	件数	材料	备注

图 3-107 千斤顶装配图

零件二维图和三维模型见表 3-3。

螺钉之外的零件可自行绘制，也可直接使用本书素材中的文件，通过设计库可自动生成标准件螺钉 M8 × 12 和 M10 × 12。选择 GB 打开国标文件库，选择 screws → "紧定螺钉"，继续选择不同类型的螺钉，右击，选择"插入到装配体"，可以在装配体中生成螺钉；选择"生成零件"，可以单独生成零件。继续对螺钉参数进行设置，如图 3-108 和图 3-109 所示。

表 3-3　千斤顶零件图

零件名	二维图	三维模型
底座		
绞杠		

（续）

零件名	二维图	三维模型
螺旋杆	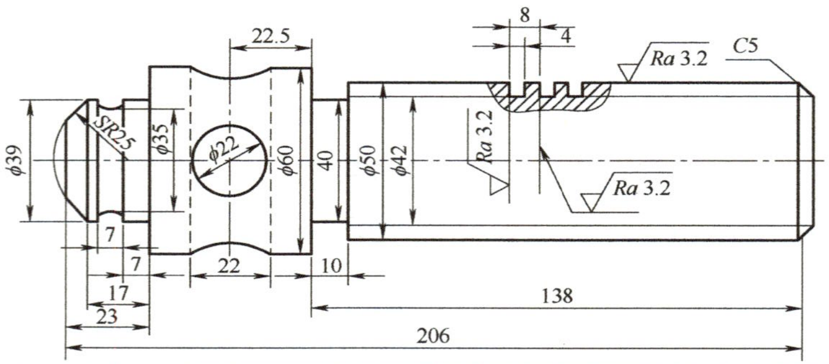	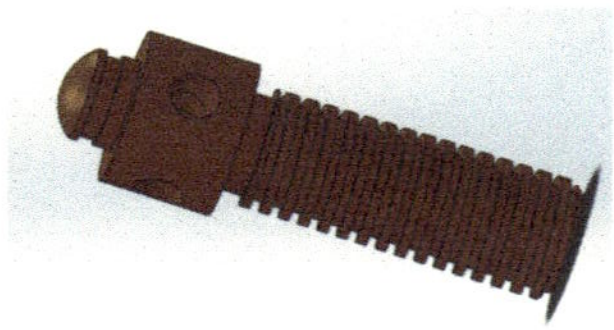
螺套	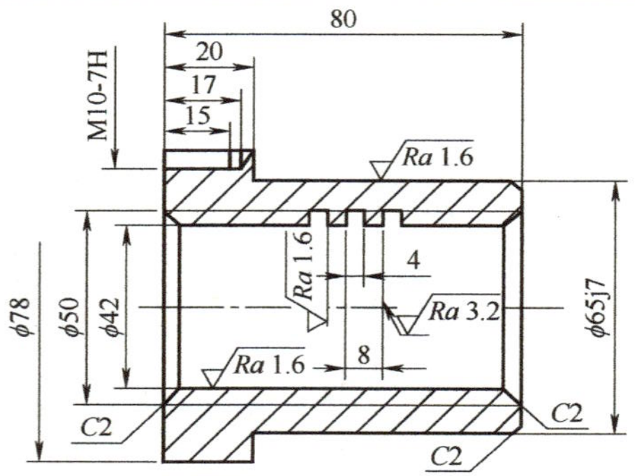	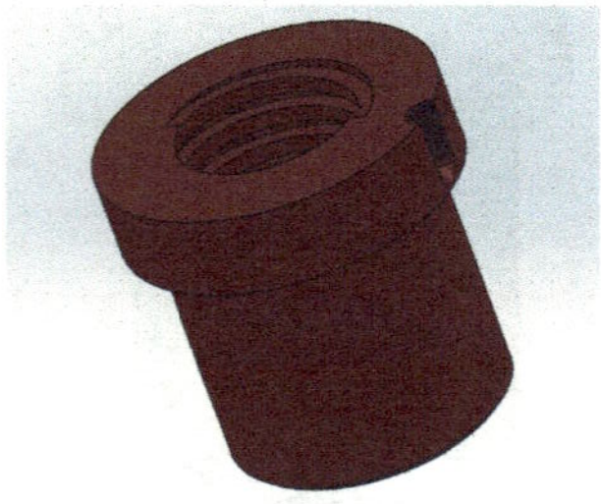
顶垫	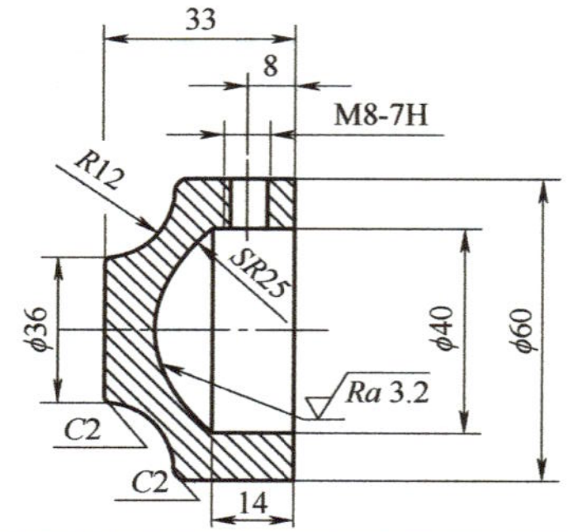	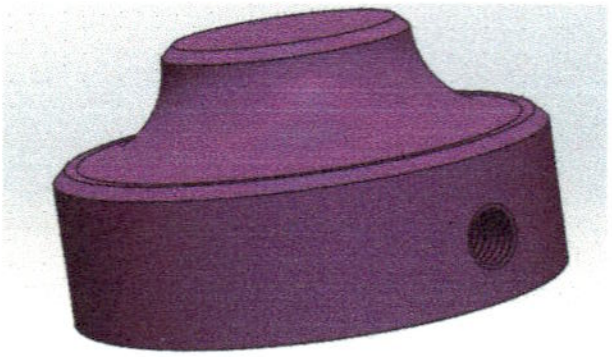

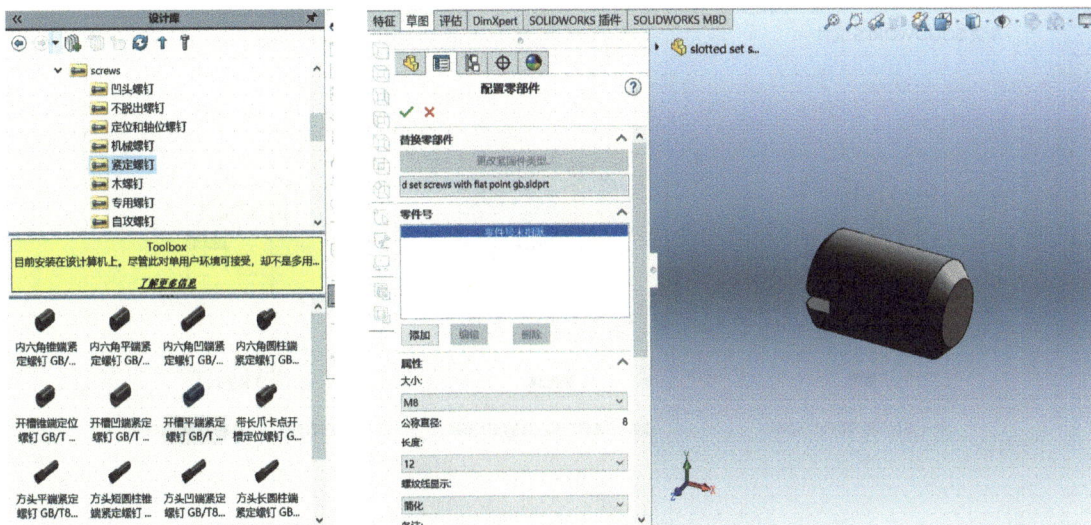

图 3-108 螺钉 M8×12 生成

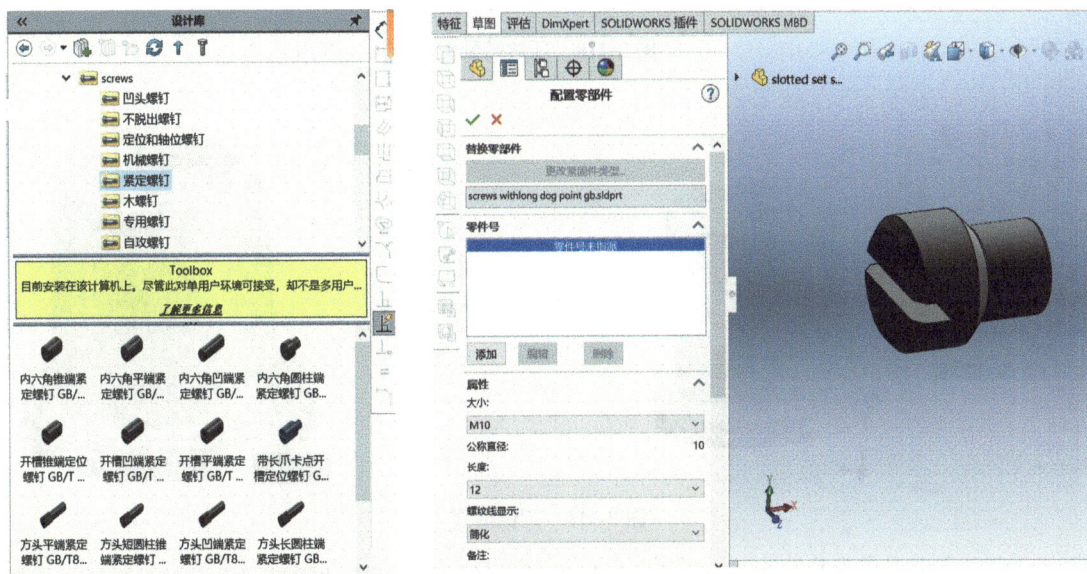

图 3-109 螺钉 M10×12 生成

装配操作步骤如下。

1）启动 SOLIDWORKS，单击"标准"工具栏中的"新建"按钮，或选择菜单栏中的"文件"→"新建"命令，在弹出的"新建 SOLIDWORKS 文件"对话框中单击"装配体"按钮，然后单击"确定"按钮，创建一个新的装配文件，如图 3-110 所示，系统弹出"开始装配体"属性管理器。

2）定位底座。单击"开始装配体"属性管理器中的"浏览"按钮，系统弹出"打开"对话框，选择已创建的"底座"零件，单击"打开"按钮，系统进入装配界面。选择菜单栏中的"视图"→"隐藏/显示"→"原点"命令，显示坐标原点，将光标移动至原点位置，将底座放到原点位置，如图 3-111 所示。

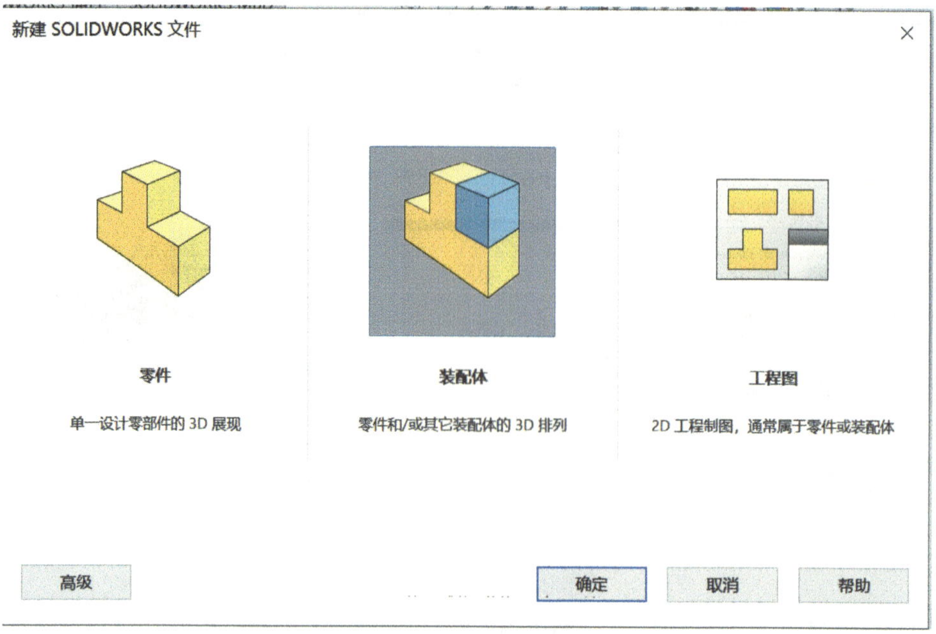

图 3-110　新建装配体

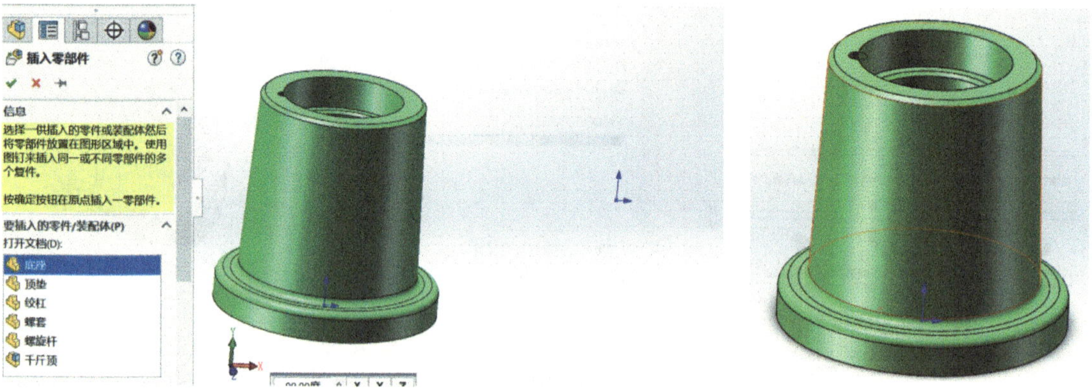

图 3-111　定位底座

3）插入螺套并添加装配关系。选择菜单栏中的"插入"→"零部件"→"现有零件 / 装配体"命令，或单击功能区的"装配体"→"插入零部件"按钮。单击"浏览"按钮，在弹出的"打开"对话框中选择"螺套"，将其插入装配界面中。

选择菜单栏中的"插入"→"配合"命令，或单击功能区的"装配体"→"配合"按钮，系统弹出"配合"属性管理器，选择如图 3-112 所示的配合面，在"配合"属性管理器中单击"同轴心"按钮，添加"同轴心"关系，单击"确定"按钮。在"配合"属性管理器中单击"重合"按钮，添加"重合"关系，单击"确定"按钮，如图 3-113 所示。选择新的配合面，在"配合"属性管理器中单击"同轴心"按钮，添加"同轴心"关系，单击"确定"按钮，使底座上面的小圆孔与螺套相应位置对齐，最终结果如图 3-114 所示。

4）插入螺旋杆并添加装配关系。选择菜单栏中的"插入"→"零部件"→"现有零件 / 装配体"命令，或单击功能区的"装配体"→"插入零部件"按钮，弹出"插入零部件"属性管理器。单击"浏览"按钮，在弹出的"打开"对话框中选择"螺旋杆"，将其插入装配界面中。

图 3-112　同轴心配合 1

图 3-113　重合配合

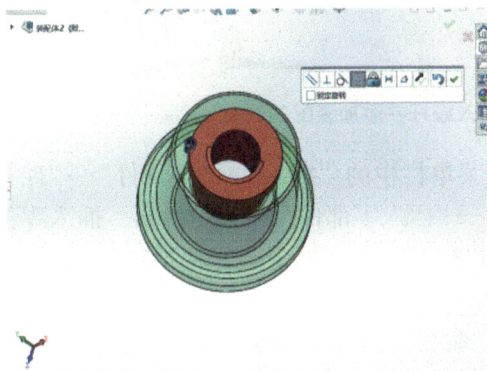

图 3-114　同轴心配合 2

选择菜单栏中的"插入"→"配合"命令，或单击功能区的"装配体"→"配合"按钮，系统弹出"配合"属性管理器。选择配合面，在"配合"属性管理器中单击"同轴心"按钮，添加"同轴心"关系，单击"确定"按钮，结果如图 3-115 所示。

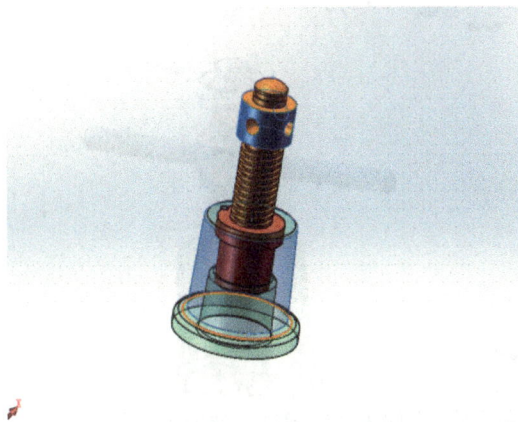

图 3-115　插入螺旋杆并添加装配关系

5）插入绞杆并添加装配关系。选择菜单栏中的"插入"→"零部件"→"现有零件／装配体"命令，或单击功能区的"装配体"→"插入零部件"按钮，弹出"插入零部件"属性管理器。单击"浏览"按钮，在弹出的"打开"对话框中选择"绞杆"，将其插入装配界面中。

选择菜单栏中的"插入"→"配合"命令，或单击功能区的"装配体"→"配合"按钮，系统弹出"配合"属性管理器。选择配合面，在"配合"属性管理器中单击"同轴心"按钮，添加"同轴心"关系，单击"确定"按钮，结果如图 3-116 所示。

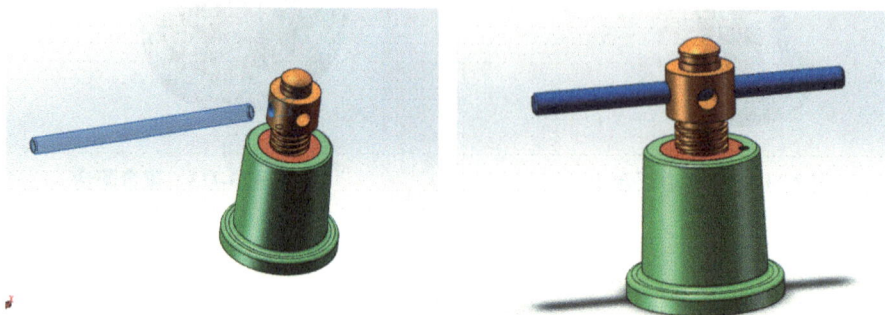

图 3-116　插入绞杆并添加装配关系

6）插入顶垫并添加装配关系。选择菜单栏中的"插入"→"零部件"→"现有零件／装配体"命令，或单击功能区的"装配体"→"插入零部件"按钮，弹出"插入零部件"属性管理器。单击"浏览"按钮，在弹出的"打开"对话框中选择"顶垫"，将其插入装配界面中。

选择菜单栏中的"插入"→"配合"命令，或单击功能区的"装配体"→"配合"按钮，系统弹出"配合"属性管理器。选择配合面，在"配合"属性管理器中单击"同轴心"按钮，添加"同轴心"关系，单击"确定"按钮，结果如图 3-117 所示。继续添加配合，在"配合"属性管理器中单击"重合"按钮，添加"重合"关系，结果如图 3-118 所示。

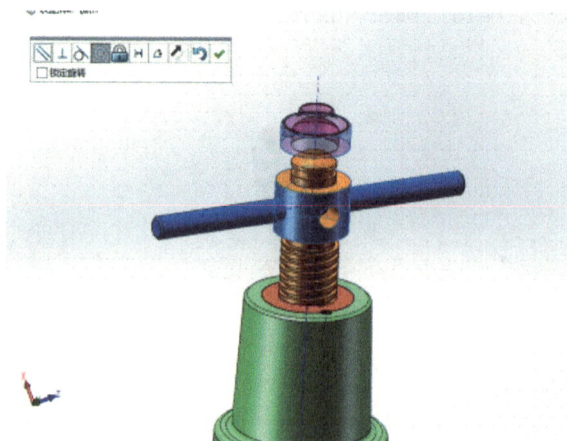

图 3-117　添加同轴心配合 1

7）插入螺钉 M8×12 并添加装配关系。选择菜单栏中的"插入"→"零部件"→"现有零件/装配体"命令，或单击功能区的"装配体"→"插入零部件"按钮，弹出"插入零部件"属性管理器。单击"浏览"按钮，在弹出的"打开"对话框中选择"螺钉M8×12"，将其插入装配界面中。

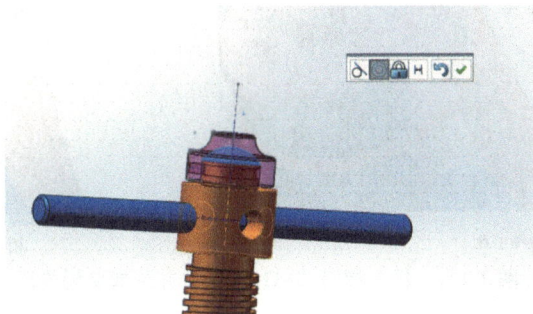

图 3-118　添加重合配合 1

选择菜单栏中的"插入"→"配合"命令，或单击功能区的"装配体"→"配合"按钮，系统弹出"配合"属性管理器。选择如图 3-119 所示的配合面，在"配合"属性管理器中单击"同轴心"按钮，添加"同轴心"关系，单击"确定"按钮。继续添加配合，在"配合"属性管理器中单击"重合"按钮，添加"重合"关系，结果如图 3-120 所示。

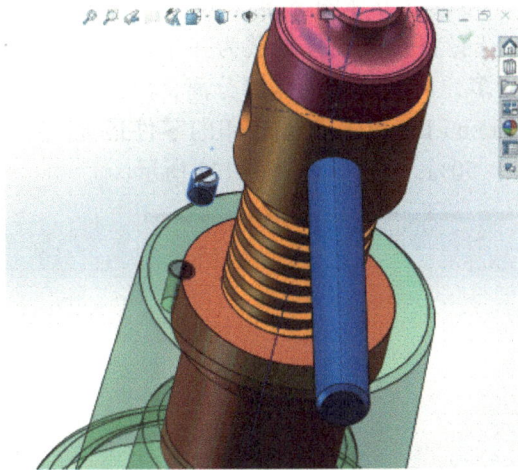

图 3-119　添加同轴心配合 2

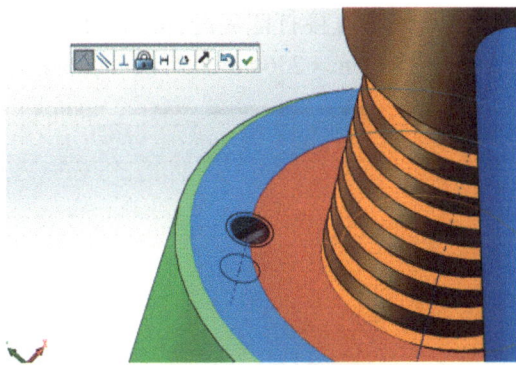

图 3-120　添加重合配合 2

8）插入螺钉 M10×12 并添加装配关系。选择菜单栏中的"插入"→"零部件"→"现有零件/装配体"命令，或单击功能区的"装配体"→"插入零部件"按钮，弹出"插入零部件"属性管理器。单击"浏览"按钮，在弹出的"打开"对话框中选择"M10*12"，将其插入装配界面中。

选择菜单栏中的"插入"→"配合"命令，或单击功能区的"装配体"→"配合"按钮，系统弹出"配合"属性管理器。选择配合面，在"配合"属性管理器中单击"同轴心"按钮，添加"同轴心"关系，如果螺钉方向不对，选择"配合对齐"中的"同向对齐"，单击"确定"按钮。继续添加配合，选择"相切"关系，最终结果如图 3-121 所示。

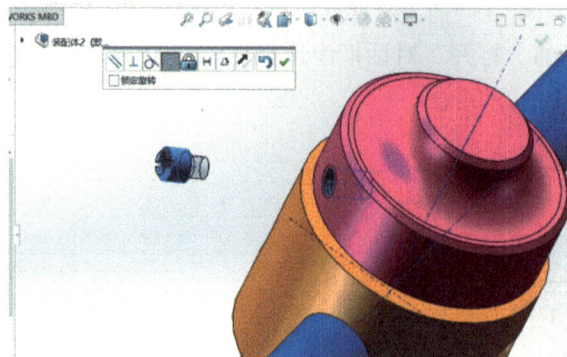
同轴心配合

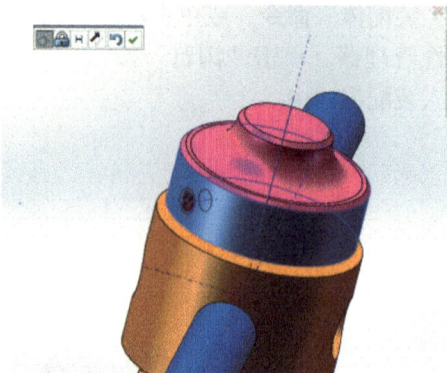
相切配合

图 3-121 插入螺钉"M10×12"并添加装配关系

3.6.2 千斤顶前处理

千斤顶三维模型设计完成之后,将文件保存为 STL 格式,导入切片软件进行切片处理,使得 3D 打印机能够识别文件,然后按照文件进行逐层打印。切片处理操作步骤如下。

1)机型设置。打开 Bambu Studio 软件,单击"新建项目",选择打印机 Bambu Lab P1S,选择打印材料,设置打印参数。

2)在视图区上方的工具栏中单击带有"+"号的立方体图像导入模型,如图 3-122 所示。选择千斤顶模型 STL 文件,出现对话框"选择将这些文件加载为一个多零件对象",选择"否"。直接打印装配体,支撑复杂且比较多,而且打印后需要分离,后处理比较复杂,故不建议直接打印装配体。由于打印机 Bambu Lab P1S 可以打印的零件最大尺寸为 256mm×256 mm×256 mm,所以可以将模型缩小 50%,缩小后如图 3-123 所示。

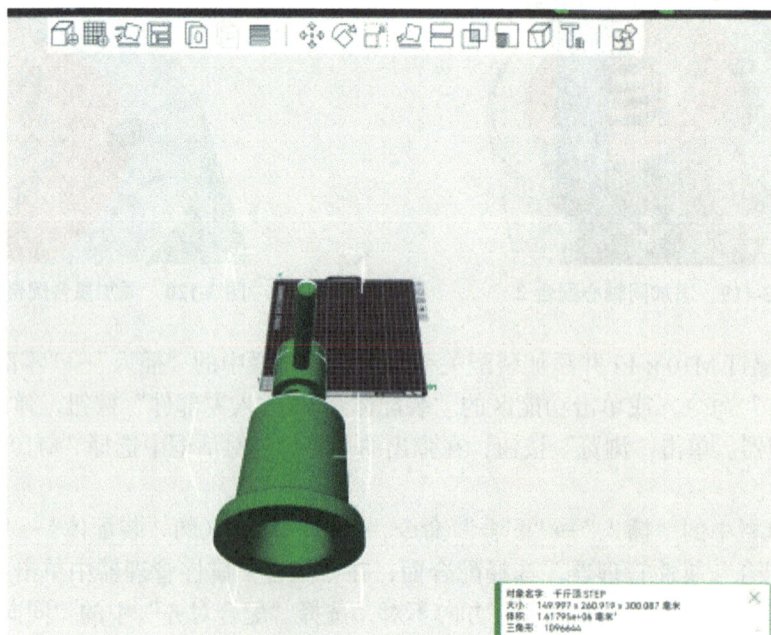

图 3-122 加载装配体

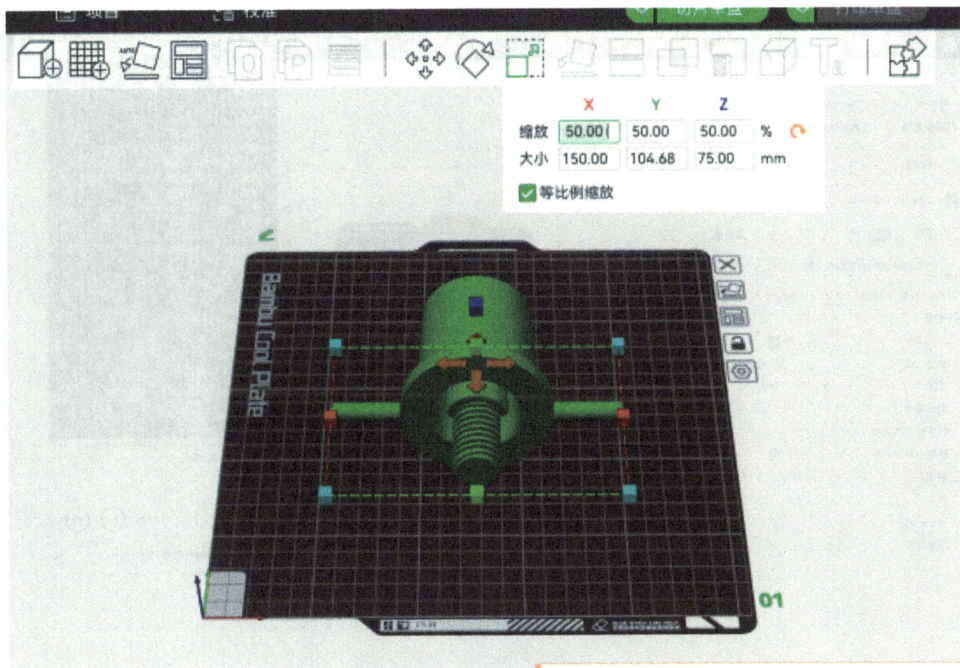

图 3-123　装配体缩小 50%

3）调整装配体位置，设置打印参数，设置支撑，如图 3-124 所示。

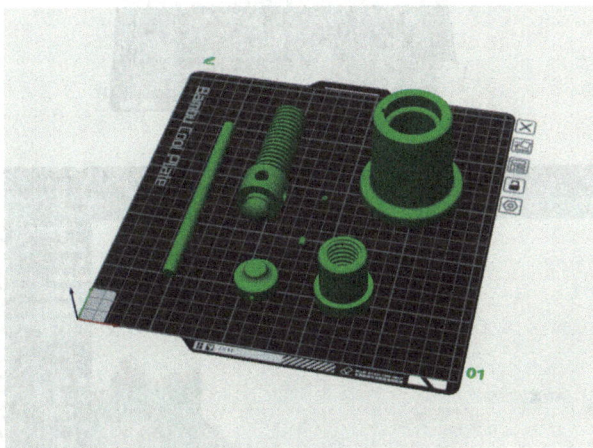

图 3-124　调整装配体各零件位置

4）单击位于 Bambu Studio 右上角的"切片单盘"按钮，将生成一个 .3mf 格式文件，这是打印机能够使用的文件格式。完成后，将进入预览窗格，展示切片模型。右侧的直方图还将显示每个部分的打印时间信息，共需打印 6h1min，如图 3-125 所示。

如果直接加载装配体，则零件不可移动。装配体缩小 50% 并调整位置后，结果如图 3-126a 所示，生成的支撑（视图中绿色代表支撑）比较多，打印时间为 7h14min，如图 3-126b 所示，稳定性不如分开打印效果好。

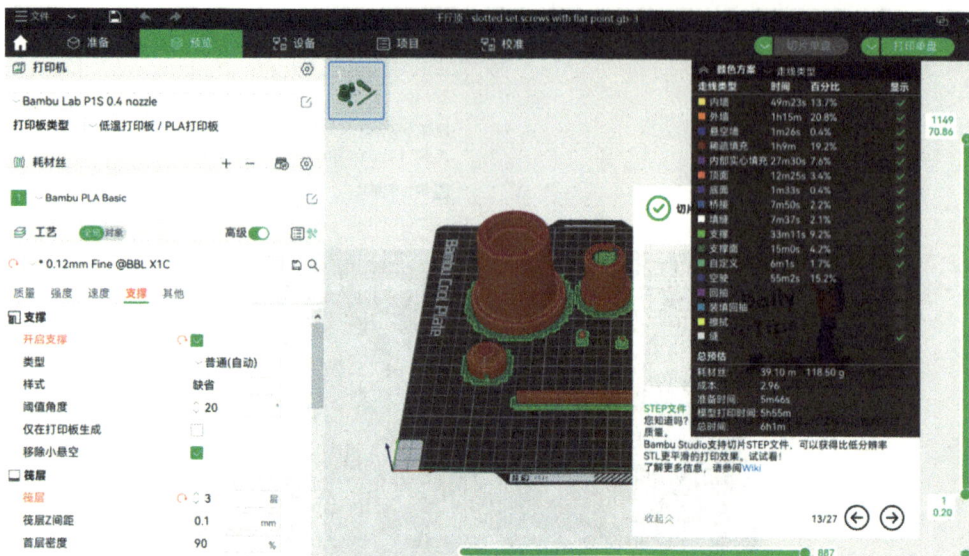

图 3-125　打印时间信息

a)

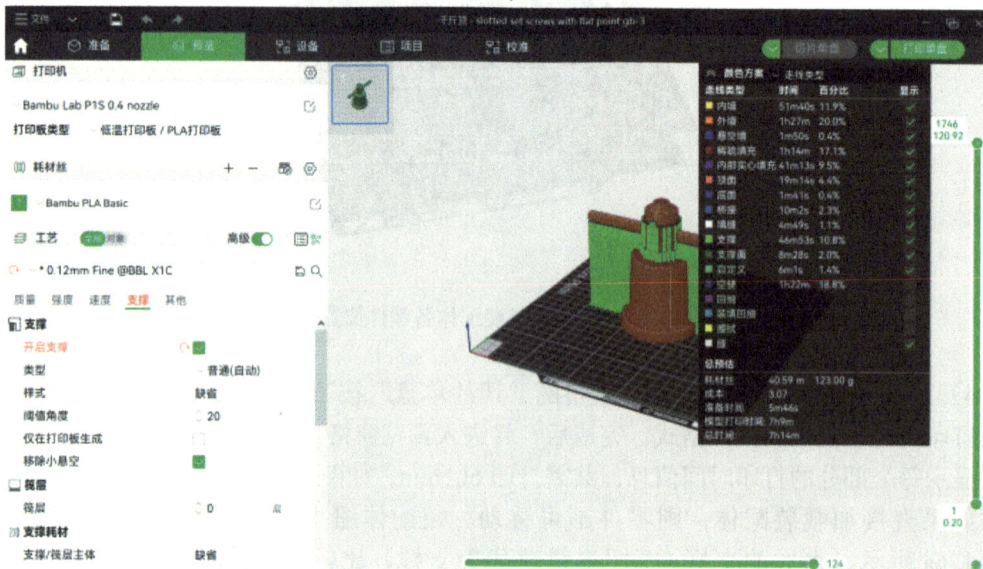

b)

图 3-126　装配体打印信息

任务 3.7　六面体数据处理、逆向建模与前处理

3.7.1　Geomagic Wrap 数据处理

双击图标打开 Geomagic Wrap 软件，选择菜单"文件"→"打开"命令或单击工具栏上的"打开"图标，系统弹出"打开"对话框，查找并选中扫描数据文件，然后单击"打开"按钮，在工作区显示的载体如图 3-127 所示。

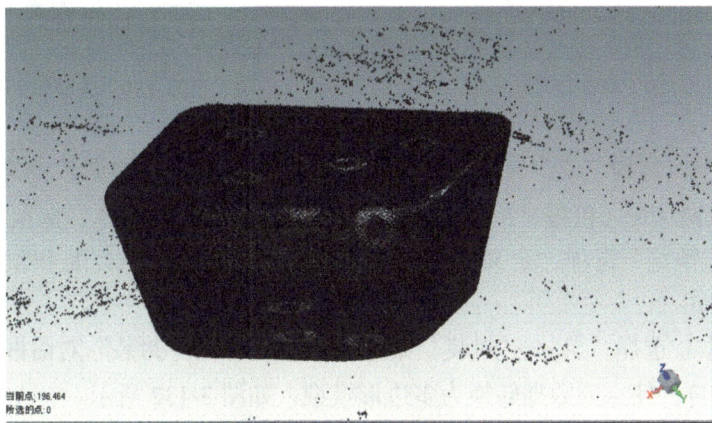

图 3-127　六面体点云数据

1. 点云数据处理

1）点云着色。为了更加清晰、方便地观察点云形状，将点云进行着色。选择"点"→"着色点"命令 ，着色后的视图如图 3-128 所示。

2）选择非连接项。选择"点"→"选择"→"断开组件连接"命令 ，在管理器面板中弹出"选择非连接项"对话框。在"分隔"下拉列表框中选择"低"，这样系统会选择在拐角处离主点云很近但不属于主点云的点。"尺寸"为默认值 5.0，单击"确定"按钮。点云中的非连接项被选中，并呈现红色，如图 3-129 所示。选择菜单"点"→"删除"命令或者按 <Delete> 键将非连接项删除。

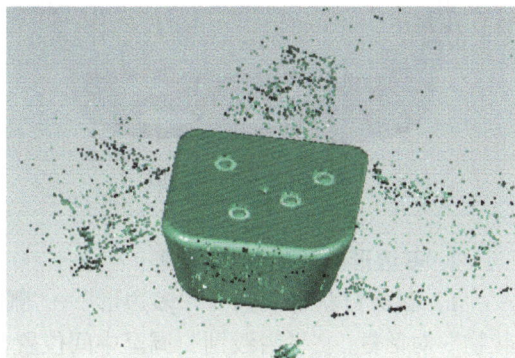

图 3-128　点云着色

3）去除体外孤点。选择"点"→"选择"→"体外孤点"命令 ，在管理器面板中弹出"选择体外孤点"对话框，设置"敏感性"的值为 100，单击"确定"按钮。此时体外孤点被选中，呈现红色，如图 3-130 所示。选择菜单"点"→"删除"命令或按 <Delete> 键来删

除选中的点（此命令操作两三次为宜）。

图 3-129　非连接项

图 3-130　去除体外孤点

4）减少噪声。选择"点"→"减少噪声"命令 ，在管理器面板中弹出"减少噪声"对话框。选择"棱柱形（积极）"，"平滑度水平"为默认值。"迭代"为 5，"偏差限制"为 0.05mm。选中"预览"选项，定义"预览点"为 3000，这代表被封装和预览的点数量。结果如图 3-131 所示。

5）封装数据。选择"点"→"封装"命令 ，系统弹出"封装"对话框，该命令将围绕点云进行封装计算，使点云数据转换为多边形模型，如图 3-132 所示。

图 3-131　减少噪声

图 3-132　封装

2. 多边形阶段的数据处理

1）删除钉状物。选择"多边形"→"删除钉状物"命令，在模型管理器中弹出"删除钉状物"对话框。"平滑级别"调至中间位置，单击"应用"按钮。

2）全部填充。选择"多边形"→"全部填充"命令，在模型管理器中弹出"全部填充"对话框。可以根据孔的类型搭配选择不同的方法进行填充，如图 3-133 所示。

3）去除特征。该命令用于删除模型中不规则的三角形区域，并且插入一个更有秩序、与周边三角形连接更好的多边形网格。但必须先手动选择需要去除特征的区域，然后执行"多边形"→"去除特征"命令，如图 3-134 所示。

4）数据保存。将文件另存为 STL 格式（用于后续逆向建模）。

图 3-133　填充孔

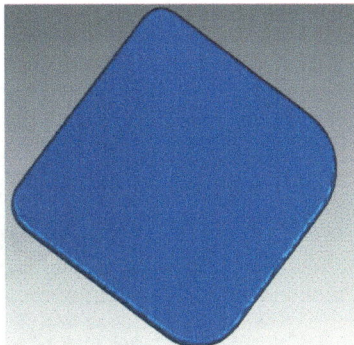

图 3-134　去除特征

3.7.2　逆向设计建模

1）打开 Geomagic Design X，选择"插入"→"导入"命令，在弹出的对话框中选择要导入的 STL 数据文件，导入后如图 3-135 所示。

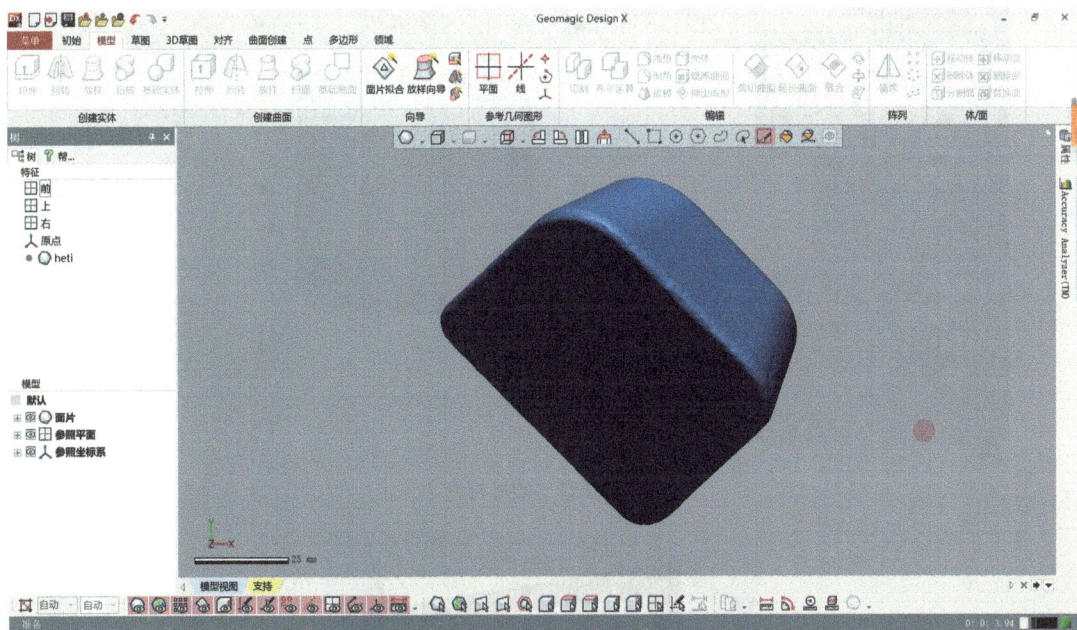

图 3-135　文件导入 Geomagic Design X

2）分析模型。六面体六个表面为平面且比较光滑，表面连接处是圆角，总体结构比较简单。可采用如下逆向建模方法：采用计算量少的手动方式划分成 6 个领域，再利用面片拟合生成平面，然后进行曲面裁剪和曲面填补生成实体，最后对实体进行合理倒角即可完成逆向建模。在逆向建模的过程中时刻观察体偏差。

3）单击"画笔选择模式"按钮 ，划分出 6 个领域，如图 3-136 所示。单击"面片拟合"按钮 ，选择划分好的单个领域，生成面片，手动调整方向和大小，如图 3-137 所示，单击"确定"按钮。以上操作重复 6 次，最终面片拟合结果如图 3-138 所示。

图 3-136　划分领域

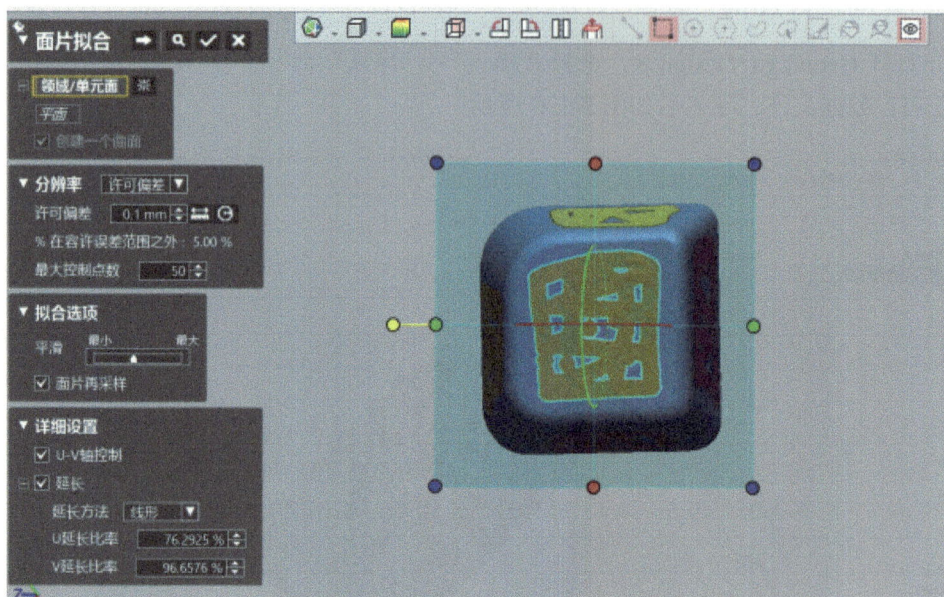

图 3-137　面片拟合

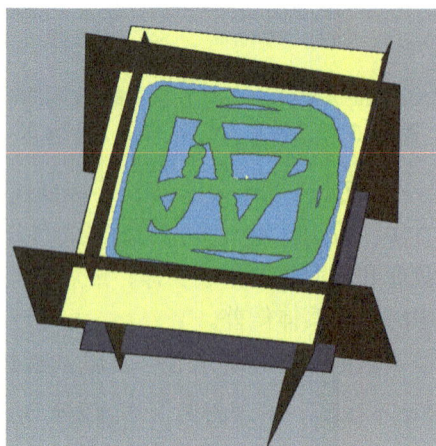

图 3-138　面片拟合结果

4）单击"剪切曲面"按钮 ，如图 3-139 所示，工具要素选择所有面片，对象选择所有面片，"残留体"选择 6 个平面区域，单击"确定"按钮，退出"剪切曲面"模式。如果没有形成实体，再进行面填补，如图 3-140 所示，最后生成的实体如图 3-141 所示。

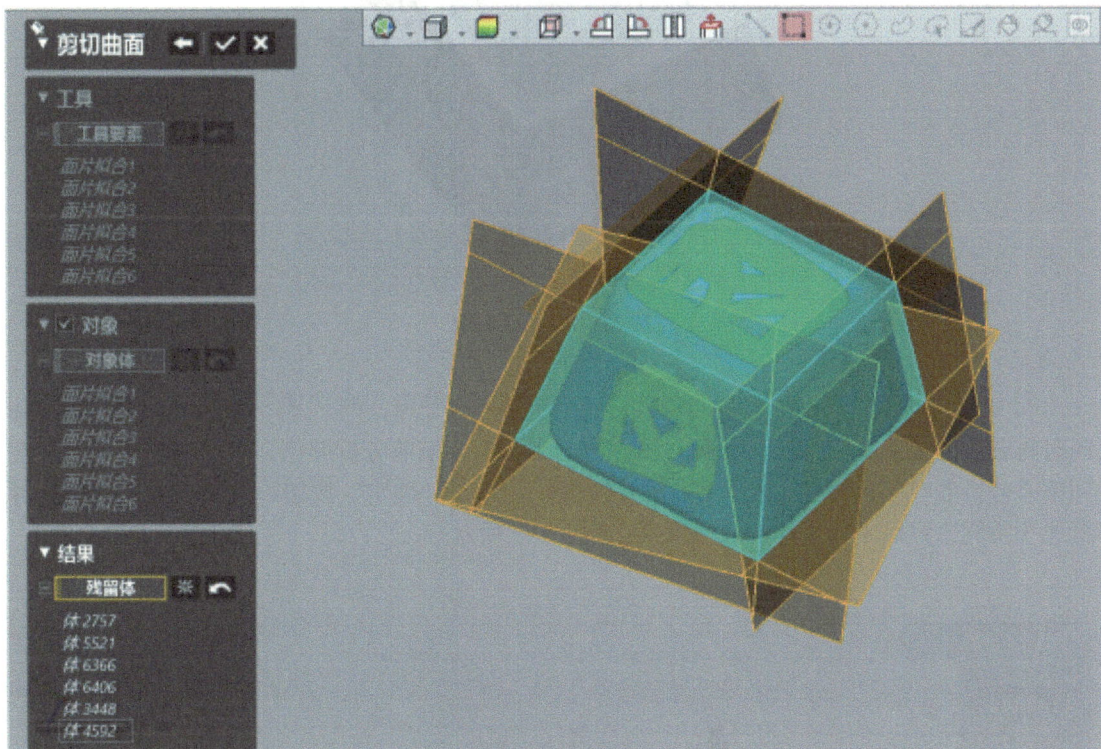

图 3-139　剪切曲面

图 3-140　面填补

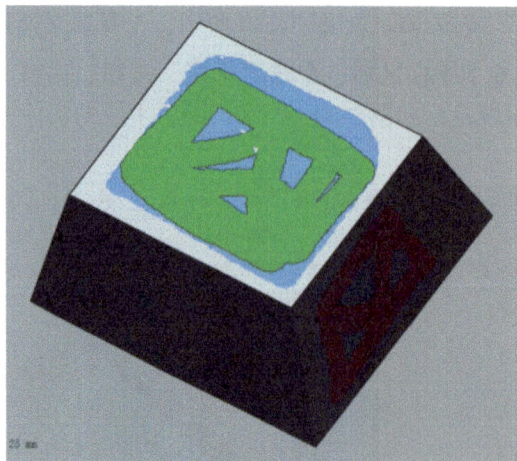

图 3-141　生成实体

5）单击"圆角"按钮 ，选择一个倒角边线，单击"魔法棒"自动探索圆角半径，同时将右侧的偏差分析打开，结合自动探索的半径值与偏差分析颜色，手动调整半径值，直到偏差分析颜色接近绿色为止，如图 3-142 所示。单击"确定"按钮，退出倒圆角模式。对其他 3 条侧边线做同样操作，最后结果如图 3-143 所示。

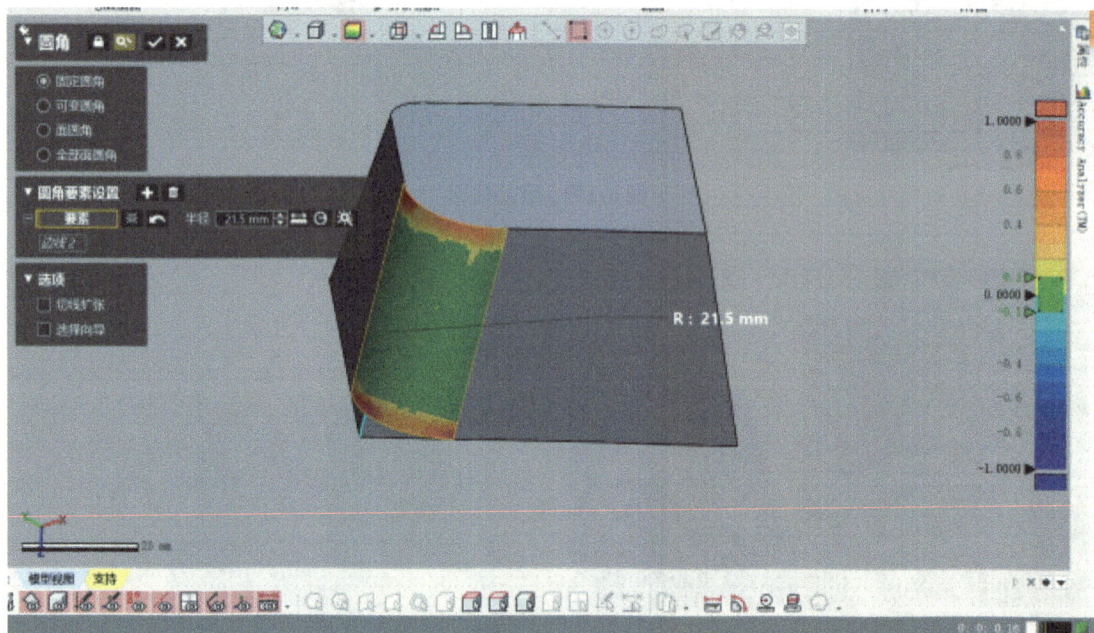

图 3-142　圆角

6）继续单击"圆角"按钮 ，要素选择模型底面，单击"魔法棒"自动探索圆角半径，同时将偏差分析打开，结合自动探索的半径值与偏差分析颜色，手动调整半径值，直到偏差分析颜色接近绿色为止，如图 3-144 所示。单击"确定"按钮，退出倒圆角模式。

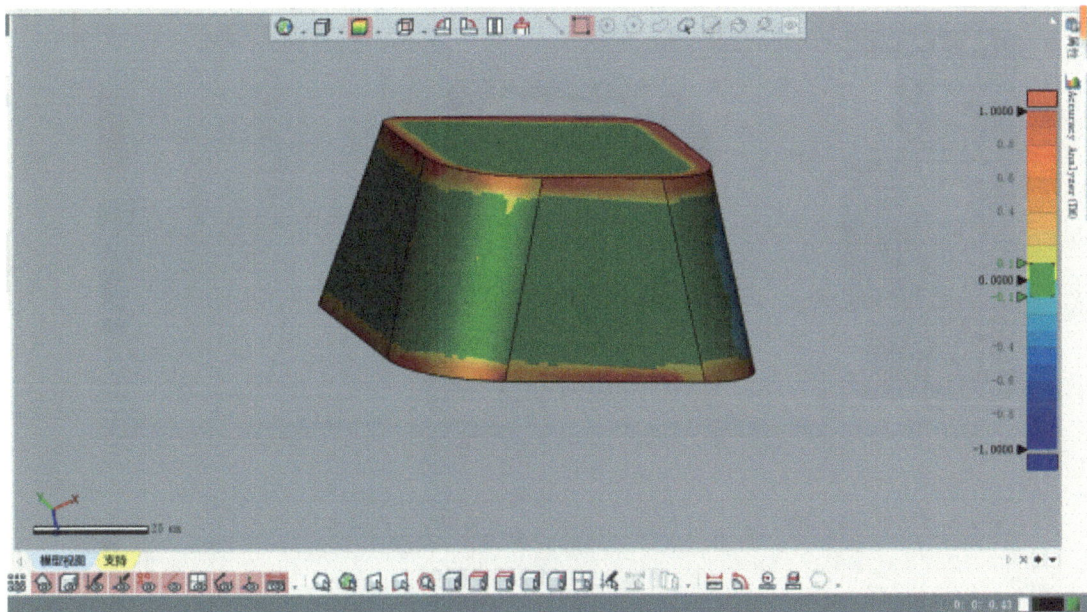

图 3-143　侧边线倒圆角效果图

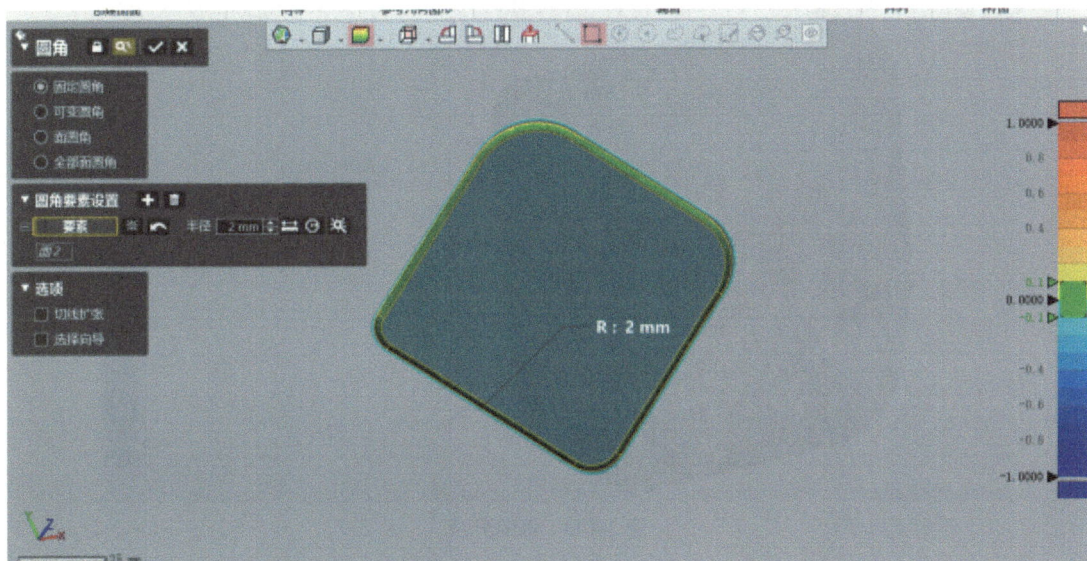

图 3-144　底面边倒圆角

7）继续单击"圆角"按钮 ，要素选择模型上表面，选择"可变圆角"，手动调整各个半径值，同时将偏差分析打开，结合自动探索的半径值与偏差分析颜色，直到偏差分析颜色接近绿色为止，如图 3-145 所示。单击"确定"按钮，退出倒圆角模式。

8）偏差分析。在"Accuracy Analyzer（TM）"面板的"类型"选项组中选中"偏差"选项，显示曲面与网格（三角面片）之间的偏差，根据需求设定曲面与原始数据之间的上、下极限偏差值，将许可公差范围内的模型表面用绿色显示，如图 3-146 所示，将鼠标指针放在绿色区域即可看到面与三角面片的偏差值。

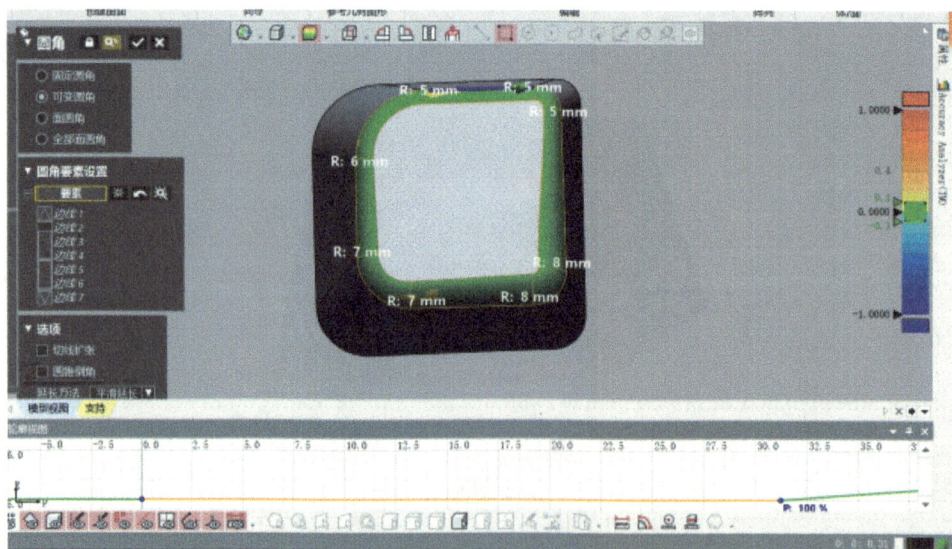

图 3-145　创建可变圆角

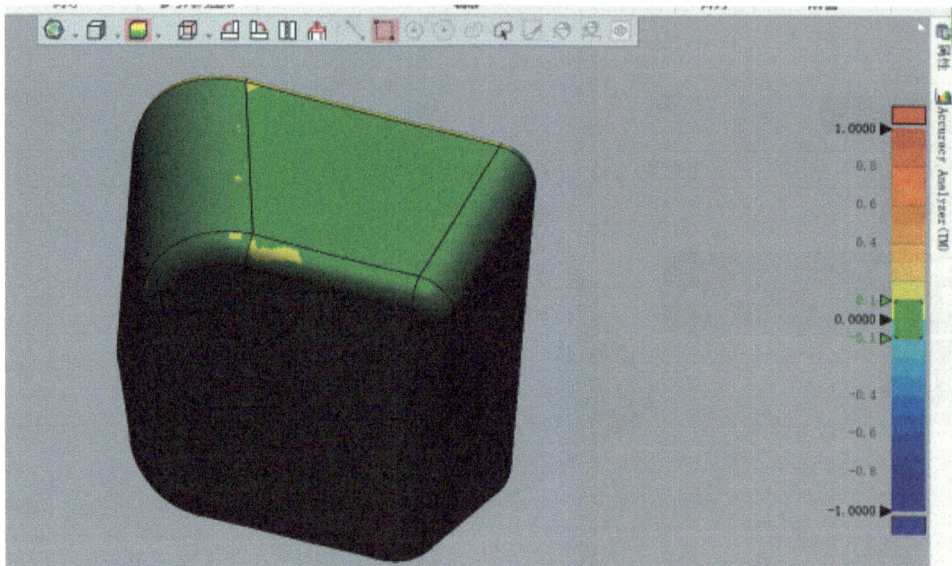

图 3-146　偏差分析

9）输出文件。在菜单栏中选择"文件"→"输出"命令，设置好文件名和保存路径，保存类型为 STP，单击"确定"按钮即可输出文件，如图 3-147 所示。

3.7.3　六面体前处理

打开 Bambu Studio，从"打印机"下拉列表框中选择使用的打印机型号以及喷嘴尺寸，在"耗材丝"下拉列表框中选择材料类型，从"工艺"中选择模型打印的层高。层高越小，打印时间越长。对于大多数使用 0.4mm 喷嘴打印的模型来说，可以使用 0.2mm 的层高。在预览窗格上方的工具栏中，单击带有"+"号的立方体图标，导入六面体模型。完成后，单击"切片单盘"按钮，预览窗格将展示切片模型的外观，右侧的直方图还将显示每个部分的打印时间信息，如图 3-148 所示。

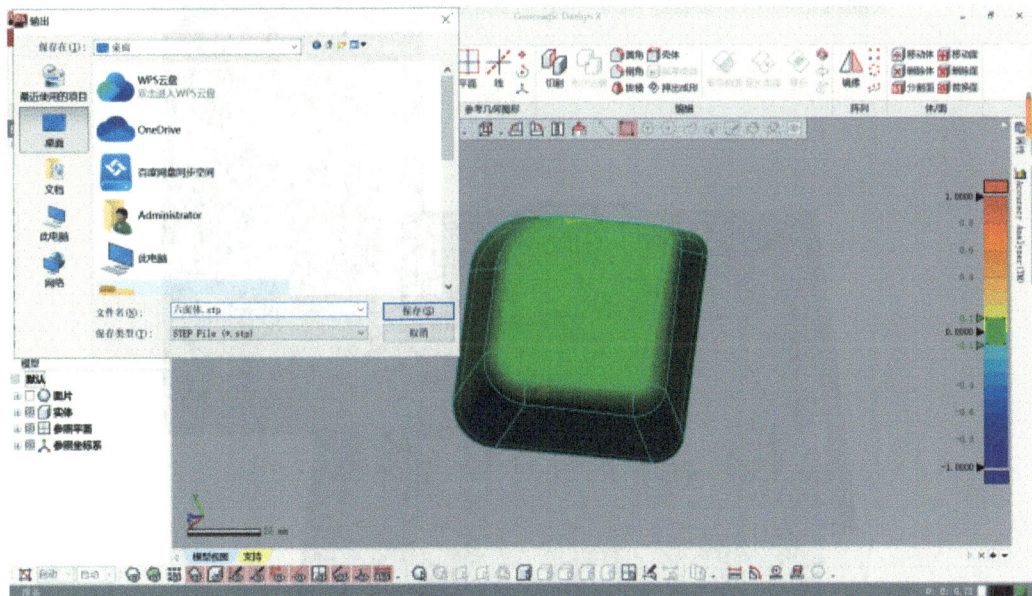

图 3-147　输出文件

图 3-148　打印时间信息

图 3-148　打印时间信息（续）

　　将切片文件导出到 SD 卡并离线打印。要使用 SD 卡文件传输选项，需将右上角的"打印单盘"切换为"导出单盘切片文件"，然后将弹出一个文件资源管理器，如图 3-149 所示，从中选择 SD 卡路径，单击"保存"按钮，文件将导出到 SD 卡，便可以将 SD 卡插入打印机进行打印了。

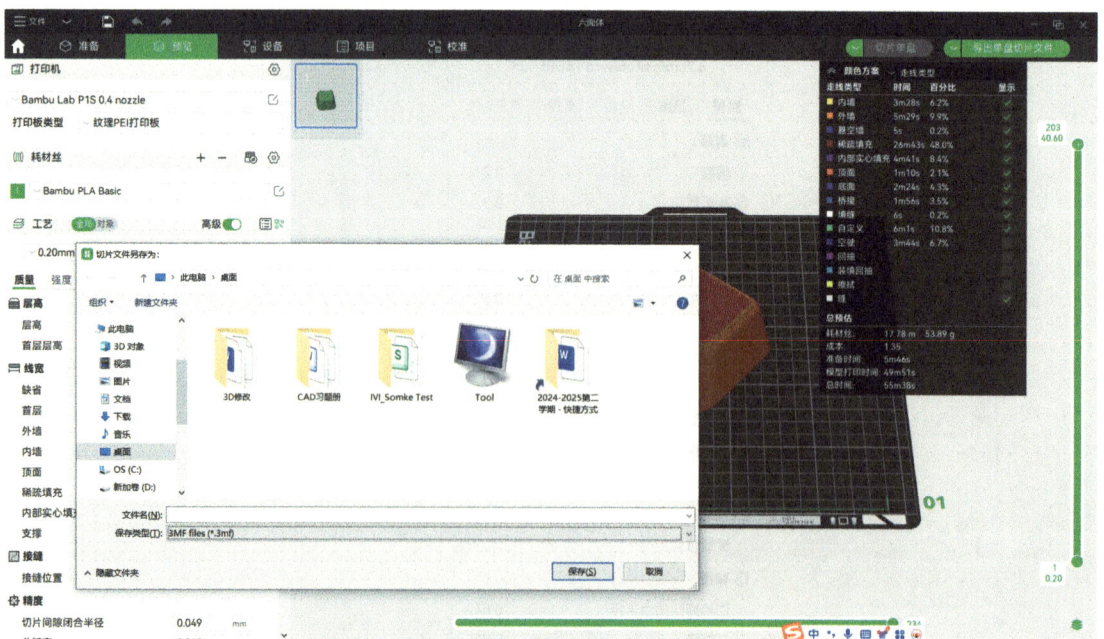

图 3-149　Bambu Studio 导出文件

【课后习题】

1. 使用三维建模软件绘制图 3-150 所示零件，并用切片软件进行切片处理。

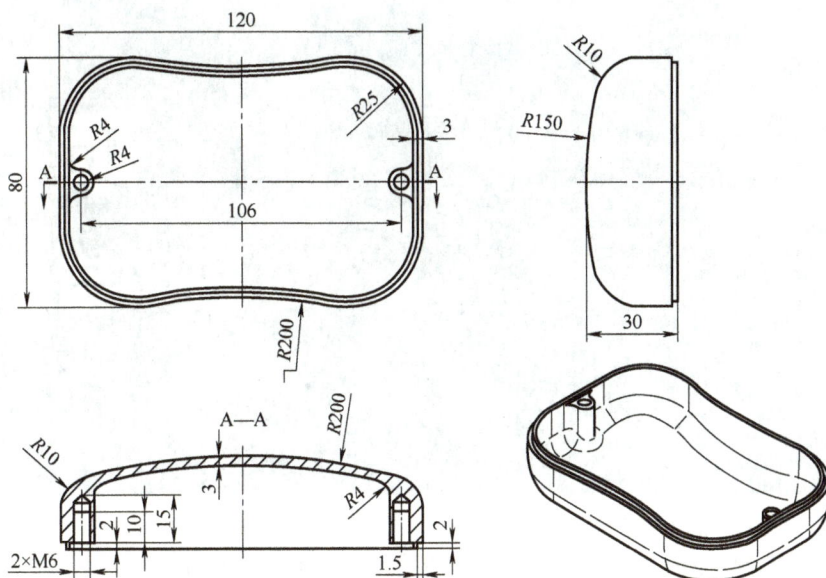

图 3-150 习题 1

2. 使用三维建模软件绘制图 3-151 所示模型，并用切片软件进行切片处理。

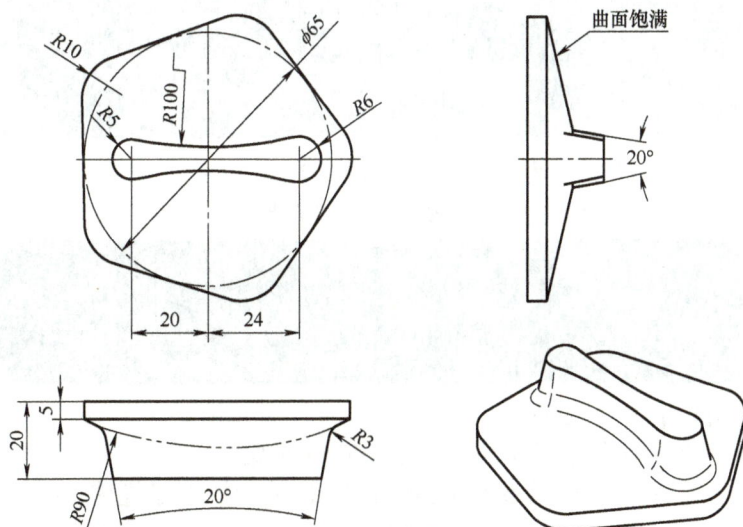

图 3-151 习题 2

项目 4
3D 打印与后处理

3D 打印常用的后处理方法

【知识准备】

4.1　常用的后处理方法和步骤

3D 打印技术作为现代制造业的重要组成部分，在各个领域的应用越来越广泛。从原型设计到最终产品的生产，3D 打印提供了前所未有的灵活性和精度。然而，完成 3D 打印过程后，往往需要对模型进行一系列的后处理，以提升其外观质量、功能性或耐久性。特别是在高精度、高要求的应用领域，如航空航天、医疗设备、精密工具等，后处理不仅能够提高产品的机械性能、表面质感，还能提升其美观度和实用性。3D 打印后处理的关键技术包括支撑结构及残留材料的去除、打磨与抛光、上色与涂装、组装与粘合、化学处理等。

4.1.1　支撑结构及残留材料的去除

1. 去除支撑结构

几乎所有的 3D 打印件在打印过程中都需要支撑结构来保持其形状，特别是对于那些有悬空、过桥部分的设计。这些支撑完成使命后需要被去除。去除支撑的工具和方法会根据支撑材料的不同而有所区别。例如，对于 PLA 或 ABS 等塑料材料打印的物品，常用的工具包括钳子、剪刀和精细手术刀等。去除时应谨慎操作，避免对打印件本身造成损伤。

去除支撑结构主要有手动去除、机械去除和溶解去除三种方式。

1）手动去除：手动去除是使用剪刀、镊子、刀子等工具，小心地对支撑结构进行剥离或剪除，如图 4-1 所示。对于细小或复杂的支撑结构，可能需要更多的耐心和细致操作。

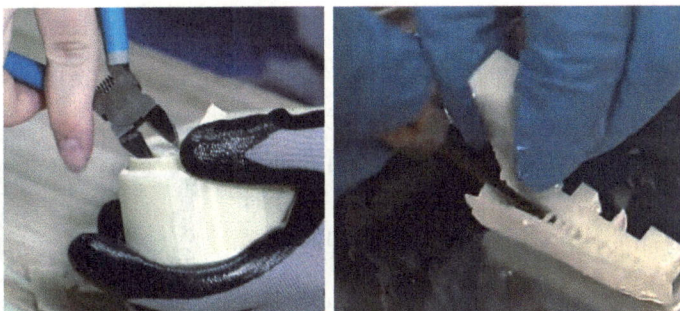

图 4-1　用剪刀、镊子去除支撑结构

2）机械去除：对于大型或难以手动去除的支撑结构，可以使用机械切割工具、砂纸、锉刀或砂轮等工具进行快速去除，如图 4-2~图 4-4 所示。但需注意控制力度和角度，避免对模型造成损伤。

3）溶解去除：如果支撑结构是可溶解材料制成，将其放入适当的溶解剂中（如水、醇或酸溶

图 4-2　用手动锉刀去除

151

液），支撑结构即可被溶解去除，如图 4-5 所示。此方法简便快捷，但需确保溶解剂不会对模型本身造成损害。

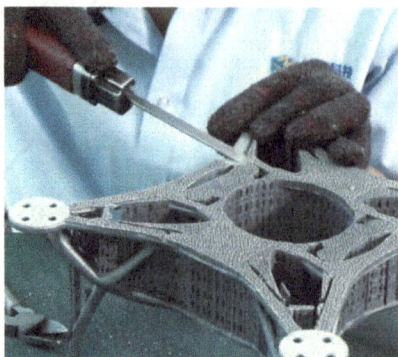

图 4-3　用气动锉刀去除

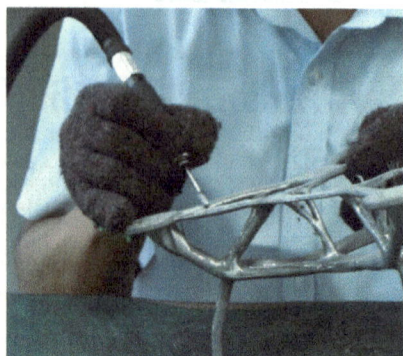

图 4-4　气动打磨去除

图 4-5　用水溶解支撑

2. 清洗与去除残留

去除支撑结构后，打印件表面往往会有些许的残留物。这时，按照打印材料和打印件的特点选择适合的清洗方法至关重要。例如，光敏树脂打印的件通常需要用到化学溶剂（如 IPA 酒精）进行清洗，以去除未固化的树脂，如图 4-6 所示。而针对金属粉末床融合打印的件，则可能需要用到相对温和的清洗剂或直接用压缩空气吹扫。

3. 安全与注意事项

在去除支撑结构及残留材料的过程中，安全始终是首要考虑的因素。无论是使用各种工具去除支撑，还是使用化学溶剂进行清洁，都必须采取适当的安全防护措施。例如，佩戴手套、护目镜，在通风良好的环境下工作等。

图 4-6　用酒精清洗光固化打印模型

去除支撑是后处理过程中的关键步骤，它直接关系到打印件的外观、手感，甚至功能实现。通过细致、有序的初步整理工作，可以有效提升打印件的质量，为后续的详细处理奠定良好基础。

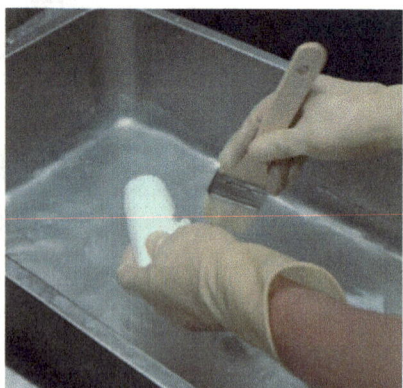

4.1.2 打磨与抛光

去除支撑和清洗完成后，接下来是对打印件表面进行打磨与抛光。这一步骤的目的是去除那些在打印过程中可能产生的小毛刺、粗糙点等。

1. 打磨

1）用砂纸打磨：使用细砂纸（如600~800目）轻轻打磨打印件表面，如图4-7所示，可以明显提升打印件的手感和外观，并为后续更细致的表面处理（如喷漆、镀层等）创造更加均匀的基面。打磨时应保持均匀的力度和方向，以避免过度磨损或产生不均匀的表面效果。一般可以用砂纸或专用设备进行打磨。

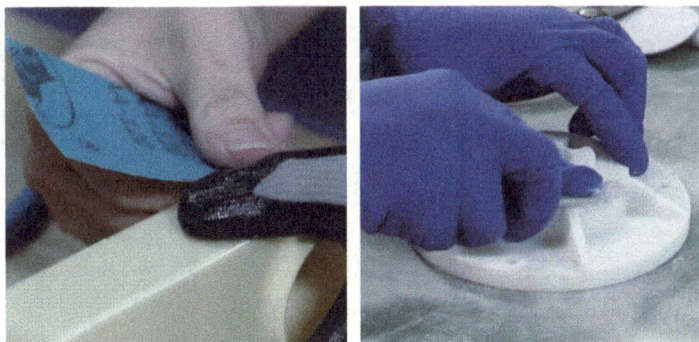

图4-7 砂纸打磨

2）专业设备打磨：除了手工打磨外，还可以使用砂带磨光机等专业设备进行打磨，如图4-8所示。这些设备能够更高效地去除表面瑕疵和层线纹路，提高模型表面的光洁度。

图4-8 气动打磨

2. 抛光

这一过程对于制作高质量、精细化的打印产品至关重要，尤其是在追求高美观性和功能性的应用场景下。

1）化学抛光：对于某些特定材料（如ABS），可以使用丙酮蒸汽进行化学抛光，如图4-9所示。但需注意丙酮的毒性和易燃性，操作应在通风良好的环境下进行，并佩戴好防护装备。

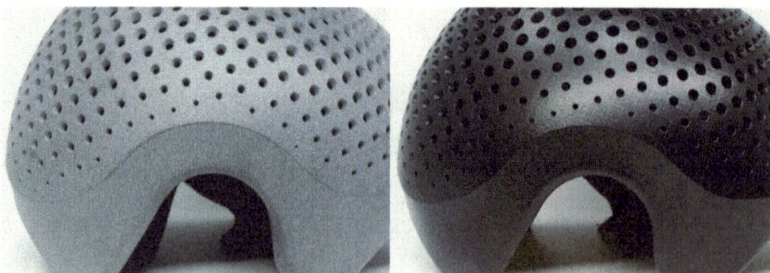

图 4-9　化学抛光前后对比

2）喷砂处理：通过高速喷射介质小珠（如塑料颗粒）来实现抛光效果，如图 4-10 所示。这种方法速度快且效果显著，但可能受到尺寸和材料的限制。

3）蒸汽平滑：将 3D 打印零部件浸渍在蒸汽罐中，利用蒸汽的高温熔化零件表面的一薄层材料，使其变得光滑闪亮。这种方法广泛应用于消费电子和医疗领域。

3. 注意事项

无论采用哪种表面修整技术，都应注意以下几点。

1）保护细节：避免过度处理损害打印件的细节和精度。

2）安全防护：特别是在进行化学打磨和机械磨光时，务必佩戴适当的个人防护装备。

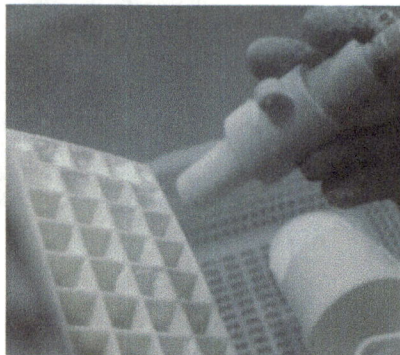

图 4-10　喷砂处理

3）后续处理：表面修整后，可能还需进行清洗、干燥等步骤，以去除产生的粉尘、化学残留等。

表面修整是 3D 打印后处理中的核心步骤，直接关系到打印件的最终质量和应用价值。通过合理选择和应用不同的表面修整技术，可以大幅提升 3D 打印产品的品质，实现从原型到成品的顺利过渡。

4.1.3　上色与涂装

在 3D 打印技术的多样化应用领域中，如何为打印出的产品增添生动的颜色，成为一个重要环节。表面上色不仅能够显著提升产品的美观度，而且在某些情况下也能增强产品的实用性和辨识度。通过上色，可以使产品更贴近设计者的原意，或者更符合消费者的个性化需求。此外，特定用途的打印件通过上色还可以达到更好的警示、指示或装饰效果。

表面上色根据不同的需求和材料特性，有多种不同的实现方式。以下几种是当前最为常见和实用的几种上色方式。

1. 喷漆

喷漆是 3D 打印模型常用的上色工艺之一，如图 4-11 所示。根据产品需求选择合适的漆料（如高光漆、哑光漆、光油等），并控制喷涂厚度和均匀性以获得理想的着色效果。喷漆前通常需要进行除油处理以提高涂料的附着力。喷漆时，需要注意以下几点。

1）表面准备：确保打印件表面经过充分的清洗和去油，必要时进行轻微磨光以增加涂层附着力。

2）选择合适的漆料：根据打印材料选择相应的底漆和面漆。例如，对于 PLA 和 ABS，使用专用的塑胶底漆效果更佳。

3）喷涂技巧：使用均匀的手法进行多遍轻薄喷涂，每遍间隔充分干燥，避免产生滴流。

图 4-11　喷漆上色

2. 手工上色

手工上色（如使用刷子或者标记笔）适合需要细致作业的小件或需要精细色彩处理的模型，如图 4-12 所示。使用颜料笔、马克笔等工具进行着色时需注意颜色的均匀性和层次感。手绘效果受操作人员熟练程度的影响较大。

1）选择适合的颜料：水性颜料、油性颜料或者专用模型颜料等，根据需求和材质选择。

2）细致作业：利用细刷进行局部上色，注意色彩过渡和细节处理。

图 4-12　手工上色

3. 浸染

浸染是一种通过将打印件完全或部分浸入染料溶液中，使色料渗透进材料内部的上色方式，如图 4-13 所示。

1）选择合适的染料：根据打印材质选择合适的染料，如某些塑料可使用染料溶于酒精或丙酮后的溶液。

2）浸染时间：控制浸染时间来调节颜色的饱和度，需要试验确定最佳时间。

浸染只适用于特定材料（如尼龙）。将模型浸入染液中进行着色处理，但需注意颜色的多样性和光泽度可能受到限制。

4. 电镀与纳米喷镀

（1）电镀　电镀利用电解原理在金属或 ABS 塑料表面镀上一层其他金属或合金，以提高耐磨性、导电性

图 4-13　浸染上色

和美观度，如图 4-14 所示。电镀颜色较少但光泽度高。

（2）纳米喷镀　纳米喷镀是一种高科技喷涂技术，如图 4-15 所示，能够在物体表面呈现金、银、铬等多种镜面高光效果且不受体积和形状限制。

图 4-14　电镀处理

图 4-15　纳米喷镀

5. 注意事项

无论选择哪种上色技术，都要注意以下几点。

1）彻底清洁：确保打印件表面无尘土、油脂、手指印等，这些都可能影响上色效果。

2）测试样品：在对实际作品上色前，先在废弃的打印件上测试颜色效果和附着力。

3）保护措施：进行喷漆等可能危害健康的上色作业时，必须在通风良好的环境中操作，并佩戴适当的防护装备。

表面上色对于提升 3D 打印件的视觉效果和功能性具有重要意义。通过掌握恰当的上色技巧和注意事项，设计师和制造者可以将普通的 3D 打印件转变为符合个性化需求和美观标准的作品。随着 3D 打印技术的不断进步，上色技术也将进一步发展，为创造多样化和高质量的 3D 打印产品提供更多可能性。

4.1.4　组装与粘合

1. 组装

对于需要拆件打印的模型，在打印完成后按照设计进行组装，如图 4-16 所示。组装时应确保各部件之间连接紧密且稳固。

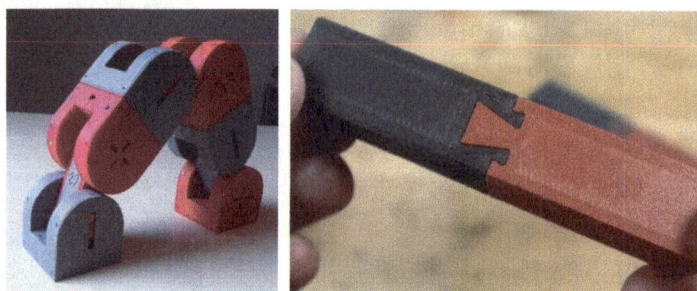

图 4-16　组装模型

2. 粘合

使用专用的粘合剂（如亚克力胶水、环氧树脂等）将模型部件粘合在一起，如图 4-17 所示。粘合前应先清洁和干燥粘合面以提高粘合效果。

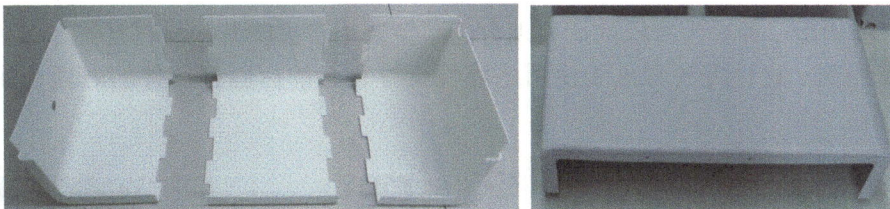

图 4-17　拼接粘合

3. 焊接

对于需要高强度连接的部件可以采用焊接技术进行处理，如图 4-18 和图 4-19 所示。根据材料性质和最终产品需求选择合适的焊接方法（如热烧结、热熔焊等）进行焊接处理。

图 4-18　塑料焊接机焊接

图 4-19　不锈钢打印件的焊接

4.1.5　化学处理

化学处理是针对某些特定材质或需要特定表面效果的模型所采用的后处理方法。

除前面提到的化学抛光、电镀之外，常用的化学处理方法还有以下几种。

1）酸处理：主要用于金属 3D 打印件，去除金属表面的氧化层，提高表面光滑度，同时可能增强耐腐蚀性。须严格控制酸液浓度和处理时间，以防对金属基体造成过度腐蚀。

2）化学改性：广泛适用于多种材质的 3D 打印件，通过化学反应改变打印件的化学结构或组成，从而提高其性能或赋予新的功能。包括但不限于交联、接枝、共聚等化学反应过程，需根据具体材质和需求选择合适的改性方法和条件。

3）化学浸渍：主要用于多孔或需要特殊功能的 3D 打印件，通过浸渍在特定化学溶液中，引入其他材料或改变材料性能。例如，将环氧树脂材料渗透到多孔件中，以提高其强度和致密性，如图 4-20 所示。

需要注意的是，要选择合适的化学溶液和处理条件，以确保浸渍效果并避免对打印件造成损害。

4.1.6 水力浸渍

水力浸渍是一种较为特殊的后处理方法，主要用于去除某些材料在打印过程中残留的水分或溶剂。这种方法常见于使用水溶性支撑材料的树脂打印件的处理，如图 4-21 所示。

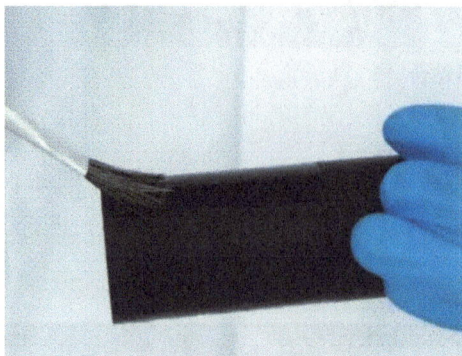

图 4-20 浸渗环氧树脂

图 4-21 水力浸渍

4.1.7 热处理

热处理是一种通过加热和冷却过程来改善材料性能的后处理方法。对于金属模型或零件来说，热处理可以消除内应力、提高硬度和耐磨性等性能，如图 4-22 所示；对于某些塑料模型来说，热处理也可以改善其尺寸稳定性和机械性能等，如图 4-23 所示。

图 4-22 金属件热处理

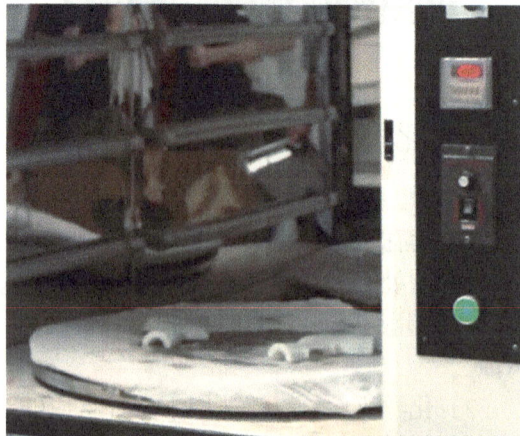

图 4-23 树脂件固化处理

在热处理时，应注意控制加热和冷却速度以及保温时间等参数以获得最佳效果。

3D 打印后处理是一个复杂而细致的过程，涉及多个步骤和技术手段。通过合理的选择和运用后处理方法，可以显著提升 3D 打印模型的外观质量、功能性和耐用性，从而更好地满足各种应用需求。

4.2 桌面 FDM 3D 打印及后处理

FDM 3D 打印是一种广泛使用的 3D 打印技术，它通过将热塑性材料（如 ABS、PLA 等）加热至熔融状态，并通过喷嘴挤出，在三维空间中逐层堆积，最终形成实体模型。桌面 FDM 3D 打印机因其体积小、价格适中、易于操作等优点，被广泛应用于教育、设计、产品开发等领域。

拓竹切片软件基本
操作及打印案例

4.2.1 打印预处理

1. 三维模型的获取

通常的三维模型是由建模设计师利用三维建模软件或三维扫描技术获取的，建模过程涉及艺术设计或工业设计相关理论知识和相关软件的使用，入门门槛较高。但是随着互联网的发展，3D 打印公共服务平台开始兴起，越来越多的三维模型共享网站让即使不懂设计和建模的爱好者也可以获得自己喜欢的模型。

2. 三维模型的切片处理

3D 打印机使用之前，需要生成控制打印机运动的 GCode 文件，那么就需要事先对物体的三维模型进行处理。根据 3D 打印机的工作原理，通过三维模型分层切片、提取轮廓信息、生成内部支撑、生成打印路径以及 GCode 等处理，完成切片软件的任务。

目前已经有多个 3D 打印机巨头推出了与其打印机硬件相匹配的切片软件，也有一些公司推出了开源的切片引擎，3D 打印机厂商只需开发自己的前台控制软件，然后调用相应的切片引擎即可。项目 3 已经介绍了常用的切片软件，如 Cura、Bambu Studio 等。

4.2.2 打印过程

数据处理完成后，可以用 TF 卡、SD 卡、U 盘、有线或无线网络将其传输至 3D 打印机。不同型号的设备配有不同的接口，但是数据导入的流程是一样的，本节以 TF 卡导入方式为例介绍拓竹打印机的 3D 打印操作。

将 TF 卡插入卡槽→按向下键，直到选中文件夹图标→按"OK"键，进入文件夹→按向下键，直到选中目标文件"Chick_sc.gcode.3mf"→按"OK"键确认文件→再次按"OK"键，执行打印，如图 4-24 所示。FDM 设备大同小异，具体的构造和参数这里不再赘述。

图 4-24 设备插入 TF 卡后的打印操作界面

3D 打印设备自动化程度较高，设备运行指令均在计算机切片处理后的文件中存储，硬件参数可在设备自带的操作系统中设置，读取经切片处理的模型文件后，即可开始执行 3D 打印操作。整个打印过程由设备自动完成，只需定期检查设备是否运行稳定即可，如图 4-25 所示。

4.2.3 模型后处理

按照设定的程序，设备自动运行直至打印完成，之后用铲子或其他类似工具将模型与底板剥离，如图 4-26 所示。观察模型可发现，封闭包裹的部分为实体，稀松的部分为支撑，支撑部分可用手、钳子或其他工具去除。3D 打印模型常用的后处理工具如图 4-27 所示。

图 4-25　打印设备工作状态显示

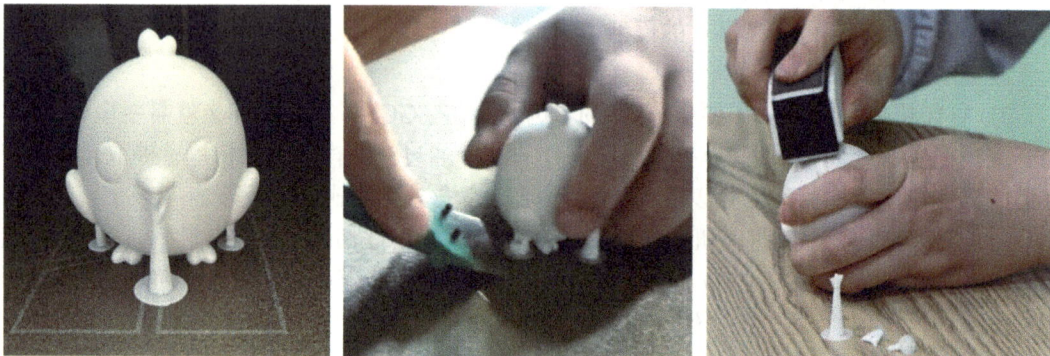

图 4-26　将打印好的模型剥离并去除支撑和打磨

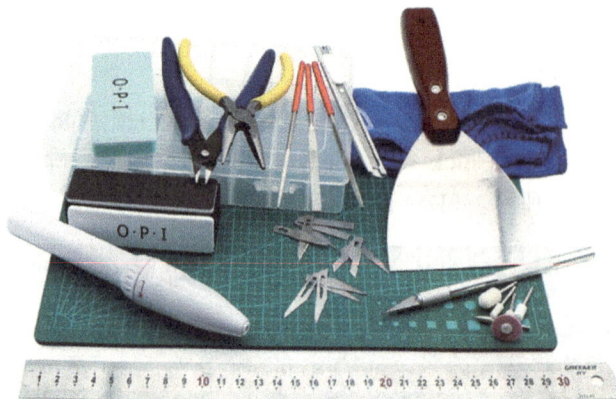

图 4-27　常用的后处理工具

支撑处理完即可得到想要的模型，但是由于使用的是单色打印机，得到的是单色实物，为了更加美观，可用丙烯染料对单色实物进行上色处理，上色处理后的实物效果如图 4-28 所示。

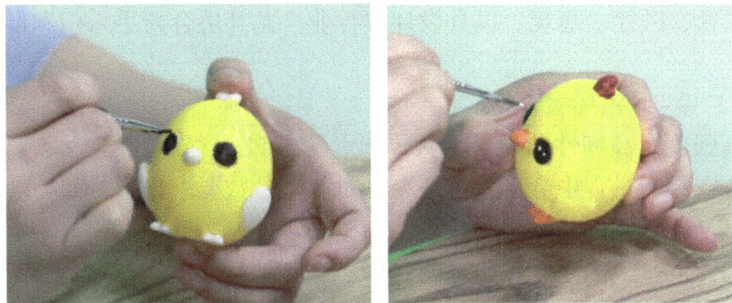

图 4-28 去除支撑后进行上色处理

4.3 FDM 3D 打印耗材及其日常保养

在 FDM 3D 打印技术中，耗材的质量和使用方式直接影响到打印件的品质和使用寿命。因此，了解耗材的种类、选择原则、日常保养方法是每位 3D 打印爱好者及专业人士所必需的。本节将详细介绍 FDM 3D 打印耗材的相关知识及其日常保养。

FDM 3D 打印耗材
及其日常保养

4.3.1 耗材种类

FDM 3D 打印耗材主要包括 ABS、PLA、PETG 等类型，如图 4-29 所示。每种耗材都有其独特的物理和化学性质，适用于不同的应用场景。

图 4-29 FDM 3D 打印耗材

1. PLA（聚乳酸）

特点：PLA 是 FDM 3D 打印中最常用的耗材之一，如图 4-30 所示，因其易打印、无需热床、打印过程中无臭味、成品坚硬且可生物降解而广受欢迎。PLA 由混合玉米淀粉和甘蔗衍生而成，符合食品级和生物分解的标准，有多种颜色可供选择。

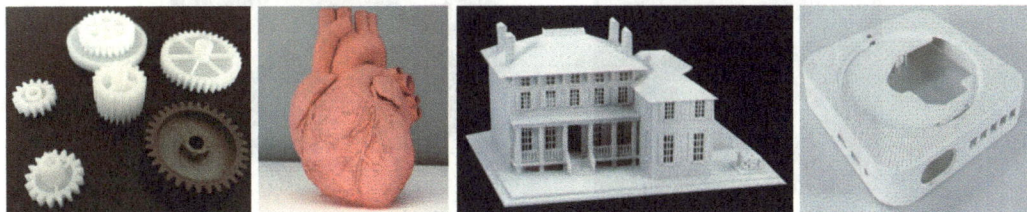

图 4-30 PLA 打印件

应用：广泛应用于教育、医疗、建筑、模具设计等行业，尤其适合新手入门和低端 3D
打印机使用。

2. ABS（丙烯腈 - 丁二烯 - 苯乙烯聚合物）

特点：ABS 是一种高强度、高韧性的塑料材料，能承受比 PLA 稍高的温度，冷却后更
灵活有韧性。然而，ABS 在打印过程中会产生味道，且对打印参数要求较高，如喷嘴温度、
床温、室温等。

应用：ABS 广泛用于消费级 3D 打印机，如打印玩具、创意家居饰件等，如图 4-31
所示。

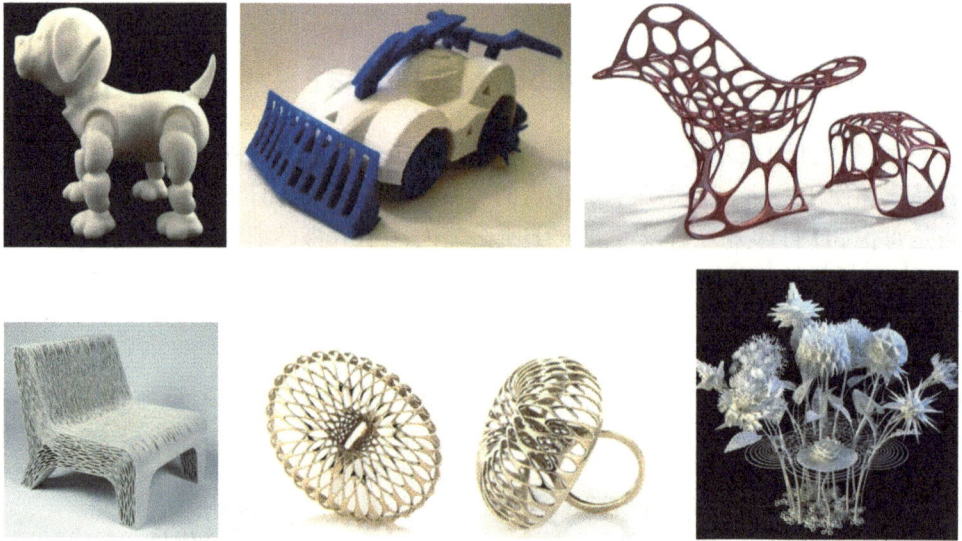

图 4-31　ABS 打印件

3. PETG（乙二醇改性聚对苯二甲酸乙二醇酯）

特点：PETG 是一种安全无毒的打印材料，强度略低于 PLA 但耐热性能大大提高。
PETG 的透明性良好，适合打印需要透明或半透明效果的产品，如图 4-32 所示。然而，
PETG 的打印熔点较高，对打印参数的要求也较高。

应用：适用于需要耐热性能的支撑件或透明产品的打印。

图 4-32　PETG 打印件

4. TPU（热塑性聚氨酯）

特点：TPU 是一种柔性材料，具有良好的弹性和耐磨性。TPU 的硬度范围宽且可调，适用于打印需要柔软或弹性效果的产品。

应用：常用于打印手机外壳、鞋垫等需要柔软性或弹性的产品，如图 4-33 所示。

图 4-33 TPU 打印的鞋垫及手机外壳

5. 其他耗材

1）尼龙：高强度、高耐用性，可耐高温且摩擦系数低，适合制作齿轮和机构，如图 4-34 所示。

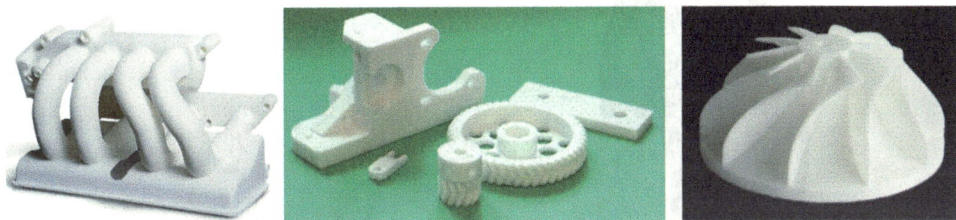

图 4-34 尼龙结构件

2）PC（聚碳酸酯）：强度和耐用性高，韧性好，耐热性高，适合工程应用，如图 4-35 所示。

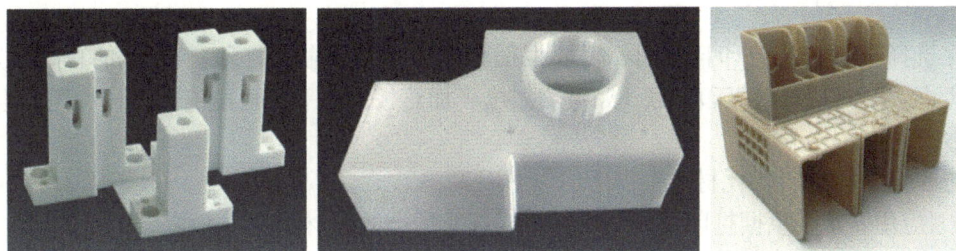

图 4-35 PC 打印件

3）金属耗材：如青铜、红铜、钢、不锈钢等金属粉末耗材，通过特制配方能在 FDM 3D 打印中呈现出金属质感，如图 4-36 所示，但这些耗材并不具备真正的金属导电性。

4）混合耗材：如碳纤维、木头纤维等，通过将这些材料掺入 PLA 或 PETG 等基材中，可以强化打印成品的某些性能，如硬度、刚性或外观效果，如图 4-37 和图 4-38 所示。

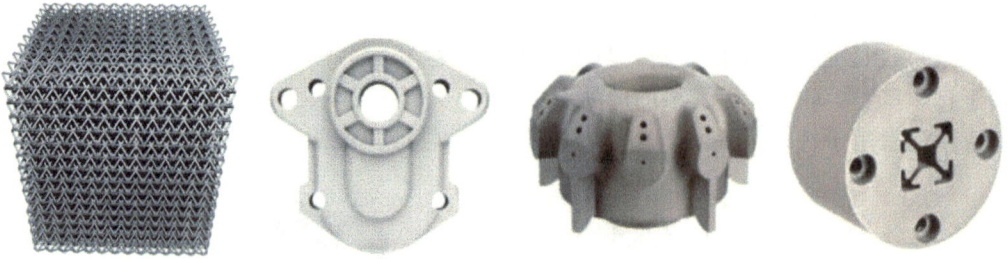

图 4-36　金属耗材打印件

图 4-37　碳纤维尼龙结构件

图 4-38　添加木头纤维的打印件

4.3.2　耗材选择原则

在选择 FDM 3D 打印耗材时，需要根据具体的打印需求、打印机型号和打印参数进行综合考虑。不同耗材的打印参数（如喷嘴温度、加热板温度等）可能有所不同，需要合理设置参数。

选择 FDM 3D 打印耗材时，需考虑以下因素。

1）应用需求：根据打印件的使用场景，选择适合的耗材类型。

2）打印设备：了解打印机的兼容耗材类型和推荐耗材品牌。

3）成本预算：在满足使用需求的前提下，尽量选择性价比高的耗材。

另外，某些特殊耗材（如金属粉末耗材）可能对打印机喷嘴造成磨损或堵塞，使用时需要特别注意。

FDM 3D 打印耗材种类繁多，各有特点和应用场景，在选择使用时，需要根据实际情况进行综合考虑。初学者可以先从 PLA 开始尝试，随着技能提升再尝试其他类型的耗材。

4.3.3 日常保养

通过合理的选用和日常保养，可以确保 FDM 3D 打印耗材的性能和质量良好，提高打印成功率和打印效果。

1. 存放环境

耗材应存放在干燥、阴凉、通风的地方，避免阳光直射和高温环境。如果耗材包装已经打开，建议尽快用完，并在使用过程中保持密封状态，以防受潮，如图 4-39 所示。

图 4-39 密封保存

2. 识别耗材状态

在使用前，应检查耗材是否受潮、是否有异常斑点或气泡等。如果发现耗材受损，应及时处理或更换。

3. 干燥处理

如果耗材受潮，可以使用烤箱或食物脱水机进行干燥处理，如图 4-40 所示。设置适宜的温度（如 PLA 为 40~45℃，ABS 和尼龙约 80℃），并放置一段时间以去除水分。

注意，在烘烤过程中保持烤箱或脱水机的温度稳定，并避免温度过高导致耗材熔化或变形。

图 4-40 电热鼓风机

4. 定期清理

定期清理 3D 打印机的喷头、挤出头等部件，以防止堵塞和影响打印质量，如图 4-41

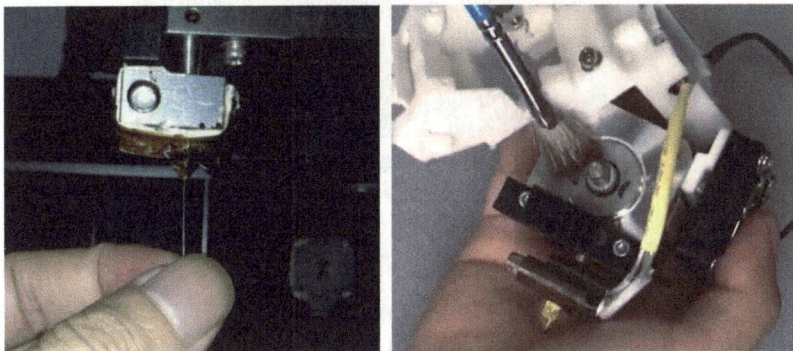

图 4-41 清理喷头

所示。使用完毕后，及时将耗材退料并妥善存放，以防其长时间暴露在空气中导致吸湿和损坏。

工业 FDM 3D 打印
及后处理

【项目实施】

任务 4.4　工业 FDM 3D 打印及后处理

FDM 是一种广泛应用于原型制作、产品设计验证及小规模生产的 3D 打印技术。该技术通过加热并挤出热塑性塑料细丝，在三维空间中逐层堆积固化，最终形成实体模型。FDM 技术以其成本效益高、材料种类多样、操作简便等优势，在教育、工业设计、医疗等多个领域得到广泛应用。本节主要内容是通过上海远铸智能技术有限公司工业打印机的使用案例来分析工业 FDM 3D 打印及后处理过程。

4.4.1　打印模型预处理

在进行 FDM 3D 打印之前，充分的准备工作是确保打印成功与质量良好的关键。这包括以下几个方面。

1. 模型设计

利用 CAD 软件或 3D 扫描技术创建或获取 3D 模型，如图 4-42 所示，并确保其尺寸、结构适合 FDM 打印。

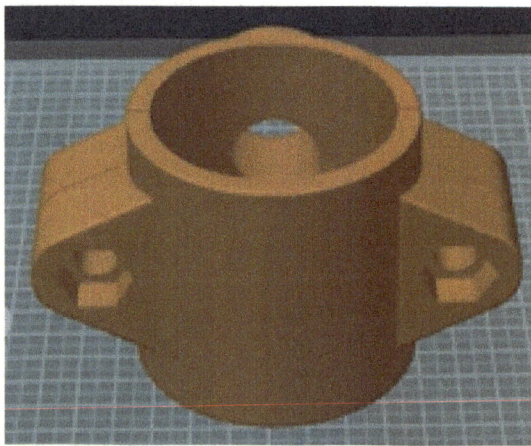

图 4-42　创建 3D 模型

2. 模型前处理

使用工业 FDM 打印机配套的切片软件对模型进行预处理，悬空部分或复杂结构需添加适当的支撑结构，以防止打印失败或变形，设置合适的工艺参数，如图 4-43 所示，将 3D 模型转换成打印机可识别的 gcode 文件，如图 4-44 所示。

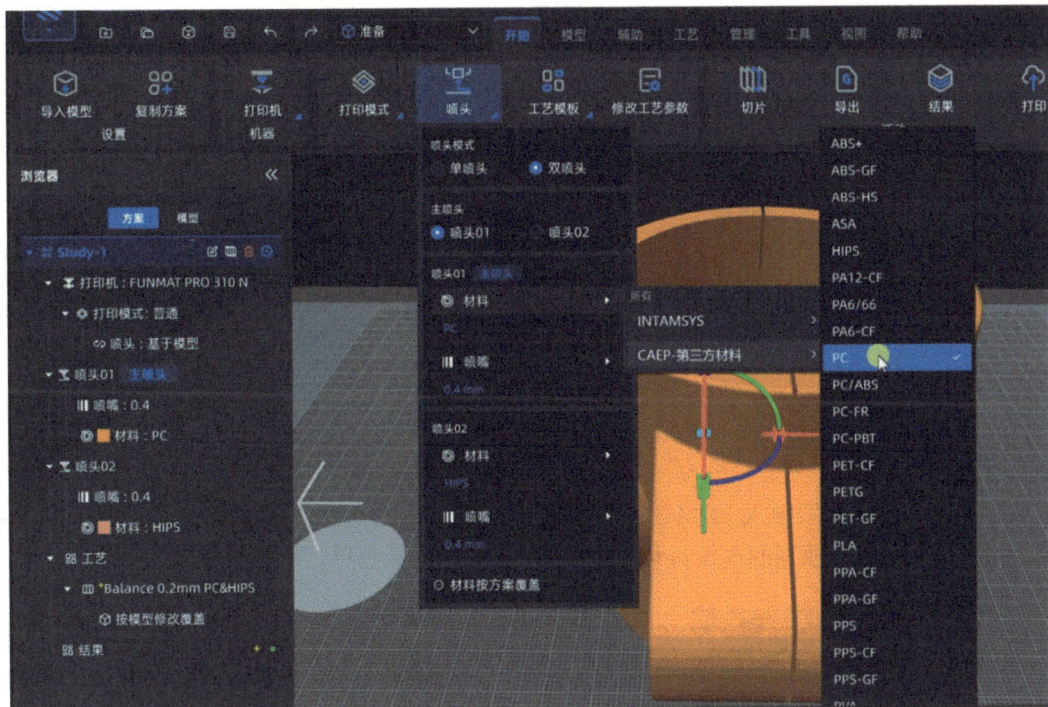

图 4-43　设置工艺参数

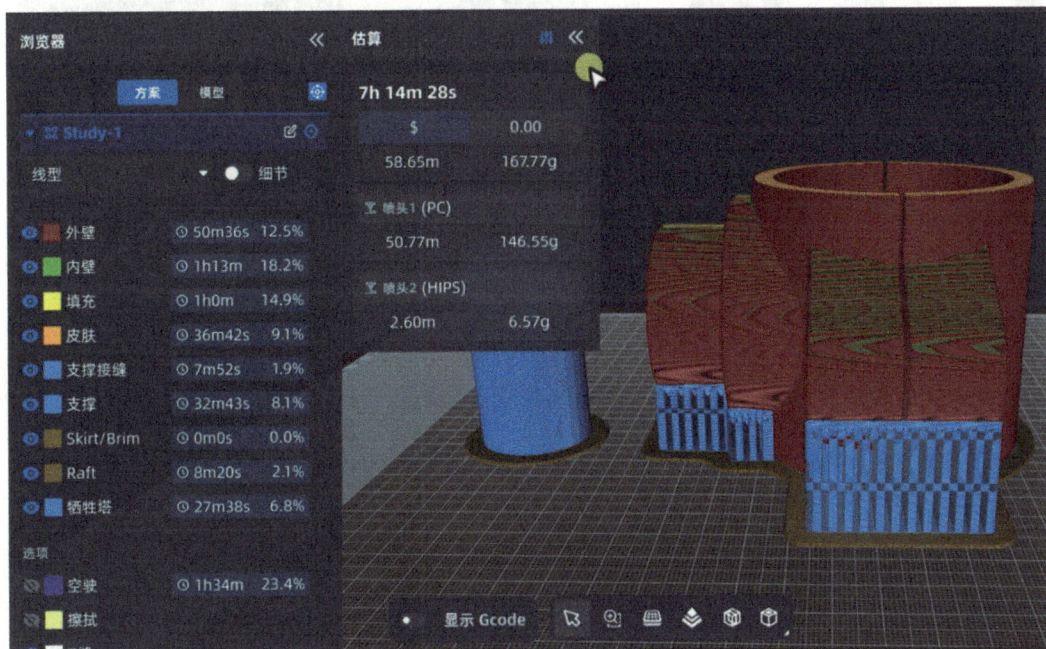

图 4-44　切片处理并输出 gcode 文件

3. 材料准备

选择合适的热塑性塑料线材，如图 4-45 所示，如 ABS、PC 等，并确认其适用于当前打印机，本案例选择 PC 材料。

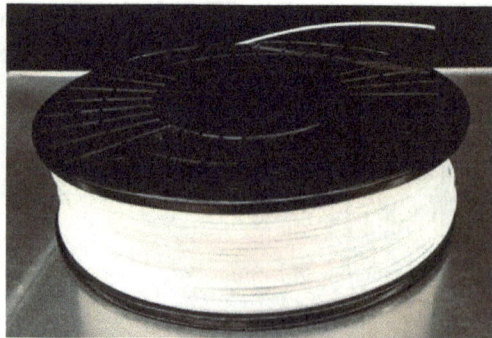

图 4-45　选择打印材料

4.4.2　打印过程

将预处理后的模型导入 FDM 3D 打印机，如图 4-46 所示，选择文件并开始打印，其打印过程是一个自动化控制的连续过程，如图 4-47 所示。

图 4-46　导入模型，开始打印

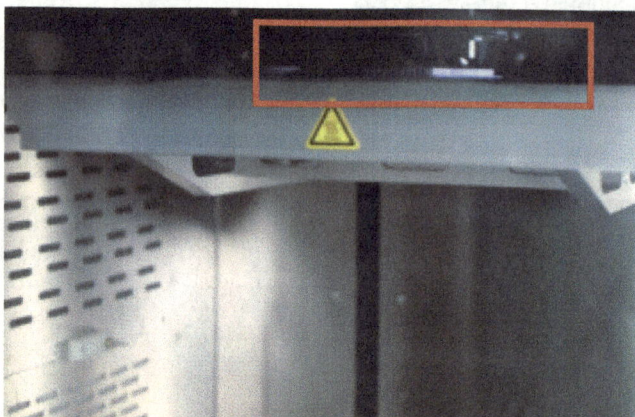

图 4-47　打印过程

4.4.3　后处理

FDM 3D 打印件的后处理可以显著提升其外观质量和使用性能。其后处理主要包括以下几个步骤。

1. 取件，去除支撑

打印完成后，等待模型冷却并固化在热床上，然后小心地将模型从热床上取下，如图 4-48 所示。

去除支撑：使用钳子、铲刀等工具手动或自动去除模型上的支撑结构，如图 4-49 所示，去除打印过程中可能产生的飞边、毛刺等瑕疵，检查打印件是否有明显的缺陷或变形，以便后续处理。

图 4-48　打印完成后取件

对于水溶性支撑材料（如 PVA），则可将模型浸泡在水中使支撑物溶解。

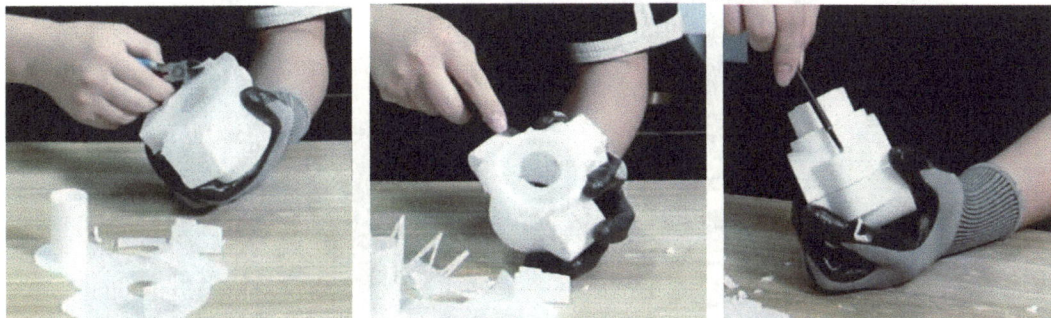

图 4-49 用钳子、铲刀等工具去除支撑

2. 打磨与抛光

打磨与抛光是提升 FDM 3D 打印件表面光洁度的重要步骤，主要是通过打磨和抛光等工序让工件表面精度更高，根据工件的实际情况进行工序的选择。比如，用打火机去除表面毛刺，用砂纸进行表面打磨，用气枪吹去表面粉末等，如图 4-50~ 图 4-52 所示。

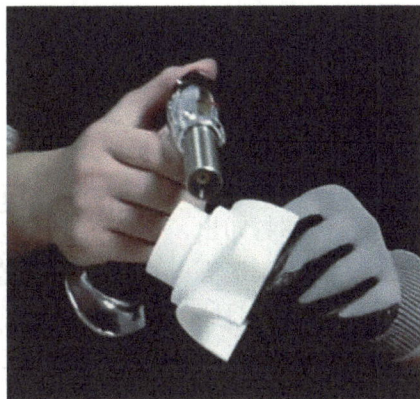

图 4-50 用打火机去除表面毛刺

图 4-51 用砂纸进行表面打磨

3. 表面涂装

表面涂装可以赋予 FDM 3D 打印件更多样化的外观效果，下面的步骤根据实际需要进行选择，如图 4-53 所示。

1）底漆处理：涂上一层底漆以增强面漆附着力并使表面均匀。

2）面漆涂装：根据个人喜好或项目需求选择合适的颜色进行涂装。

3）特殊效果：如喷绘图案、金属质感等，可通过特殊涂装工艺实现。

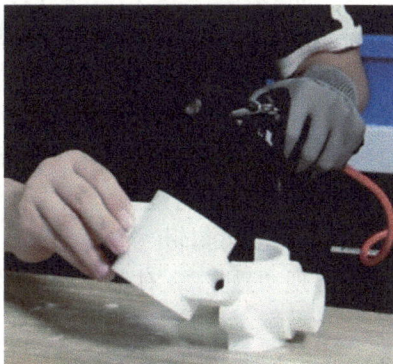

图 4-52 用气枪吹去表面粉末

169

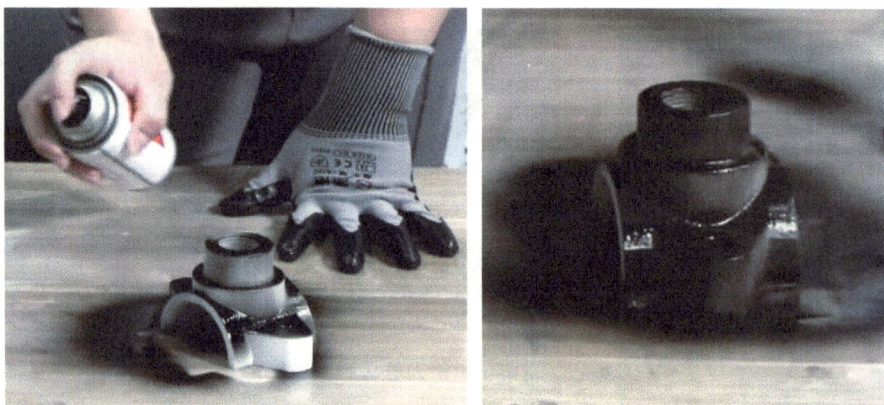

图 4-53　表面喷漆上色

　　FDM 3D 打印及后处理是一个涉及多个环节和技术的复杂过程。在 FDM 3D 打印及后处理过程中，可能会遇到一些技术难点，如尺寸精度控制、表面质量提升、材料选择等。通过深入理解和掌握每个环节的关键技术点和解决方案，可以更好地利用 FDM 3D 打印技术为各行各业创造价值。

任务 4.5　手电钻外壳的 SLA 打印及后处理

　　光固化成型工艺（SLA）是一种 3D 打印技术，它通过使用紫外线光源来固化液态树脂，层层堆叠形成三维对象。由于其能够打印出高精度和平滑表面的产品，SLA 工艺在医疗、珠宝设计、模具制造等行业中得到了广泛应用。本节主要内容是通过中瑞科技 SLA 工业打印机制作手电钻外壳的案例来分析工业 SLA 打印和后处理工艺过程。

SLA 3D 打印及
后处理

4.5.1　SLA 打印模型预处理

　　模型的预处理是 SLA 3D 打印过程中的一个重要阶段，它直接关系到后续打印的顺利进行和最终产品的质量。以下是 SLA 打印模型预处理的主要步骤和要点。

　　1）模型导入：把设计好的模型拖到中瑞科技设备配套的 3dlayer 切片软件，如图 4-54 所示，调整模型的方向位置，观察模型的结构，选择合适的摆放方向。对于模型悬垂部分，尽量调整角度，减少悬垂面积，以降低对支撑结构的需求。

　　2）添加支撑：检查零件模型是否有错误，如果没有错误则添加支撑。利用切片软件的自动支撑功能，自动为模型添加支撑结构，特别是在悬垂和细长部位。这里选择"十字支撑"，再进入"支撑编辑"，单击"剖视图，模拟成型过程"，检查每一层的支撑是否都加到位，防止出现"悬空"。对于支撑不够的地方，要手动调整支撑，在"支撑编辑"里，添加支撑。

　　3）切片处理：支撑添加结束后，进行切片参数的设置，选择层厚为 0.1mm，官方补偿选择 0.08mm，保存好项目文件。在切片完成之后，进行保存，导出切片文件。

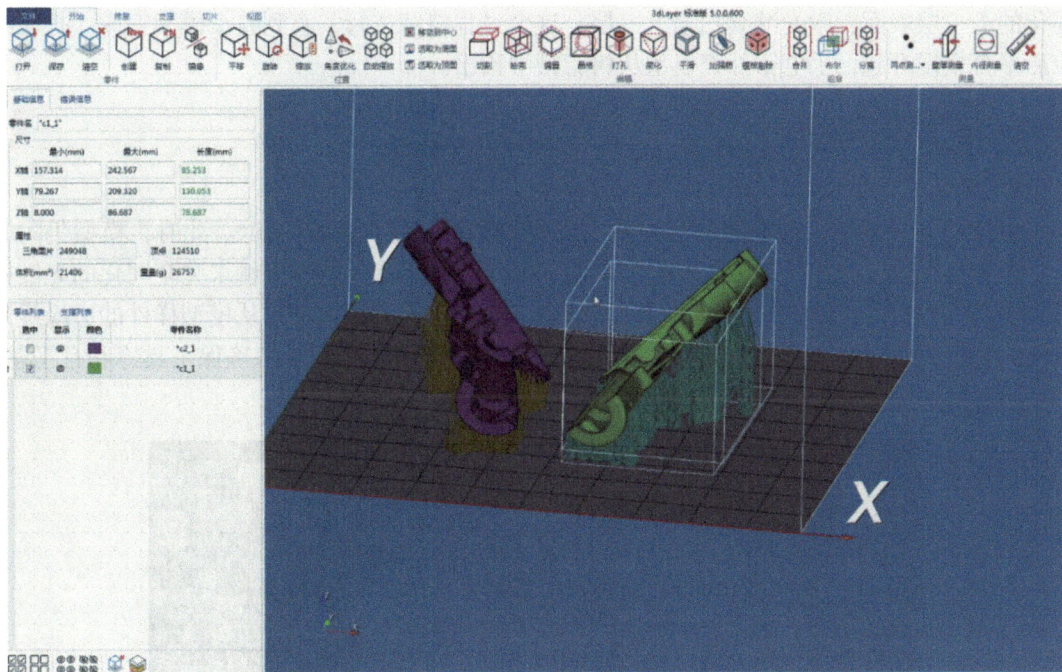

图 4-54　用 3dlayer 软件进行模型预处理

4.5.2　SLA 打印过程

1. 设备准备

首先，打开设备的总电源及水冷机，然后打开设备电源及激光电源，需要注意的是，激光器需要通电预热 7min 才能开始工作。打开软件，检测激光器是否通电。检测激光器输出功率是否属于正常范围，检查激光聚焦点的位置并确认激光路径的清洁度良好。

如果激光器没有问题，设备回零。添加打印模型。同时，检测树脂槽中的树脂液位，确保液位足够覆盖模型的最高点，充足但不过量。

2. 模型导入和打印设置

导入模型后，根据打印样件的需求，选择打印模式，如层厚、曝光时间、激光功率等。在实际操作中，可以调整模式和参数，以达到理想的打印效果。

3. 检查打印过程是否有问题

设置好这些参数之后，开始打印样件。在打印开始时，观察首层是否均匀铺展并完全附着在平台上，确认没有出现翘边、气泡或分层现象，如图 4-55 所示。如果出现问题，可能需要重新校准平台，调整曝光时间或重新清洁平台表面。

打印过程中也要随时观察是否有异常现象，如层错位、支撑结构损坏或树脂池异常。打印开始后，打印平台逐渐降低，新的液态树脂覆盖在

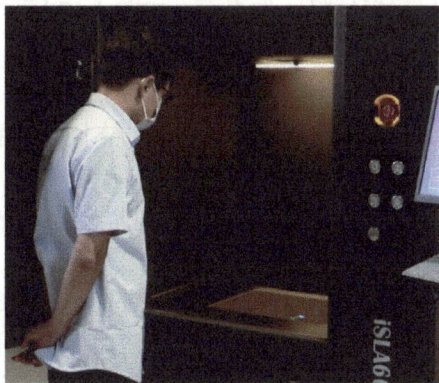

图 4-55　观察首层打印情况

固化的上一层表面，激光继续扫描下一层。这个过程持续进行，直到整个模型完成。打印结束后平台缓慢升起，手电钻外壳模型从树脂槽中抬出。

4.5.3 取件及后处理

1. 取件

SLA 打印完成后，需要将打印件从打印机中取出，如图 4-56 所示。此时，模型仍附着在打印平台上，且表面覆盖着未固化的树脂。戴上防护手套，防止接触未完全固化的光敏树脂。用铲刀将打印件和支撑结构从打印机托盘上取出，用刮刀或铲刀从模型样件的边缘缓慢插入，轻轻撬动以分离样件。不能直接从中间用力，以免损坏样件。确保工具锋利且平整，以减少对样件和平台的损伤。

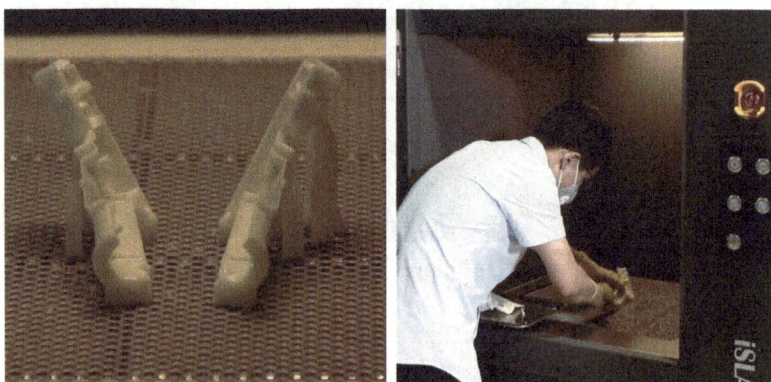

图 4-56　打印完成后取件

2. 清洗

SLA 打印完成的产品通常会有一些未固化树脂附着在表面，必须将其清洗干净，才能进行后处理。

1）在处理打印件时，推荐使用异丙醇（IPA）或专门的清洗剂，将其完全浸没并静置一段时间，时长依据打印件的复杂度和尺寸而异，一般在几分钟至十几分钟之间。随后，使用软毛刷轻轻擦拭打印件表面，如图 4-57 所示，以增强树脂残留物的清除效果。

2）使用超声波清洗机可获得更好的清洗效果，能够更有效地去除附着的未固化树脂。

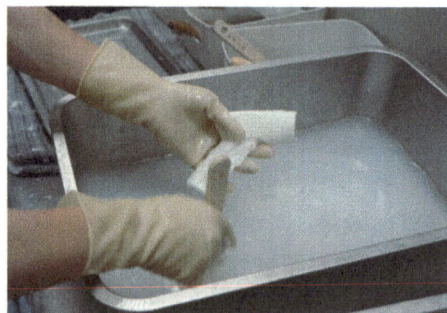

图 4-57　清洗打印件

3. 去除支撑

在 SLA 打印过程中，通常会使用支撑结构来帮助打印件保持稳定，防止其在某些区域塌陷。然而，这些支撑结构在打印完成后是需要拆除的，如图 4-58 所示。拆除支撑结构的过程需要非常小心，以防止对打印件造成损伤。

在清洗过程之后，配合使用尖嘴钳和精细刀具小心地去除打印件上的支撑结构。

注意，操作时应避免对打印件本体造成损伤，移除支撑结构时，尽量轻柔操作，防止用力过猛导致样件表面受损，特别是对于细小和脆弱的部分。

4. 后固化

尽管打印过程中已经利用 UV 光源对树脂进行了初步固化，但为了进一步提高打印件的机械性能和耐化学性，通常还需要进行后固化处理，如图 4-59 所示。

1）将清洗干净的打印件放置于 UV 光固化箱中，利用紫外光进一步固化，时间根据材料和产品厚度而定，一般为几十分钟至几小时。

2）合适的后固化不仅增强了打印件的强度，同时也能提高其耐磨和耐化学腐蚀的能力。

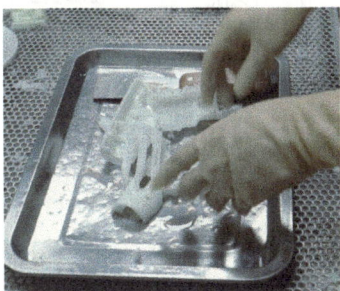

图 4-58　去除支撑

图 4-59　后固化处理

5. 表面处理

对于追求高品质表面效果的应用，后续的表面处理尤为关键。

1）打磨和抛光。使用砂纸从粗到细进行逐级打磨，去除表面的粗糙感，逐步增加表面的光滑度，如图 4-60 所示。对于要求更高光泽度的打印件，可以进行进一步的机械抛光或化学抛光。

2）涂装和着色。打磨抛光后的打印件如图 4-61 所示，可以根据需要进行涂装或着色处理，以增加视觉效果或功能性涂层。涂装前需确保打印件表面干燥无尘，并选用与树脂材料相兼容的涂料。

图 4-60　打印件表面打磨处理

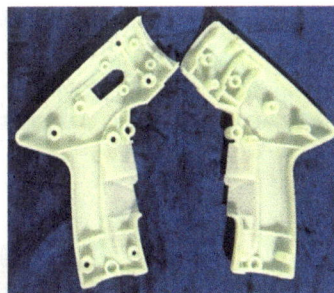

图 4-61　后处理完成的打印件

6. 结构加固

对于结构复杂或负载较重的打印件，可能需要通过额外的手段进行加固。

可以采用双组分树脂胶粘剂填补打印件内部的空腔，以增加其整体强度。

对于极端应用场景，可以考虑在打印过程中设计金属骨架或加入纤维增强材料，进一步提升打印件的力学性能。

SLA 工艺因其独特的优势，在 3D 打印领域占有重要地位。通过清洁、去除支撑、后固化、表面处理和结构加固等环节的精心操作，可以极大提升打印件的品质和应用价值。同时，安全与环保措施也应贯穿于整个后处理过程中，以保障操作人员的健康和环境的可持续发展。

任务 4.6 框架零件 SLS 3D 打印及后处理

选择性激光烧结（SLS）工艺是一种以粉末材料为基础，通过激光源局部加热粉末至熔点并使其烧结，进而逐层构建三维物体的 3D 打印技术。SLS 技术不需要支撑结构，可以打印复杂的几何形状，被广泛应用于原型制作、功能件生产、艺术设计等领域。然而，SLS 打印完成的产品通常需要经过一系列后处理以增强其物理性能和表面品质。本节的案例是在峻宸智造科技（上海）有限公司完成的，采用华曙高科的 SLS 工业打印机制作框架零件，该案例展示了工业 SLS 打印及后处理的主要工艺过程。

SLS 3D 打印及后处理

4.6.1 SLS 打印模型预处理

首先将创建的三维模型转化为 STL 格式，这里采用 Magics 软件进行切片处理，将其分割成一系列二维平面。这一步骤需考虑打印速度、层厚等因素，以确定最佳的切片参数。切片后的模型数据将被用于指导后续的打印过程。下面是具体的 Magics 软件切片过程。

1. 导入模型

将 CAD 软件设计好的三维模型导入 Magics 软件中。Magics 软件是一款功能强大的 3D 打印集成化处理软件，能够支持多种文件格式，包括 STL 等。

2. 模型检测与修复

利用 Magics 软件的检测功能对 STL 模型进行全面检查，如图 4-62 所示，识别并标记出模型中的错误和缺陷，如孔洞、重叠面、非流形边等。根据检测结果，使用 Magics 的自动或手动修复工具对模型进行修复，确保模型结构的完整性和准确性。

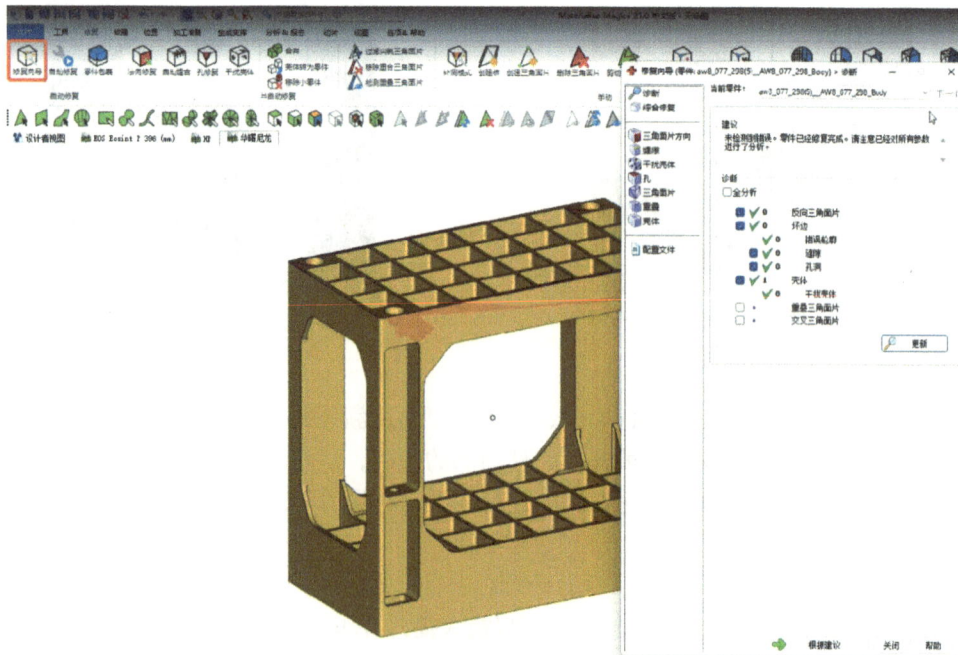

图 4-62 模型分析和修复

3. 模型摆放

根据 SLS 打印机的打印特性和要求，对模型进行摆放优化，多个零件同时打印时，可以复制多个，如图 4-63 所示。

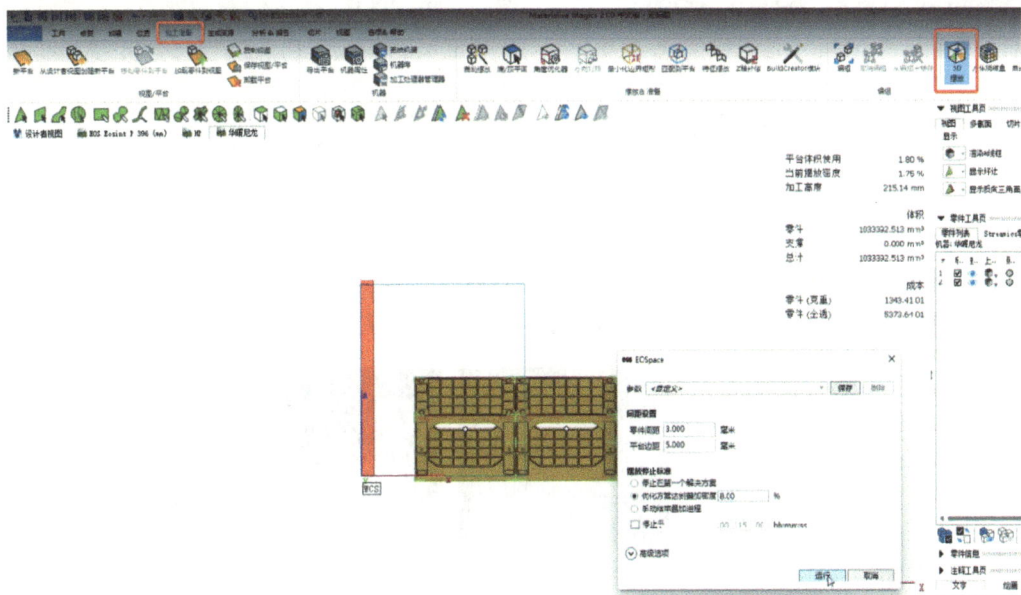

图 4-63 模型的摆放及位置参数设置

4. 导出切片文件

使用 Magics 的"预检"工具，对文件进行最终检查，确保没有错误或遗漏后导出切片文件。将预处理完成的模型导出为 SLS 3D 打印机可识别的切片文件。在导出过程中，需要设置合适的切片参数，如层厚、扫描路径等，以确保打印的顺利进行和最终产品的质量。

4.6.2 打印操作

将切片后的模型数据导入 3D 打印机中，开始打印。在打印过程中，激光束按照切片后的模型数据对材料进行选择性加热，使材料逐层熔化并粘合在一起，最终形成完整的物体。

1. 导入构建包，设备准备

将 Magics 软件导出的切片数据和加工路径导入 SLS 3D 打印机的控制系统中，如图 4-64 所示。准备粉材，本案例是尼龙材料，将工作台预热至适当温度，通常略低于尼龙粉末的烧结温度。然后，使用铺粉装置在工作台上均匀铺上一层尼龙粉末，如图 4-65 所示。

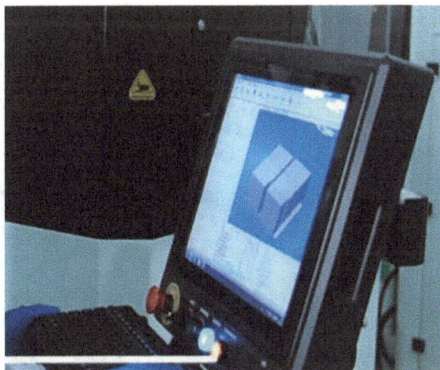

图 4-64 导入构建包

2. 激光烧结（打印）

开始打印过程后，SLS 打印机会按照切片数据和加工路径进行逐层烧结，如图 4-66 所示。

图 4-65 预热和预铺粉

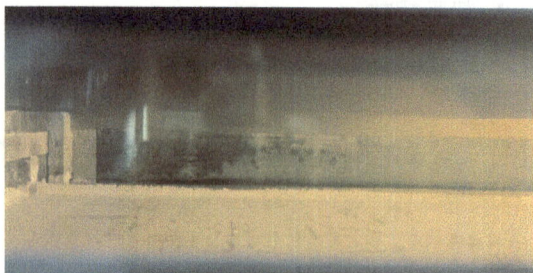
图 4-66 烧结过程

3. 完成打印，取件

操作流程及注意事项：打印完成后在机器里面进行充氮冷却，到 50℃以下方可进行下机处理，用工具把下机的打印件移至后处理站放置，进行自然冷却至 30℃左右，如图 4-67 所示。

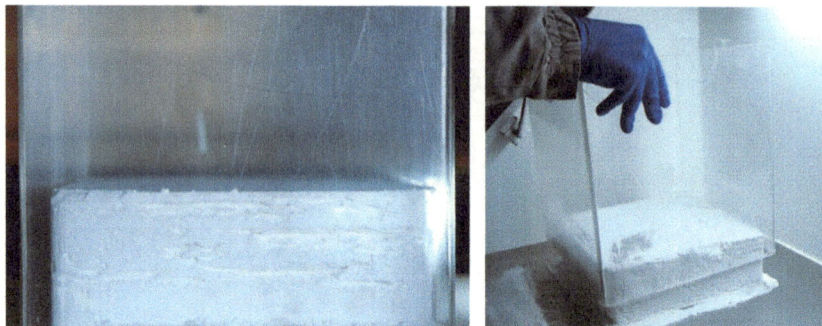
图 4-67 取出打印件

4.6.3 后处理操作

后处理具体过程如下。

1. 去粉与清理

在 SLS 打印过程结束后，首先需要做的是去除物体周围和内部的未烧结粉末，如图 4-68 所示。这一步骤对于后续的清洁和表面处理至关重要。

1）初始清洁：待打印件和打印箱冷却后，使用空气枪或软毛刷轻轻清除表面和内部结构的松散粉末。

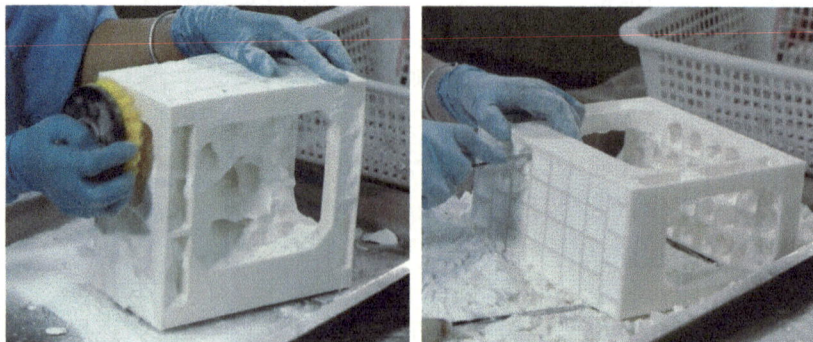
图 4-68 打印件表面未烧结粉末清洁

2）细致清洁：对于有复杂内腔或难以直接清理的部位，可将打印件放入超声波清洁机，使用专用清洁剂进一步去除残留粉末。

2. 表面处理

SLS 打印件的表面通常具有一定的粗糙度，通过适当的表面处理，可以获得更光滑的表面或改变其外观特性。

1）机械打磨：对于要求高光滑度的打印件，可通过砂纸或砂轮等工具进行机械打磨，如图 4-69 所示。

2）化学抛光：使用化学试剂对打印件表面进行溶解或腐蚀，以达到平滑效果。这种方法特别适用于复杂的几何形状。

3）表面着色：对于需要特定颜色的打印件，可通过染色或喷涂等方式进行着色处理。

3. 喷砂

喷砂作为 SLS 工艺一种重要的后处理手段，被广泛用于改善打印件的表面质量。喷砂通过高速喷射磨料颗粒至打印件表面能够有效去除表面残留的未烧结粉末、毛刺及微小缺陷，同时调整表面的粗糙度，为后续的涂层处理或直接使用提供良好的基础，如图 4-70 所示。

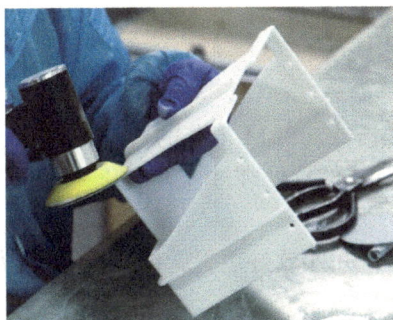

图 4-69　打印件表面机械打磨

图 4-70　打印件表面喷砂处理

将打印件置于喷砂机内，利用喷砂机产生的高速喷料流直接冲击打印件表面，有效剥离氧化层及微小杂质，从而显著提升打印件的清洁度与外观美感。

4. 涂覆与保护

可以对尼龙打印件进行涂覆处理，以提高其表面硬度、耐磨性和耐腐蚀性。常用的涂覆材料包括树脂、油漆等。涂覆前需要确保模型表面干净、无油污和杂质。

5. 热处理

对于某些需要提高机械性能或稳定性的尼龙制品，可以进行热处理。这通常在特定温度和时间条件下进行，以促进材料内部的结晶和分子重排。

6. 注意事项

SLS 打印和后处理过程中使用的材料和化学品需妥善处理，以确保操作安全和环境保护。操作人员应穿戴适当的防护装备，如防尘口罩、安全眼镜和防护手套，同时要遵循相关环保规定，采用适当方式处理未烧结的粉末、化学废液等废弃物。

SLS 3D 打印后处理是确保打印件达到高品质和满足应用需求的关键步骤，可以大大提升 SLS 打印件的物理性能和外观质感。

本案例使用 Magics 软件对模型进行预处理，导出切片及加工路径，并进行了打印和后处理等多个步骤的实际操作，这一系列工艺过程能够确保 3D 打印模型的准确性和高质量，同时满足不同的打印需求和应用场景。该案例体现了 SLS 工艺的工业生产过程。未来，随着新材料的研究、连接机理的深入探索以及工艺参数的优化，SLS 技术有望在更多领域得到应用和发展，为制造业注入新的活力。

任务 4.7　无人机支架 SLM 3D 打印及后处理

选择性激光熔化（SLM）工艺以激光作为能量源，按照三维 CAD 切片模型中规划好的路径在金属粉末床层进行逐层扫描，扫描过的金属粉末通过熔化、凝固从而达到冶金结合的效果，最终获得所设计的金属零件。SLM 技术能够直接制造出高精度和高性能的金属零件，但打印完成后仍需进行一系列后处理，以进一步提升零件的性能、美观度和使用安全性。本节以无人机支架为例，轻量化设计的支架结构制造充分体现了金属 3D 打印的优越性。本节利用中瑞 SLM 金属打印机探讨 SLM 打印及后处理的主要工艺过程。

SLM 3D 打印及后处理 无人机基座的打印与后处理

4.7.1　SLM 模型预处理

将轻量化设计后的无人机支架三维模型转化为 STL 格式。SLM 工艺的模型预处理过程与任务 4.6 的 SLS 工艺类似，但工艺参数不同。下面是具体的预处理过程。

1. 导入模型

将 CAD 软件设计好的三维模型导入 3dlayer 软件中，并摆放好位置，图 4-71 所示为同时打印多个零件的摆放效果。

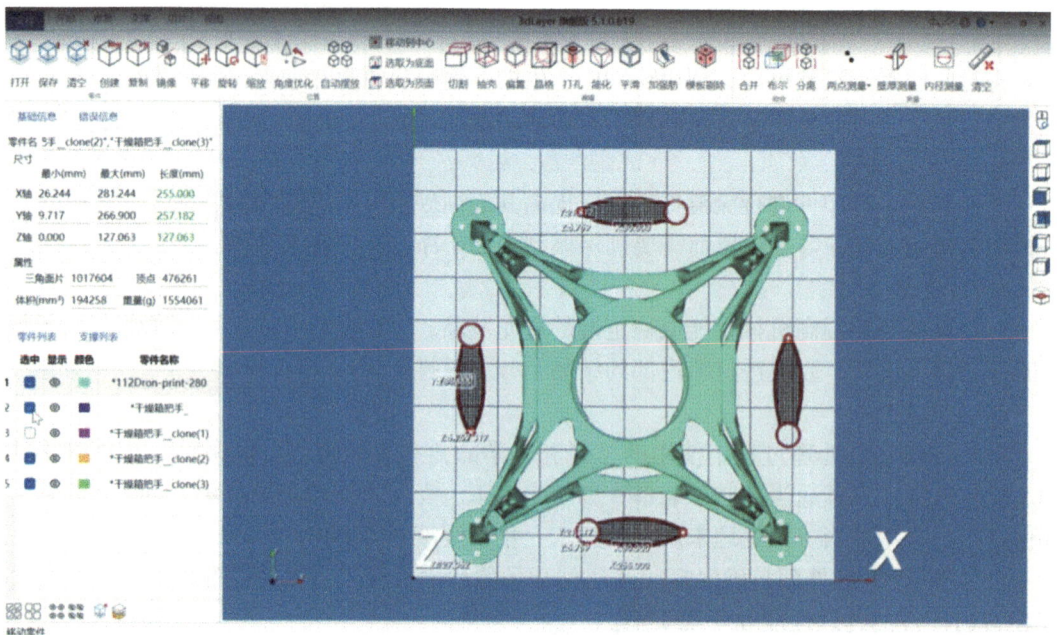

图 4-71　三维模型导入 3dlayer 软件

2. 模型检测与修复

利用 3dlayer 软件对 STL 模型进行全面检查并修复，确保模型结构的完整性和准确性。

3. 添加支撑结构

在支撑编辑页对无人机支架添加支撑，在支撑类型列表中选择"线形支撑"，生成的线形支撑如图 4-72 所示。如果对部分支撑不满意，可以选中需要编辑的支撑进行手动编辑。零件底面与打印平台平行的部分面积较大时，需要添加柱状支撑以增加支撑强度，以防止在打印过程中零件发生翘曲导致打印失败。在支撑类型列表中选择"柱状支撑"，单击"编辑支撑"

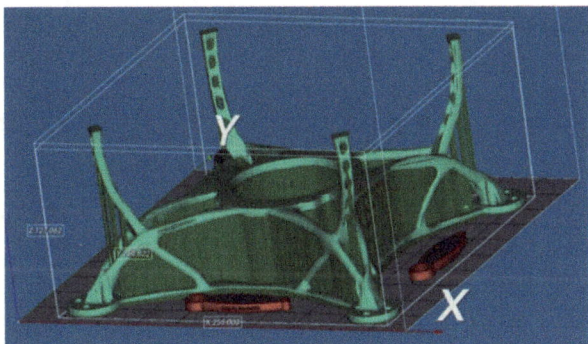

图 4-72　对无人机支架添加支撑

"添加支撑"，在平面的边缘加一圈柱状支撑，确认零件支撑合理后单击退出。

4. 零件切片

回到工作台页面，单击"批量切片"，这里选择 0.05mm 的切片层厚，0.08mm 的光斑补偿，Z 轴补偿为 0，单击保存。将切片文件存入文件夹，该文件导入到 SLM-Demo 或者打印机中即可用于打印。

4.7.2　打印操作

1. 设备准备

首先确认 iSLM280 设备的主电源线已连接上，打开配电箱中的总电源开关，使控制 iSLM280 设备的总电源开关显示为"ON"。将设备后面板上的设备主开关向顺时针方向旋转 90°，转至"ON"处，启动设备。工控机自动启动，计算机显示屏打开，此时在桌面上就可以选择需要打开的 iSLM 控制软件了。

2. 数据加载

启动 iSLM 软件，单击打印界面的"加载文件"按钮，弹出文件路径选择对话框。在弹出的对话框中选择待打印文件路径，选择打开 *.SLC 格式的文件。打开后，iSLM 软件界面出现加载文件进度条，显示解压、解密和解析文件的进程。数据加载完成后，会在中间显示模型，如图 4-73 所示。

3. 模型摆放

按设计需要对模型进行阵列、旋转和移动，将其摆放至合适的区域，注意不要摆放到平台外。上下拖动滑动条，预览各层文件界面，检查是否存在干涉或者漏加支撑的区域（通过指定层数或拖动滑动条，确定初始打印层数）。选择层数，检查工艺参数是否匹配。单击"保存"按钮，在下拉菜单中选择"输出 SLC（S）""输出 CLI（C）""输出 CLI-Left（L）"格式的切片文件。

4. 计算供粉量

在软件中单击"打印"按钮进入打印界面，然后单击"开始"按钮，此时会弹出一个信息框。在信息框内输入所需打印零件的开始层数和结束层数，默认为加工平台上的所有零件。输入完毕后，单击"供粉仿真"按钮，此时会弹出粉末检测对话框，在对话框内，可以得到每一层所需的材料、打印完当前零件所需的材料高度以及剩余材料的高度，若粉末高度不够，剩余粉末的数值会是负数且变红。若粉末高度不足以完成当前打印，则需要将供粉轴下降到足够完成零件加工的高度（一般多预留 10mm 以上），并添加足量的粉末。

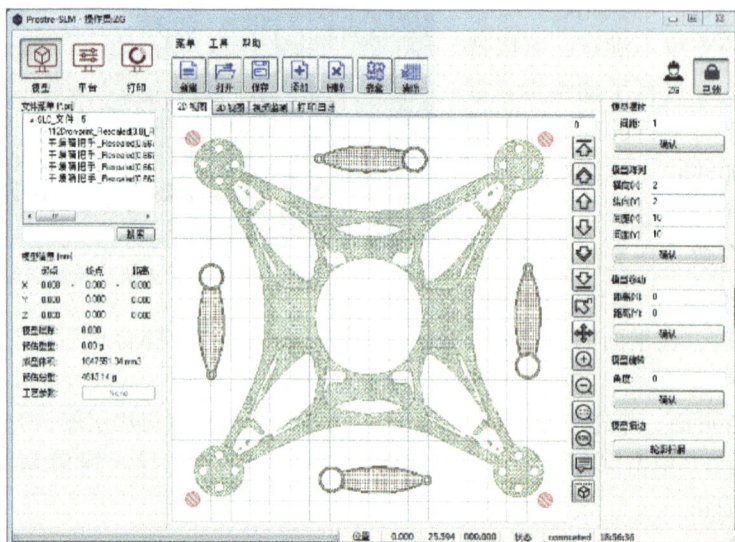

图 4-73　数据加载完成

5. 装夹基板

用毛刷和吹耳球彻底清理工作平台基材、安装螺钉孔及调节孔内残留的金属粉末，如图 4-74 所示。将清理干净的基板放置于工作平台上，基板如果较重，可以使用吊环或叉车辅助搬运基板。让基材上边缘与成型室内工作平台齐平，基材孔位与成型室内工作平台孔位对准。用内六角扳手将基材与工作平台四个 M6×12 螺钉固定但不拧紧。紧固扭矩为 13.7N·m。并（若有吊环，则取下基板上的吊环）。在 iSLM 软件中控制基板沿成型轴（Z 轴）向下移动，直至接近于基板厚度的高度，使基板上表面与平台平齐。

图 4-74　装夹基板

6. 开始打印

在软件中单击"打印"按钮进入打印界面，然后单击"开始"按钮，此时会弹出一个信息框，如图 4-75 所示，根据打印要求，输入等待时间、开始层和结束层（-1 为默认值，即打印到最后一层），勾选"氧含量检测"和"温度检测"（若材料不需要加热则取消勾选）。单击"确认"按钮，当设备状态变为 BUILDING 时，设备数据处理完毕，开始打印。右侧显示当前设备实时状态，左下方显示当前打印进程和打印时间。

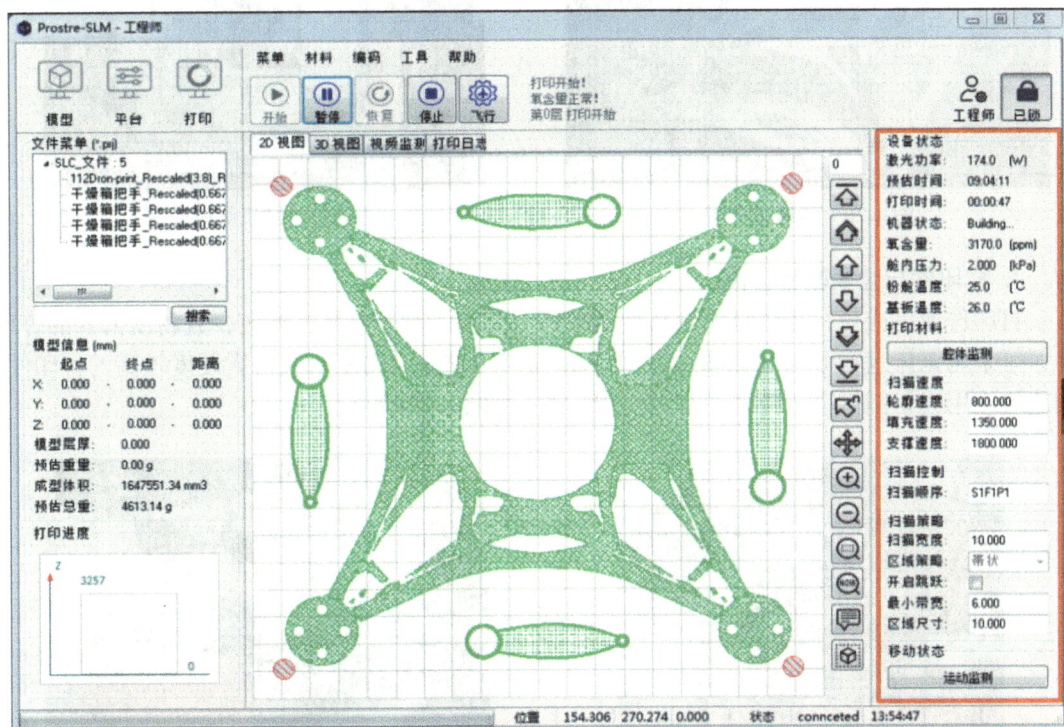

图 4-75　打印过程

4.7.3　后处理操作

1. 清粉

在 SLM 打印流程结束后，彻底清除封闭于支撑结构或零件内部的残余粉末至关重要，特别是当打印件内部通道积存粉末时，清理工作尤为复杂。若未能彻底清除，将显著影响后续热处理效果。

1）初始清理：待打印件和打印箱冷却后，使用空气枪或软毛刷轻轻清除表面和内部结构的松散粉末，以减少后续清理难度。

2）细致清理：将打印件连同金属基板安装在密封的清粉机设备里，如图 4-76 所示。通过旋转打印件至 45° 角，并使用橡胶锤适度敲击，以松动并释放更多粉末。接着，依次旋转至 90°、135°，并重复敲击过程，直至仅有微量粉末脱落。最后，利用气枪对打印件进行吹扫。

2. 热处理

为了消除打印过程中产生的内应力和提高零件的力学性能，需要对打印件进行热处理，如图 4-77 所示。将打印件连同金属基板放入热处理炉中，按照预定的热处理工艺参数进行加热、保温和冷却处理。

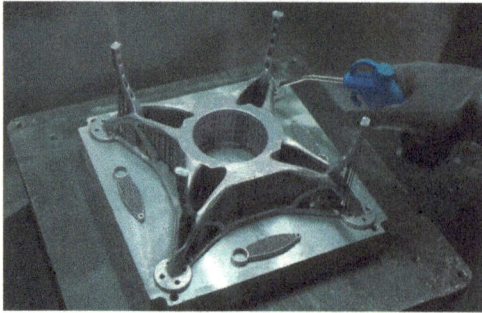

图 4-76　清粉机清粉

图 4-77　打印件热处理

3. 打印件与金属基板分离

打印作业完成后，需将打印件从金属基板上分离。对于支撑结构较少且材质偏软的打印件，可采用锯床进行分离，如图 4-78 所示；而对于支撑结构复杂或材质硬度较高的打印件，则建议使用线切割机进行精确切割以实现分离，如图 4-79 所示。

图 4-78　锯床

图 4-79　线切割机

4. 去支撑、打磨

使用尖嘴钳、一字螺丝刀、锉刀等工具，仔细且逐步地移除打印件上的支撑结构，如图 4-80 所示。随后，通过测量关键尺寸来精确确定需要进一步打磨的量。打磨过程中，首先可运用锉刀或打磨笔进行初步修整，如图 4-81 所示，随后根据需要，可采用打磨机进行更为精细和平滑的处理，如图 4-82 所示。

图 4-80　常用的去支撑及打磨工具

图 4-81　去支撑后初步修整

图 4-82　打磨机处理

5. 喷砂

将打印件置于喷砂机内，利用喷砂机产生的高速喷料流直接冲击打印件表面，有效剥离氧化层及微小杂质，从而显著提升打印件的清洁度与外观美感，如图 4-83 所示。

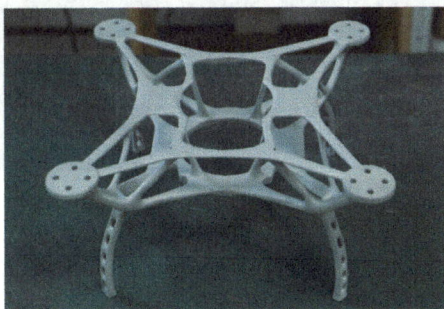

图 4-83　经喷砂处理后的实物

SLM 打印技术通过高功率激光将金属粉末逐层熔化并固化，能够制造出具有复杂形状和高精度的金属零件。本节通过无人机支架的 SLM 3D 打印案例，分析了其前处理、打印及粉末去除、热处理、去支撑、喷砂等后处理过程，通过这些步骤的精细处理，可以确保SLM 打印的金属零件达到最终的使用要求。

📄【课后习题】

1. 常用的后处理步骤有_____、_____和_____。

2. 初步整理包括_____、_____和_____。

3. 普遍采用的表面修整技术包括_____、_____、_____和_____。

4. 磨光处理包括_____和_____。

5. 化学打磨包括_____和_____。

6. 表面上色技术根据不同的需求和材料特性，有多种不同的实现方式。_____、_____和_____是当前最为常见和实用的几种技术。

7. 3D 打印机使用之前，需要生成控制打印机运动的_____文件。

8. 通过平台四角的_____调整平台平面度，保证挤出头与平台间隙合适，且挤出头在移动过程中保持在同一平面。

项目 5
桌面 3D 打印机安装、校准与维护

学习目标

- 掌握桌面 3D 打印机的安装。
- 掌握桌面 3D 打印机的校准。
- 熟悉桌面 3D 打印机的维护。
- 熟悉桌面 3D 打印机怎样提高打印精度，养成良好的操作习惯。
- 掌握桌面 3D 打印机的日常维护保养方法，养成良好的日常维护保养习惯。

素养目标

- 培养学生动手解决问题的能力。
- 培养学生的创新精神及环保意识。

课前讨论

你安装过桌面 3D 打印机吗？
◆ 安装桌面 3D 打印机的一般步骤有哪些？难点在哪里？
◆ 桌面 3D 打印机使用前如何校准？使用中有哪些注意事项？

5.1　FDM 桌面 3D 打印机的结构组成

本章以 FDM 桌面 3D 打印机为例，讲解桌面 3D 打印机的安装、校准与维护。FDM 桌面 3D 打印机主要由机械结构、控制系统两大部分组成。

5.1.1　FDM 桌面 3D 打印机的机械结构

如图 5-1 所示，FDM 桌面 3D 打印机是一种广泛应用的 3D 打印设备，其机械结构组成主要包括以下几大部分：打印平台、打印喷嘴、X-Y-Z 运动系统、材料供给系统、机身和外壳。

1. 打印平台（Build Platform）

如图 5-2 所示，打印平台是 FDM 桌面 3D 打印机的基础部分，它负责承载并支撑正在打印的物体。打印平台通常由金属或热塑性材料制成，具有良好的稳定性和耐用性。在

图 5-1　FDM 桌面 3D 打印机外观

打印过程中，打印平台可以根据需要进行加热，以改善材料与平台的黏附性，提高打印质量。

图 5-2　打印平台

2. 打印喷嘴（Extruder Nozzle）

如图 5-3 所示，打印喷嘴是 FDM 桌面 3D 打印机的核心部件之一，它负责将加热熔化的材料从喷嘴中挤出，并沉积在打印平台上。打印喷嘴通常由耐高温、耐腐蚀的材料制成，以确保在高温下能够稳定工作。喷嘴的直径会影响打印的精度和分辨率，通常喷嘴的直径越小，打印精度越高。常用的喷嘴直径有 0.4mm 和 0.2mm。

3. X-Y-Z 运动系统

如图 5-4 所示，X-Y-Z 运动系统是 FDM 桌面 3D 打印机的另一个重要部分，它负责控制打印喷嘴在三维空间中的运动。该系统通常由伺服电机、步进电机或直流电机等驱动，通过电机带动传动带、丝杠或导轨等运动机构，实现喷嘴在 X、Y、Z 三个方向上的精确移动。这种运动方式使得打印喷嘴能够按照预定的路径和速度进行移动，从而完成物体的逐层打印。

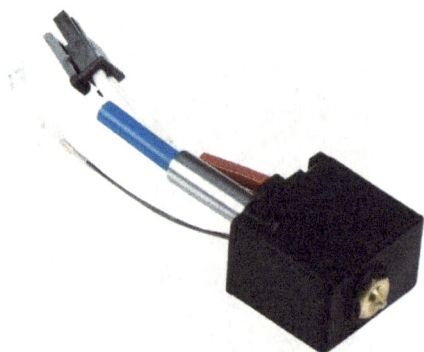

图 5-3　打印喷嘴

图 5-4　X-Y-Z 运动机构

4. 材料供给系统（Filament Feed System）

如图 5-5 所示，材料供给系统负责向打印喷嘴提供熔融的热塑性材料。该系统通常包括一个或多个材料卷轴、一个挤出机和一个输送管道。材料卷轴用于存放原始的热塑性材料，挤出机则负责将材料从卷轴中拉出并加热熔化，然后通过输送管道输送到打印喷嘴。材料供给系统的稳定性和精度对打印质量有着重要影响。

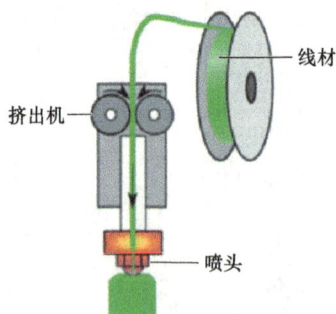

线材

挤出机

喷头

图 5-5　材料供给机构

5. 机身和外壳（Machine Body and Enclosure）

如图 5-6 所示，机身和外壳是 FDM 桌面 3D 打印机的主体部分，它们为打印机的各个部件提供支撑和保护。机身通常由金属或高强度塑料制成，以确保打印机的稳定性和耐用性。外壳则起到防尘、防热和保护内部结构的作用。一些高级的 FDM 桌面 3D 打印机还配备了可开闭的门或窗口，以方便用户观察和调整打印过程。

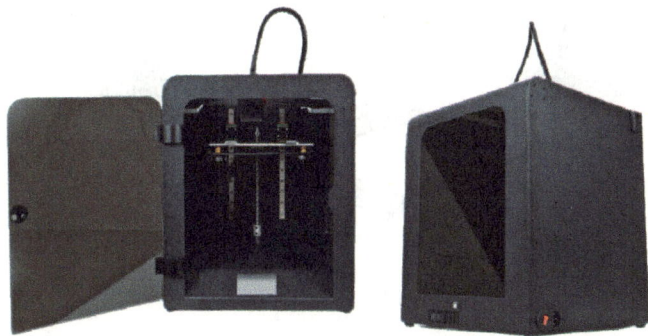

图 5-6 机身及外壳

打印平台、打印喷嘴、X-Y-Z 运动系统、材料供给系统、机身和外壳共同构成了 FDM 桌面 3D 打印机的核心机械结构。这些部件的协同工作使得 FDM 桌面 3D 打印机能够精确、稳定地完成物体的逐层打印。在实际应用中，可以根据需要选择不同型号和配置的 FDM 桌面 3D 打印机，以满足不同的打印需求。

5.1.2 FDM 桌面 3D 打印机的控制系统

在 FDM 桌面 3D 打印机的操作中，控制系统扮演着至关重要的角色。它如同 3D 打印机的大脑，负责协调和管理打印机的各个部分，确保打印过程的顺利进行。

1. FDM 桌面 3D 打印机控制系统的主要工作

FDM 桌面 3D 打印机的控制系统主要负责以下工作。

1）接收和解析来自计算机或其他数字设备的指令，如 3D 模型数据、打印参数等。

2）控制 X-Y-Z 运动系统，确保打印喷嘴在三维空间内的精确移动。

3）监控和调整打印过程中的各种参数，如温度、速度、挤出量等，以保证打印质量。

4）与其他系统（如材料供给系统、冷却系统等）协同工作，实现整体打印过程的自动化和优化。

2. 控制系统的主要组成部分

（1）主控板 如图 5-7 所示，主控板是 FDM 桌面 3D 打印机的核心控制单元，它接收来自计算机的指令，并将其转化为打印机各部件可以执行的信号。主控板通常具备高速处理能力和丰富的接口，以便与其他部件进行通信和数据交换。

图 5-7 FDM 桌面 3D 打印机主控板

（2）电动机驱动器 如图 5-8 所示，电动机驱动器负责将主控板发出的信号转化为电动机所需的电流和电压，以驱动 X-Y-Z 运动系统中的电动机工作。电动机驱动器的性能直接影响到打印机的打印速度和精度。

（3）传感器 如图 5-9 所示，传感器能够实时监测打印过程中的各种参数，如温度、速度、位置等，并将这些数据传输给主控板进行处理。传感器是实现打印过程自动化和优化的关键部件之一。

图 5-8 电动机驱动器

图 5-9 传感器

1）温度传感器：用于监测打印喷嘴和打印平台的温度，确保材料在合适的温度下进行熔融和固化。

2）位置传感器：如光栅尺、编码器等，用于实时监测打印喷嘴的位置，确保其在三维空间内的精确移动。

3）速度传感器：用于监测打印喷嘴的移动速度，以便在必要时进行调整，优化打印质量。

（4）计算机与软件　计算机作为控制中枢，运行专用的 3D 打印控制软件。

控制软件负责将三维模型转化为 G-Code 代码，这些代码包含了打印喷嘴的移动路径、速度、温度等所有必要的打印信息。

（5）用户界面　如图 5-10 所示，用户界面是用户与打印机进行交互的桥梁。通过用户界面，用户可以输入打印参数、监控打印过程、调整打印机设置等。现代 FDM 桌面 3D 打印机通常采用触摸屏或计算机软件作为用户界面，提供直观、便捷的操作体验。

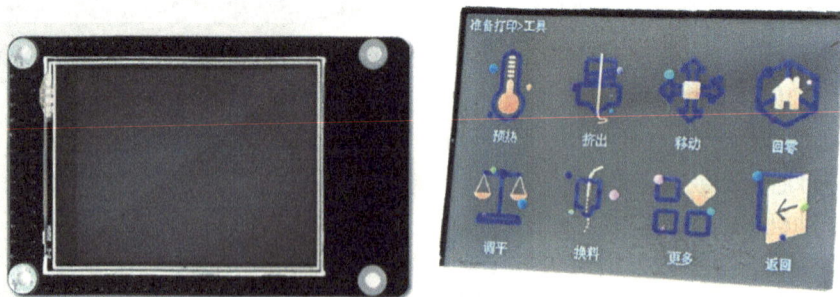

图 5-10 用户界面

FDM 桌面 3D 打印机的控制系统是实现高质量、高效率打印的关键。它负责接收指令、控制运动、监控参数并与其他系统协同工作，确保打印过程的顺利进行。通过深入了解控制系统的组成和工作原理，可以更好地理解和操作 FDM 桌面 3D 打印机，实现更高质量的 3D 打印。

【项目实施】

任务 5.2　FDM 桌面 3D 打印机的安装与校准

对于初学者而言，正确的安装和校准是保证 3D 打印机正常运行和提高打印质量的关键步骤，本节主要介绍 FDM 桌面 3D 打印机的安装与校准。安装之前先准备基本工具，包括螺丝刀、扳手、钳子、剥线钳等。另外，台式计算机或便携式计算机也是必备的。

FDM 桌面 3D 打印机的安装与校准

5.2.1　桌面 3D 打印机安装工具与技能准备

1. 桌面 3D 打印机的必备安装工具

3D 打印机安装之前，先根据设备的材料清单仔细检查配件是否齐全，认识各组成部分，查看安装指导书。设备安装过程中会用到的工具和配件包括 3D 打印机组件、PLA 丝材及铲子等后处理工具，具体如图 5-11 所示。

图 5-11　打印机安装必备工具

2. 安装桌面 3D 打印机必备技能

安装 3D 打印机需要一些基本的技能，主要包括以下几方面。

1）机械相关技能：3D 打印机是一种复杂的机械设备，需要了解基本的机械原理和组装技巧。例如，需要知道如何正确地安装和紧固螺钉，如何调整机械部件以确保它们正确对齐等。

2）电子相关技能：3D 打印机也涉及电子技术，需要了解基本的电路和电子设备知识。例如，需要知道如何连接电源线，如何安装和配置电子元件等。

3）计算机相关技能：3D 打印机通常需要与计算机配合使用，因此需要基本的计算机操作技能。例如，需要知道如何安装和配置打印机驱动程序，如何使用切片软件将 3D 模型转换为打印机可以理解的指令等。

4）问题解决能力：在安装和使用 3D 打印机的过程中，可能会遇到各种问题和挑战，需要具备解决问题的能力。例如，需要知道如何排除打印机故障，如何调整打印机设置以获得最佳的打印效果等。

总的来说，安装 3D 打印机需要一定的技能和知识，安装之前可以通过学习和实践来掌握这些技能。如果对 3D 打印感兴趣，可以通过阅读相关的书籍、观看教学视频或参加培训课程来学习所需的技能。

5.2.2 FDM 桌面 3D 打印机的安装与校准

1. FDM 桌面 3D 打印机的安装

（1）检查组件

安装之前，先检查各组件是否齐全、无损坏，如图 5-12 所示。

图 5-12　FDM 桌面 3D 打印机的主要组件

（2）组装打印机

根据产品手册，使用提供的工具将支架组装起来。

1）安装 Z 方向导轨。很多 FDM 桌面 3D 打印机在出厂时已经把打印平台相关配件组装好了。首先，通过旋转丝杠的螺母，把工作平台抬高，接下来，通过安装固定螺钉，将 Z 方向的两根直线导轨安装到位，以便工作平台可以平稳固定，如图 5-13 所示。

2）逐步安装 Y 方向两个导轨、X 方向的固定支架及导轨，如图 5-14、图 5-15 所示。

3）安装挤出机构和喷嘴，如图 5-16 所示。确保挤出机构与喷嘴紧密连接，并能顺利挤出材料。

4）连接电源线。将电源线插入机器背面的电源端口，如图 5-17 所示。

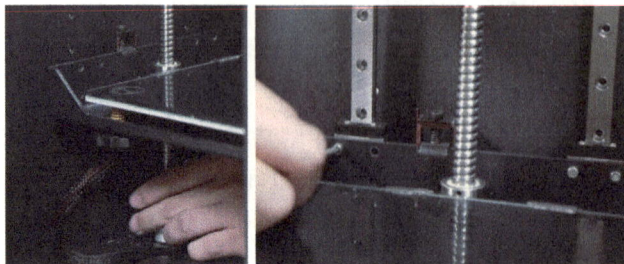

图 5-13　安装 Z 方向导轨

图 5-14　安装 Y 方向导轨

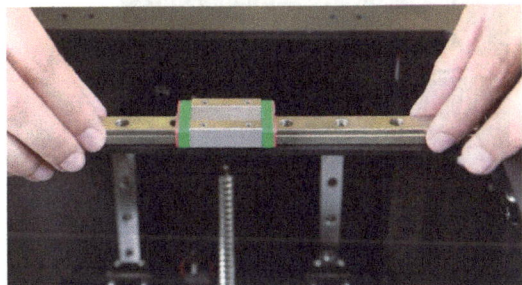

图 5-15 安装 X 方向导轨

图 5-16 安装挤出机构和喷嘴

图 5-17 连接电源线

安装过程中，注意各部件的安装顺序和位置，避免安装错误，确保电源线和数据线连接牢固，避免松动或短路。

2. FDM 桌面 3D 打印机的校准

（1）调平打印平台

FDM 桌面 3D 打印机的校准主要是调平打印平台。使用一张 A4 纸放在喷嘴与打印平台之间，检查喷嘴与平台之间的距离是否均匀。按屏幕界面上的顺序依次调平五个点的位置，如图 5-18 所示。

若发现距离不均匀，调整平台四个角的螺母，直至喷嘴与平台之间的距离刚好为一张 A4 纸的厚度，如图 5-19 所示。

观察喷嘴移动轨迹是否平滑、无卡顿，若发现移动轨迹异常，检查 X-Y 轴的相关部件，如轴承、皮带等，确保其安装正确、无损坏。

后续在打印过程中，注意观察 Z 轴升降是否平稳、无异常声音。如有需要，可

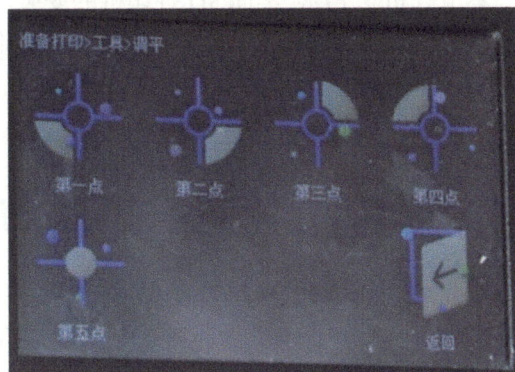

图 5-18 调平打印界面

通过软件或手动方式调整 Z 轴参数，确保其正常工作。

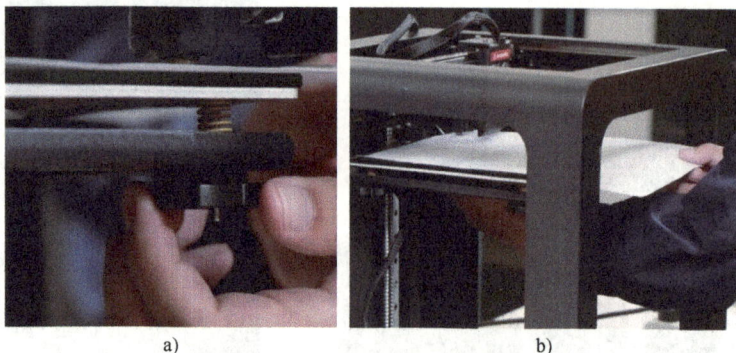

图 5-19　调平过程
a）调平螺母　b）逐点调平

（2）检查挤出机构

先将丝材插入挤出机构的进料口，按屏幕上的装丝顺序，先预热，达到材料熔融温度后，再挤出，观察是否出丝流畅，然后单击"退丝"停止挤出，如图 5-20 所示。

图 5-20　安装及检查挤出机构
a）装丝　b）挤出

不同品牌和型号的 FDM 桌面 3D 打印机可能有不同的校准方法和步骤。因此，在进行打印平台校准之前，最好参考打印机的用户手册或制造商提供的校准指南。

本节分析了 FDM 桌面 3D 打印机的安装与校准流程。正确的安装和校准不仅能够保证打印机的正常运行，还能提高打印质量，在实际操作中，应严格按照产品手册和教程进行安装与校准。正确的校准可以确保打印出的模型具有高质量和准确性。在校准过程中，可能需要多次尝试和调整，以达到最佳效果。

任务 5.3　FDM 桌面 3D 打印机的故障处理与维护

桌面 3D 打印机在使用过程中难免会有一些故障和问题，正确的故障处理和日常维护是确保打印机长期稳定运行的关键。本节详细介绍桌面 3D 打印机常见的故障处理以及日常维护。

桌面 3D 打印机的
故障处理与维护

5.3.1　打印过程中的故障处理

1. 打印中断

可能原因：电源故障、打印头过热、耗材堵塞或断料、丝材缠绕等，如图 5-21 所示。

处理方法：检查电源是否稳定，确保电源插座接触良好，避免在打印过程中出现断电或电压波动。如果打印头过热，则暂停打印，让打印头冷却一段时间后再继续。检查耗材通道是否堵塞，如堵塞则清理通道或更换堵塞的喷嘴。若丝材缠绕导致打印中断，调整、理顺即可。

图 5-21　打印中断及产生原因
a）打印中断　b）耗材堵塞　c）丝材缠绕

2. 打印出的模型翘边或脱落（图 5-22）

可能原因：打印平台不平整、打印温度过高或速度过快等。

处理方法：检查并调整打印平台的高度，确保其平整。如果打印温度过高，则降低打印温度或增加冷却时间。如果打印速度过快，则降低打印速度，增加模型的粘附性。

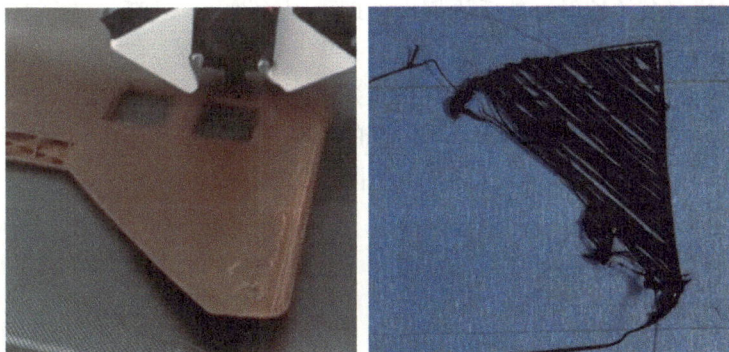

图 5-22　打印翘边和脱落问题

3. 打印出的模型表面粗糙或有气孔（图 5-23）

可能原因：耗材质量不好、打印温度过低或速度过快等。

处理方法：检查耗材质量，如有问题则更换质量好的耗材或调整耗材的黏度。如果打印温度过低，则增加打印温度或加热时间。速度过快则降低打印速度，增加模型的密实度。

4. 机器无法正常开机或启动

可能原因：电源故障、电路板故障、按键失灵等。

处理方法：检查电源是否正常连接。检查电路板上的线头是否松动，接好有松动的部分。检查电源插口内保险管是否损坏，若损坏则更换。如以上几项均无问题，则可能是电路板损坏，需要更换。

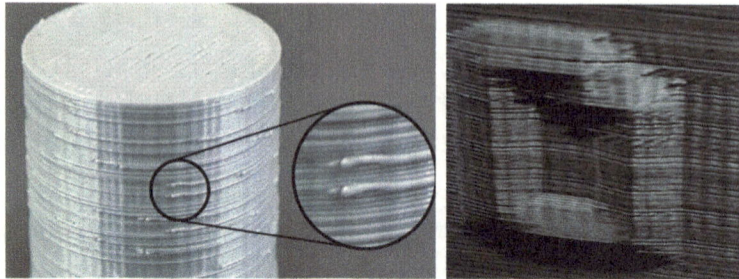

图 5-23　打印出的模型表面粗糙或有气孔

5. 喷头堵塞

可能原因：耗材有杂质或湿度过高、喷头过热或打印时间过长等。

处理方法：检查耗材质量，如有问题则更换质量好的耗材，或对耗材进行烘干处理。如果喷头过热或打印时间过长，则暂停打印，让喷头冷却。定期进行机器维护和清洁，及时清理喷头和内部通道，以防堵料问题。

在 FDM 桌面 3D 打印机中，喷头正常工作运行是极其重要的一环，如果出现喷头堵塞，就会导致耗材无法从喷头流出，打印模型的成功率将大打折扣。喷头堵塞是最常出现的打印故障，下面详细介绍常用的疏通方法。

第 1 步：移除喷嘴中任何可见的长丝（图 5-24）。

用剪钳正确地从 3D 打印机喷嘴中移除不需要的长丝。剪钳需要小心使用，以免损坏喷嘴或电线。先剪掉多余的长丝，然后再用力处理顽固的细丝。然后，清除剪钳中的颗粒，以免进一步堵塞喷嘴。

第 2 步：使用尖锐工具清洁喷嘴（图 5-25）。

可以使用针、小螺丝刀或其他细长、锋利的工具清除喷嘴上不可见的堵塞物。在开始这项任务之前，请戴上防护手套和安全眼镜，以防碎片造成伤害。

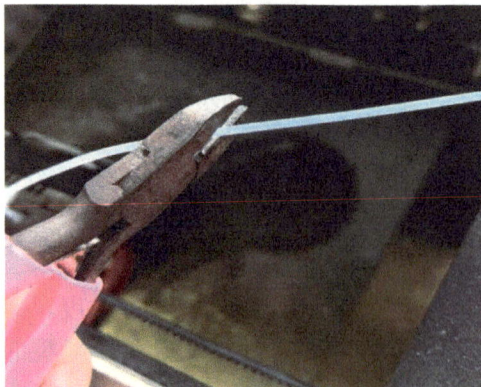

图 5-24　移除丝材

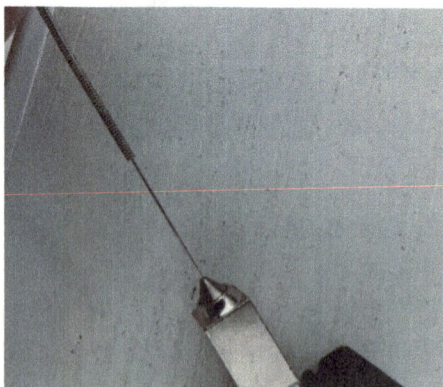

图 5-25　清洁喷嘴

第 3 步：尝试不同类型的长丝。

尝试使用直径更宽、不同类型的 3D 打印机丝材疏通堵塞的喷嘴。这个方案不仅可以消除现有的堵塞，还可以有效防止更顽固的长丝可能出现的潜在问题。

第4步：加热3D打印机喷嘴。

如果喷嘴内仍有一些长丝卡住，可以加热喷嘴。准备焊枪，将喷嘴放在上面，等待几分钟再取下，细丝会像黄油一样熔化。

第5步：将喷嘴浸泡在丙酮中24h。

如果仍有一些长丝卡住，将喷嘴浸泡在丙酮中24h，可以有效解决卡住的长丝，该方法对于粘在一起或堆积在喷嘴开口处的ABS和PLA塑料材料非常有效。

在处理这种化学品时，请确保戴上手套并采取其他保护措施，环境要足够通风。

第6步：使用干净的布擦拭喷嘴（图5-26）。

疏通3D打印机喷嘴后，必须用干净的白布擦拭，以保护部件免受灰尘和污垢的侵害。

第7步：更换喷嘴。

如果上述方法均无效，则需更换喷嘴。首先从挤出机上拧下喷嘴，清理挤出机，安装新喷嘴，

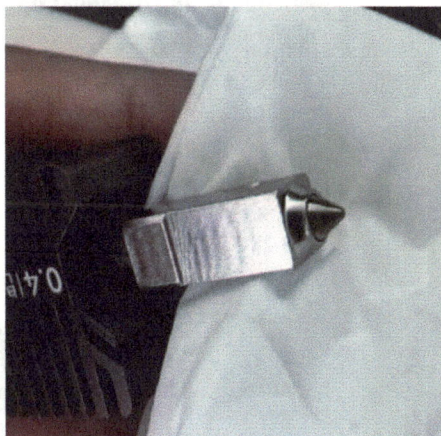

图5-26　擦拭喷嘴

滴几滴油进行润滑。在重新启动3D打印机之前，将所有部件重新连接到它们原来的连接点上。

5.3.2　日常维护建议

1）定期清洁打印机外壳、导轨和底座（图5-27），避免灰尘进入内部，影响打印质量。

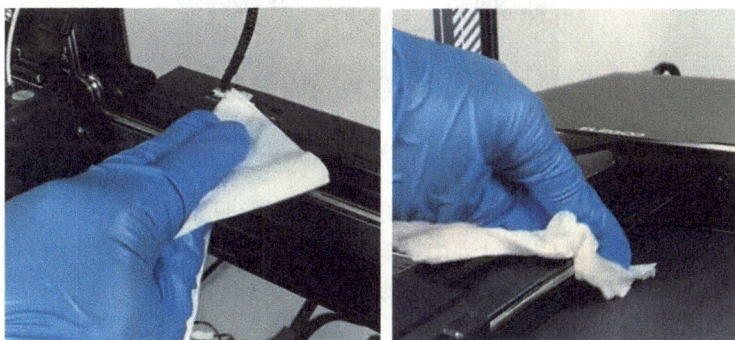

图5-27　清洁打印机

2）注意打印机的温度控制，避免过高或过低的温度对打印效果产生不良影响。

3）定期清洁传动机构，如图5-28所示。

4）定期检查和更换打印机的滤网和风扇，确保散热效果良好，如图5-29所示。

5）检查和清洁打印喷嘴，避免堵塞。

6）定期检查和清除送料器内的残渣，保持其清洁和顺畅。

7）长时间不使用打印机时，建议遮盖防尘罩，防止灰尘和杂物进入，如图5-30所示。

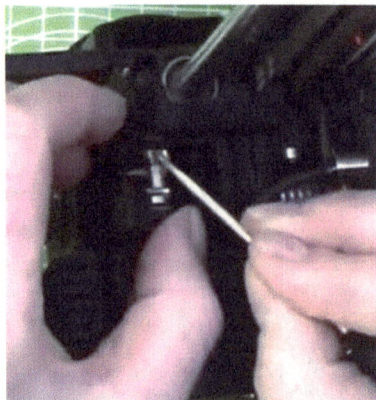

图 5-28　清洁传动机构

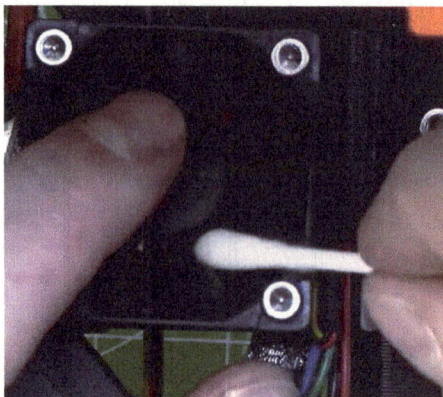

图 5-29　清洁风扇

图 5-30　3D 打印机防尘罩

　　本节介绍了桌面 3D 打印机常见的故障处理方法以及日常维护建议。掌握这些方法和建议，能够更好地解决在打印机使用过程中遇到的问题，延长打印机的使用寿命，提高打印质量。同时，也应该注意打印机的正确使用和保养，预防故障的发生。

📖【课后习题】

1. 选择题

（1）FDM 打印机的核心工作原理是什么？（　　　）

A. 激光烧结粉末材料　　　　　　　　　　B. 熔融塑料线材逐层堆积

C. 光固化液态树脂　　　　　　　　　　　D. 喷射粘合粉末材料

（2）在安装 FDM 打印机时，以下哪个步骤是必需的？（　　　）

A. 校准打印床　　　　　　　　　　　　　B. 安装喷头

C. 调整激光功率 　　　　　　　　　　　　　D. 设置切片软件

（3）FDM打印机维护中，定期更换的部件通常是（　　　）。

A. 喷嘴　　　　　　　　B. 电源线　　　　　　　　C. 打印床　　　　　　　　D. 切片软件

2. 填空题

（1）FDM打印机的主要组成部分包括_____、_____和_____。

（2）在调试FDM打印机时，需要确保打印床与喷嘴之间的距离适中，这通常被称为_____。

3. 简答题

（1）描述FDM打印机的安装过程，并列举安装过程中需要注意的事项。

（2）在FDM打印机调试过程中，如何进行喷嘴高度校准？

（3）讨论FDM打印机维护的重要性，并列出至少三个维护任务。

项目 6
三坐标测量与评价

学习目标

- 熟悉三坐标测量机的含义、发展与工作原理。
- 掌握三坐标测量机的组成、结构及分类。
- 掌握三坐标测量机的操作技能。

素养目标

- 引导学生认识到三坐标测量机是跨学科的集成应用，鼓励他们将不同学科的知识融入三坐标测量机实验项目的设计与实施中，提高他们的跨学科素养。
- 培养学生的职业道德和伦理观念，引导他们树立正确的价值观，如尊重知识产权、注重产品质量、关注环保等。
- 结合三坐标测量技术的应用案例，如尺寸精度、形状精度、位置精度的测量，培养学生严谨认真、一丝不苟的工作作风和精益求精的大国工匠精神。

课前讨论

你了解过三坐标测量技术吗？
◆ 在机械加工中，你采用过哪些测量工具？这些工具方便使用吗？精度如何？
◆ 三坐标测量机是当今世界制造行业使用非常广泛的测量仪器。

📖 【知识准备】

6.1　三坐标测量与 3D 打印

6.1.1　产品设计流程中的协同

1. 数据验证

在 3D 打印前，设计师利用 CAD 软件创建产品的三维模型，然而，在设计过程中可能存在各种潜在问题，如尺寸偏差、结构不合理等。三坐标测量机可以对 CAD 模型的实物原型进行精确测量，将测量数据反馈给设计师，设计师根据这些数据，响应产品功能需求，能够快速发现 CAD 模型设计中的问题，并进行针对性修改，确保最终 3D 打印模型的准确性。

例如，在航空发动机叶片的设计中，叶片的复杂曲面形状对设计精度要求极高。设计师先制作出叶片的初步模型，使用三坐标测量机测量模型的关键尺寸和曲面轮廓，然后根据测量结果对 CAD 模型进行优化，最后进行 3D 打印，从而大大提高了叶片 3D 打印的成功率和质量。

2. 优化 3D 打印工艺参数

3D 打印过程受到多种工艺参数的影响，如打印温度、打印速度、层厚等。这些参数设置得是否合理直接关系到 3D 打印产品的质量好坏。三坐标测量技术可以对不同工艺参数下打印出的测试样件进行全面测量，获取样件的尺寸精度、表面粗糙度等数据。通过对这些测量数据的分析，建立工艺参数与打印质量之间的关系模型，为优化 3D 打印工艺参数提供依据。

以塑料材质的 3D 打印为例，通过三坐标测量机测量不同打印温度和层厚下样件的尺寸偏差，发现当打印温度在一定范围内升高且层厚适当减小时，样件的尺寸精度明显提高。基于此，在实际生产中调整 3D 打印工艺参数，可有效提升产品质量。

6.1.2　产品制造过程中的质量控制

1. 实时监测 3D 打印过程中的尺寸变化

在 3D 打印过程中，由于材料的热胀冷缩、应力释放等因素，打印件可能会出现尺寸变化。三坐标测量系统可以实时监测打印过程中关键部位的尺寸变化情况。一旦发现尺寸偏差超出允许范围，系统可以及时发出警报，并通过与 3D 打印设备的联动，对打印参数进行调整，如调整打印速度、暂停打印进行冷却等，以保证打印件的尺寸精度。

例如，在大型金属件 3D 打印过程中，通过在打印平台上安装三坐标测量探头，实时测量正在打印的零部件，当发现某一层的尺寸异常增大时，立即降低打印速度，使材料能够更均匀地冷却凝固，从而避免了因尺寸偏差导致的产品报废。

2. 对 3D 打印产品进行终检

3D 打印完成后，需要对产品进行全面的质量检测。三坐标测量机作为高精度的测量设备，能够对 3D 打印产品的尺寸精度、形状精度等进行精确测量，判断产品是否符合设计要求。对于不符合要求的产品，可以分析测量数据，找出产品质量问题。当然，问题可能是多方面原因造成的，如由于打印过程中的缺陷导致尺寸偏差、产品本身设计存在问题等。

在医疗领域，3D 打印的定制化骨科植入物在交付使用前，必须经过严格的质量检测。使用三坐标测量机对植入物的关键尺寸（如关节配合尺寸）、整体形状等进行测量，可确保植入物与患者的身体结构精确匹配，保障手术的安全性和有效性。

6.2 三坐标测量机概述

6.2.1 三坐标测量机的含义、发展和原理

1. 三坐标测量机的含义

三坐标测量机是一种高精度的测量设备，它可以在一次测量中获取零件或产品的多个几何尺寸和位置，大大提高了测量的准确性和效率。它广泛应用于机械制造、汽车制造、航空航天、电子设备、精密工具等领域，是现代制造业不可或缺的一部分。

三坐标测量机是指在一个六面体的空间范围内，具有几何形状、长度及圆周分度等测量能力的仪器。三坐标测量机又可定义为"一种具有可作三个方向移动的探测器，可在三个相互垂直的导轨上移动，以接触或非接触等方式传递信号，三个轴的位移测量系统（如光栅尺）经数据处理器或计算机等计算出工件的各点（X，Y，Z）及各项外形参数的仪器"。三坐标测量机的测量功能应包括尺寸精度、定位精度、几何精度及轮廓精度等。

简单地说，三坐标测量机就是在三个相互垂直的方向上有导向机构、测长元件、数显装置，有一个能够放置工件的工作台（大型和巨型不一定有），测头可以以手动或机动方式轻快地移动到被测点上，由读数设备和数显装置把被测点的坐标值显示出来的一种测量设备。显然这是最简单、最原始的测量机。有了这种测量机后，在测量容积里任意一点的坐标值都可通过读数装置和数显装置显示出来。测量机的采点发信装置是测头，在 X，Y，Z 三个方向装有光栅尺和读数头。其测量过程就是当测头接触工件并发出采点信号时，由控制系统去采集当前机床三轴坐标相对于机床原点的坐标值，再由计算机系统对数据进行处理。

2. 三坐标测量机的发展

随着信息化技术在现代制造业的普及和发展，三坐标测量技术已经从一种稀缺的高级技术发展为制造业工程师的必备技能，并替代一些传统的检测技术，成为工程师们保证产品质量的重要工具，广泛应用于航空航天、汽车、机械及模具等领域的产品检测和分析。

世界上第一台测量机由英国 FERRANTI 公司于 1956 年研制成功，当时的测量方式是测头接触工件后，靠脚踏板来记录当前坐标值，然后使用计算器来计算元素间的位置关系。1962 年，菲亚特汽车公司一位质量工程师在意大利都灵创建了世界上第一家专业制造坐标测量设备的公司，即现在仍然知名的 DEA（Digital Electronic Automation）公司。随后，DEA 公司先后推出了手动、机动测量机，并首先使用气浮导轨技术，也相应配备了各种测头和软件，使之成为世界上最大的测量机供应商之一。1963 年，DEA 公司研制出世界第一台龙门式三坐标测量机 Alpha 2D，如图 6-1 所示。1964 年，瑞士 SIP 公司开始使用软件来计算两点间的距离，开始了利用软件进行测量数据计算的时代。

随后，德国 ZEISS 公司使用计算机辅助工件坐标系代替机械对准，从此测量机具备了对工件基本几何元素尺寸、形位公差的检测功能。随着计算机的飞速发展，测量机技术进入

了 CNC 控制机时代，完成了复杂机械零件的测量和空间自由曲线曲面的测量，测量模式增加和完善了自学习功能，改善了人机界面，使用专门测量语言，提高了测量程序的开发效率。

20 世纪 90 年代，随着工业制造行业向集成化、柔性化和信息化发展，产品的设计、制造和检测趋向一体化，这就对作为检测设备的三坐标测量机提出了更高的要求，从而提出了新一代测量机的概念。现代三坐标测量机的典型代表如图 6-2 所示，其特点是：

1）具有与外界设备通信的功能。

2）具有与 CAD 系统直接对话的标准数据协议格式。

3）硬件电路趋于集成化，并以计算机扩展卡的形式，成为计算机的大型外部设备。

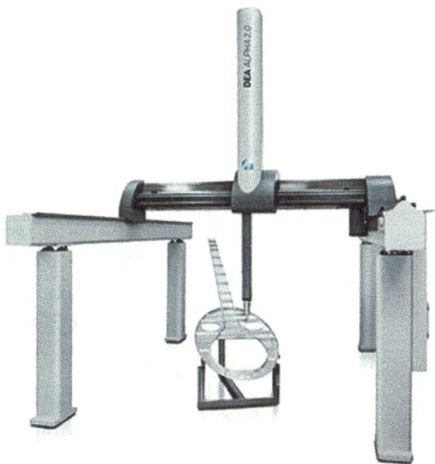

图 6-1　世界上第一台龙门式三坐标测量机 Alpha 2D　　图 6-2　现代三坐标测量机典型代表

工业发达的欧美国家每 6~7 台机床配备一台三坐标测量机。我国三坐标测量机的生产始于 20 世纪 70 年代，现在已广泛应用在机械制造、汽车、家电、模具和航空航天等制造领域，并保持快速增长。当前国内外生产三坐标测量机的厂家较多，如德国的蔡司、日本的三丰、美国的谢菲尔德、瑞典的海克斯康、我国的北京航空精密机械研究所（303 所）等。

测量仪器一直在制造业中扮演着举足轻重的角色，而在各种测量仪器中，三坐标测量机以其卓越的性能和广泛的适用性逐渐成为行业内的佼佼者。近年来，随着制造业的飞速发展，三坐标测量机的市场规模也在不断扩大。据统计，到 2023 年，全球三坐标测量机市场规模约达到 100 亿美元（约 690 亿元人民币），中国市场占比约 15%，这是一个逼近千亿级的大市场。

3. 三坐标测量机的原理

将被测物体置于三坐标测量空间，可获得被测物体上各测点的坐标位置，根据这些点的空间坐标值，经计算求出被测物体的几何尺寸、形状和位置。

三坐标测量机是基于坐标测量的通用化数字测量设备。它首先将各被测几何元素的测量转化为对这些几何元素上一些点坐标位置的测量，在测得这些点的坐标位置后，再根据这些点的空间坐标值，经过数学运算求出其尺寸和形位误差，如图 6-3 所示。要测量工件上一圆柱孔的直径，可以在垂直于孔轴线的截面 I 内，触测内孔壁上三个点（点 1、2、3），则根据这三点的坐标值就可计算出孔的直径及圆心坐标 OI；如果在该截面内触测更多的点（点 1，2，…，n，n 为测点数），则可根据最小二乘法或最小条件法计算出该截面圆的圆度误差；如果对多个垂直于孔轴线的截面圆（I，II，…，m，m 为测量的截面圆数）进行测量，则根据测得点的坐标值可计算出孔的圆柱度误差以及各截面圆的圆心坐标，再根据各圆心坐标值又可计算出孔轴线位置；如果再在孔端面 A 上触测三点，则可计算出孔轴线对端面的位置度误差。由此可见，这一工作原理使得其具有很大的通用性与柔性。从原理上说，它可以测量任何工件的任何几何元素的任何参数。

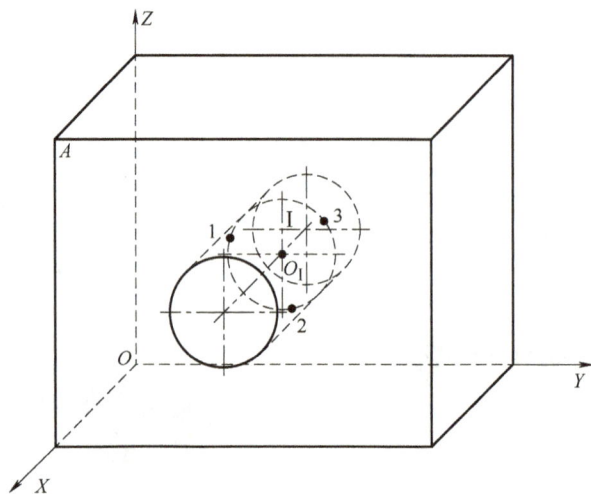

图 6-3　三坐标测量机原理图

三坐标测量机的
结构组成

6.2.2　三坐标测量机的组成、结构及分类

1. 三坐标测量机的组成

三坐标测量机是典型的机电一体化设备，它由机械系统、控制系统、探测系统和测量软件等部分组成。

（1）机械系统（主机）

一般由三个正交的直线运动轴构成，如图 6-4 所示结构中，X 向导轨系统装在工作台 1 上，移动桥架 2 是 Y 向导轨系统，Z 向导轨系统装在中央滑架 3 内。三个方向轴上均装有光栅尺，用以度量各轴位移值。人工驱动的手轮及机动、数控驱动的电动机一般都在各轴附近。用来触测被检测零件表面的测头 5 装在 Z 轴 4 端部（测头）。

（2）控制系统

一般由光栅计数系统、测头信号接口和计算机等组

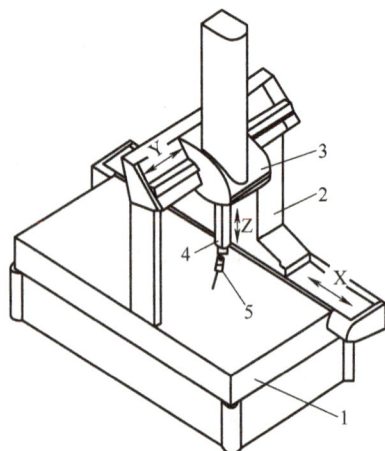

图 6-4　三坐标测量机的机械系统
1—工作台　2—移动桥架
3—中央滑架　4—Z 轴　5—测头

成，用于获得被测点坐标数据，并对数据进行处理。控制系统在三坐标测量过程中的功能主要体现在：读取空间坐标值，对测头信号进行实时响应与处理，控制机械系统实现测量所必需的运动，实时监测三坐标测量机的状态以保证整个系统的安全性与可靠性，有的还对三坐标测量机进行几何误差与温度误差补偿以提高测量精度。

（3）探测系统

高精度的测量传感器部件是系统中最重要的部件之一，系统的测量精度很大程度取决于测量传感器的精度和可靠性。探测系统包括测座、测头、吸盘和测针等。

探测系统是由测头及其附件组成的系统，测头是测量机探测时发送信号的装置，它可以输出开关信号，亦可以输出与探针偏转角度成正比的比例信号，它是坐标测量机的关键部件，测头精度的高低很大程度决定了测量机的测量重复性及精度；不同零件需要选择不同功能的测头进行测量。

坐标测量机是靠测头来拾取信号的，其功能、效率、精度均与测头密切相关。没有先进的测头，就无法发挥测量机的功能。测头的两大基本功能是测微和触发瞄准。测微功能是通过测头感知微小的位移，实现高精度的测量。测头能够检测到工件表面的微小变化，确保测量的准确性。触发瞄准功能使测头在探测到工件时发出信号，启动测量程序。这种功能在自动测量中尤为重要，能够提高测量的效率和准确性。

测头可以分为触发式测头、扫描式测头、非接触式（激光、影像）测头等。

（4）测量软件

测量软件的作用在于指挥测量机完成测量动作，并对测量数据进行计算和分析，最终给出测量报告。测量软件的具体功能包括从测头校验、坐标系建立与转换、几何元素测量、形位公差评价、输出检测报告。全过程测量及重复性测量一般需要编制和执行自动化程序。此外，测量软件还提供统计分析功能，结合定量与定性方法对海量测量数据进行统计研究，用以监控生产线加工能力或产品质量水平。

2. 三坐标测量机的结构形式

三坐标测量机的结构形式主要取决于三组坐标的相对运动方式，它对测量机的适用性影响很大。图 6-5 列出了常见的几种三坐标测量机的结构形式。

（1）悬臂式　图 6-5a 所示为 Z 架移动的悬臂式三坐标测量机结构，其 Y 轴处于悬臂状态，而 Z 轴框架在 Y 轴上移动。悬臂式结构的特点是工作面开阔，有利于测量操作，缺点是悬臂结构容易变形。采用这种结构必须考虑对变形的补偿。

（2）桥式　如图 6-5b 所示，这种结构以桥框作为导向面，X 轴能沿 Y 或 X 轴方向移动。这种结构的特点是刚性好，缺点是桥框立柱限制了工件的装卸。这种结构适用于大型测量机。

（3）龙门式　图 6-5c 所示为龙门式三坐标测量机。龙门式的龙门刚度大，结构稳定性好，但不宜测量重型工件，否则工作台运动时的惯性太大。

（4）坐标镗床式　如图 6-5d 所示，这种结构形式的三坐标测量机与坐标镗床相似，其测量范围较小，精度较高。

3. 三坐标测量机按驱动方式分类

（1）手动型　由操作员手工使其三轴运动来实现采点，结构简单，无电机驱动，价格低廉。缺点是测量精度在一定程度上受人的操作影响，多用于小尺寸或测量精度要求不高的零件检测。

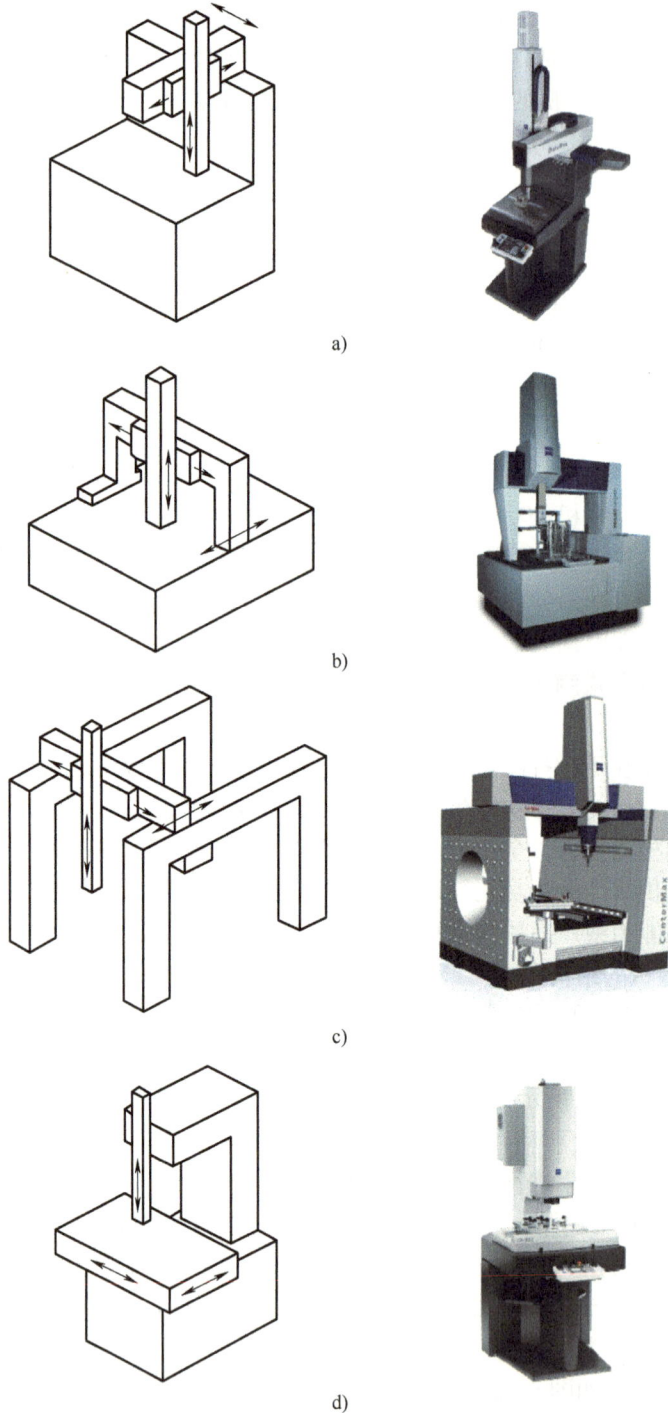

图 6-5　三坐标测量机的结构形式

a）悬臂式　b）桥式　c）龙门式　d）坐标镗床式

（2）机动型　与手动型相似，只是运动采点通过电机驱动来实现，这种测量机不能实现编程自动测量。

（3）自动型　也称 CNC 型，由计算机控制测量机自动采点（当然也可实现与上述两种一样的操作），通过编程实现零件自动测量，且精度高。

【项目实施】

任务 6.3　平面特征的三坐标测量与评价

三坐标机床操作

三坐标测量技术的学习重在实践，下面对零件的平面特征进行测量和评价，被测零件如图 6-6 所示。

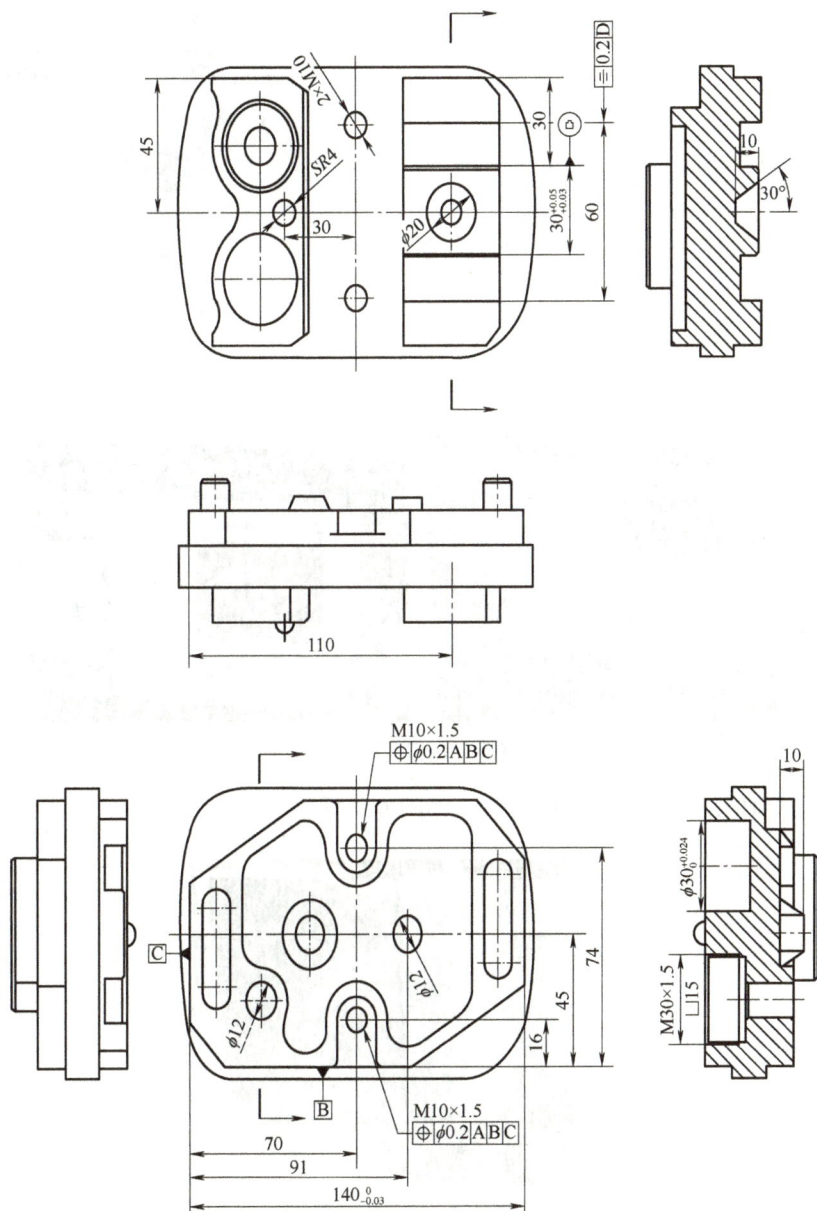

图 6-6　被测零件

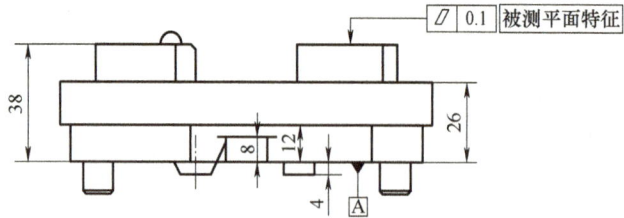

图 6-6　被测零件（续）

开机前的准备工作如下。

1）检测机器的外观及机器导轨是否有障碍物。

2）对导轨及工作台进行清洁。

3）检测温度、湿度、气压、配电等是否符合要求。

平面特征的三坐标测量与评价过程分为 14 个步骤。

1）旋转红色旋钮打开气源（气压表指针在绿色区间内为合格），如图 6-7 所示。

2）打开稳压电源，电源稳定在 220±5V，如图 6-8 所示。

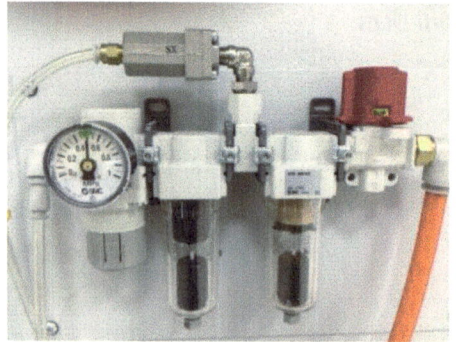

图 6-7　气源开关

图 6-8　自动交流稳压器

3）开启控制柜，系统进入自检状态，如图 6-9 所示。

图 6-9　控制柜开关

4）按"使能按钮"，等待控制柜自检结束，按"加电按钮"2s加电，如图6-10所示。操作盒及其按键如图6-11所示。

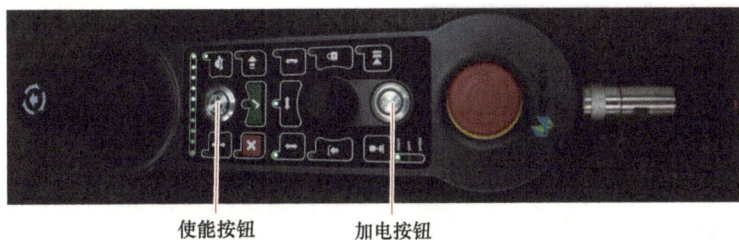

使能按钮　　加电按钮

图6-10　使能按钮和加电按钮

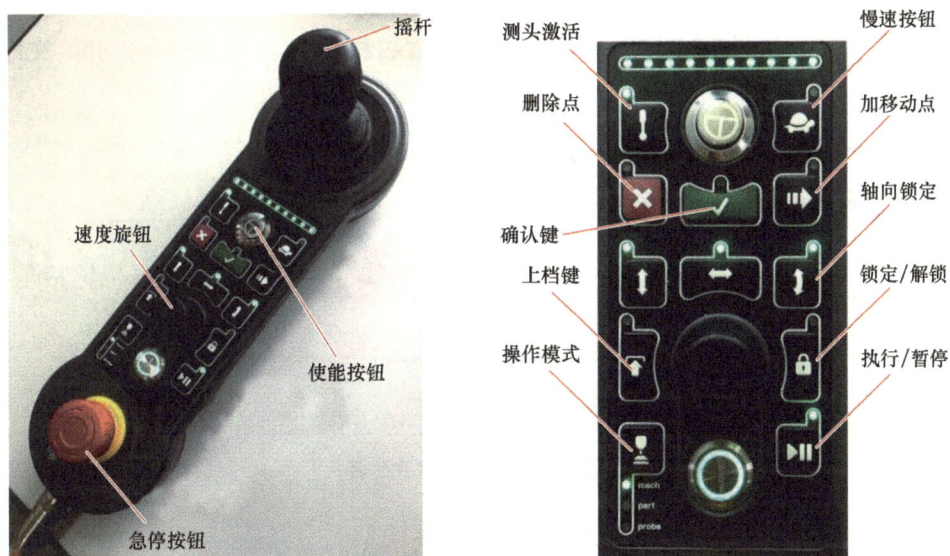

图6-11　操作盒及其按键

- 摇杆+使能按钮：手动驱动测量机进行X、Y、Z向移动。
- 速度旋钮：用来控制三坐标测量机的运行速度。
- 急停按钮：在测量机测量过程中将要发生碰撞时，可按下此按钮。
- 测头激活：灯亮时表示测头处在激活状态，测量过程中应为常亮。
- 慢速按钮：灯亮时表示三坐标测量机进入慢速移动状态（仅手动模式有效）。
- 删除点：手动测量有错误采点时删除该点。
- 加移动点：在测量机自动测量编程过程中手动添加移动点。
- 轴向锁定：手动驱动测量机按照指定轴向移动（灯亮时表示测量机可沿该轴移动）。
- 锁定/解锁：通过该按钮取放测头吸盘。
- 上档键：特定机型（配置CW43测座）使用，用于旋转角度。
- 操作模式：在测量机手动测量过程中进行mach/part/probe三个模式的切换。
- 确认键：确认当前所触测的元素。
- 执行/暂停：灯亮时表示测量机处于执行状态。

5）使用管理员权限打开 PC-DMIS 软件，如图 6-12 所示。

6）单击“确定”按钮，测量机自动回到零点，如图 6-13 所示。

图 6-12　打开 PC-DMIS 软件

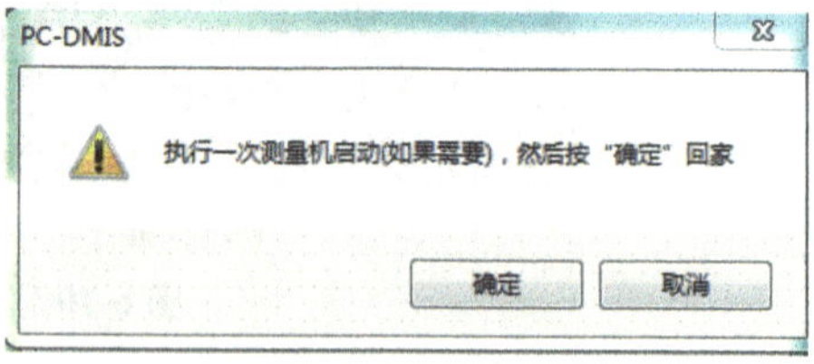

图 6-13　测量机回零点（回家）

7）新建程序。打开 PC-DMIS 软件后，单击“文件”→“新建”命令，并给文件命名，如“text”，如图 6-14 所示。

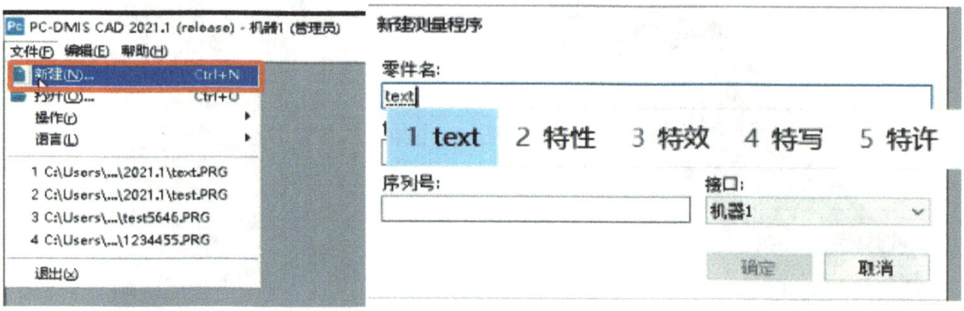

图 6-14　新建程序并命名

8）配置或选用测头文件，如图 6-15 所示。

① 配置测头文件。在软件中进行如下操作：插入测头文件→硬件定义→测头菜单中选择进入测头功能窗口或者编辑（F9）加载测头命令。注意观察和记录测座、转接、传感器、测针等测头零件的型号，保证软件中的测头文件配置与现实机床的测头型号一致。也可以选用已经设置好的与当前三坐标测量机匹配的测头文件。

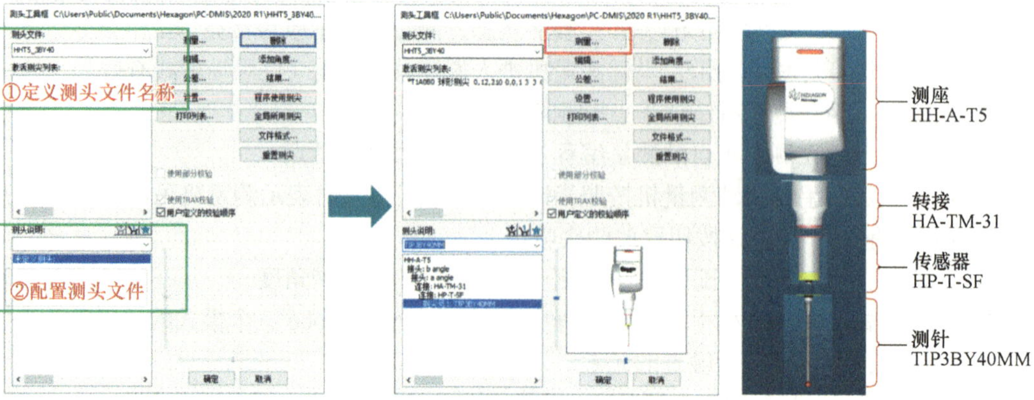

图 6-15　配置测头文件

② 选用测头文件。在"测头文件"中输入测头文件名（格式可以为名字缩写_测针型号）。然后在"测头说明"下拉列表框中选择测头文件信息。

9）工件摆放与找正。把需要测量和评价的工件摆放在工作台上，装夹工件，如图6-16所示。装夹时要进行零件的找正，要求零件与测量机坐标系轴线保证垂直或平行关系，避免测针的干涉。

图6-16 工件摆放

10）手动建立坐标系，如图6-17所示。其目的是确定零件的位置，为后面程序自动运行做准备，所以通常会测量最少的点数，侧面测3个点，顶面测2个点，前面测1个点，总共测量6个点坐标。

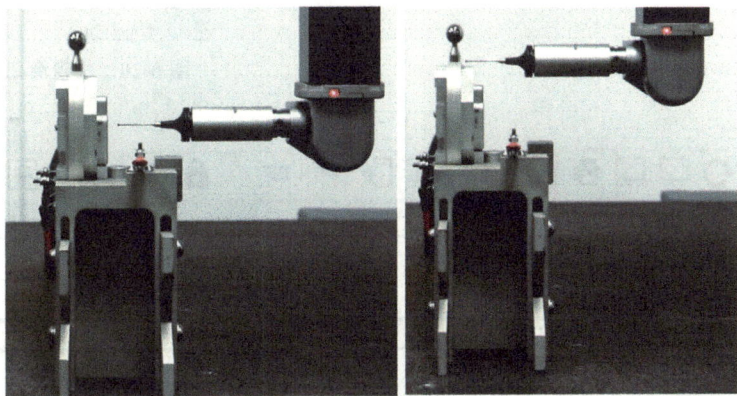

图6-17 手动建立坐标系

11）测量平面特征及编程。在图6-18所示的平面特征上测量至少3个点，并输出测量程序，如图6-19所示。

12）打开"报告窗口"，查看评价报告，如图6-20所示。

13）打印或输出评价报告，如图6-21所示。

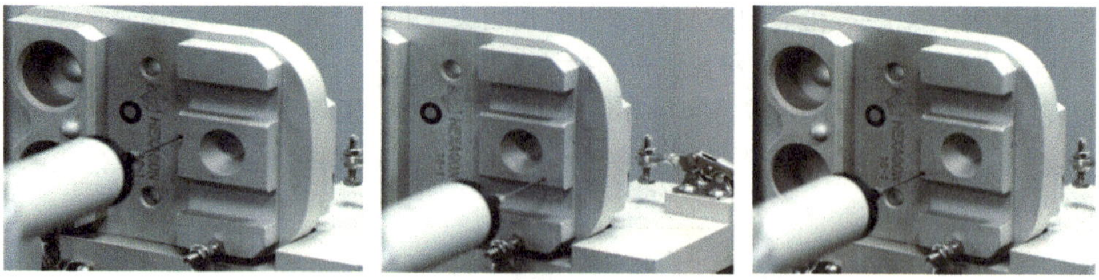

图 6-18　在指定的平面上测量 3 个坐标点

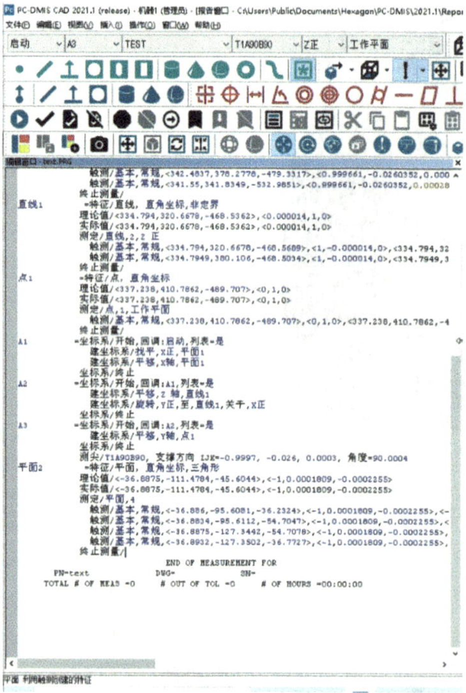

图 6-19　输出测量程序

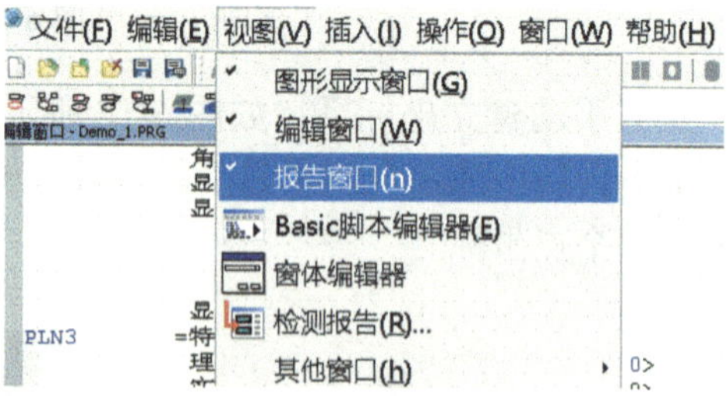

图 6-20　报告窗口

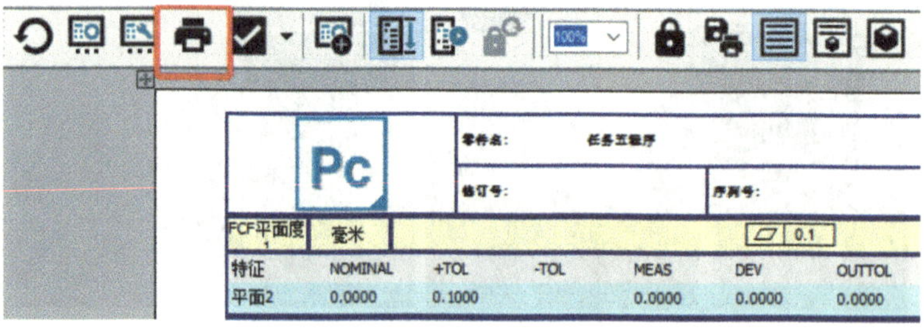

图 6-21　打印或输出评价报告

14）关闭测量机，如图 6-22 所示。

① 首先将测头移动到安全的角度（如 A-90B0）和高度（避免造成意外碰撞）。

② 退出 PC-DMIS 软件，关闭控制系统电源和测座控制器电源。

③ 关闭计算机，关闭气源。

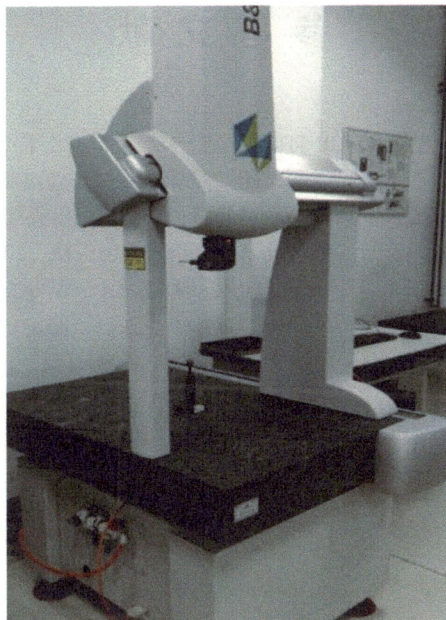

图 6-22　测量机关机状态

【课后习题】

1. 三坐标测量机的工作原理是什么?
2. 请阐述三坐标测量机的组成。
3. 在配置测头文件时，需要注意哪些内容?
4. 收集国内外三坐标测量机的相关资料，了解国内外三坐标测量技术的发展现状。

参 考 文 献

［1］胡宗政，王方平.三维数字化设计与3D打印：高职分册［M］.北京：机械工业出版社，2020.

［2］王嘉，田芳.逆向设计与3D打印案例教程［M］.北京：机械工业出版社，2020.

［3］苏静，高志华.3D打印应用技术与创新［M］.北京：机械工业出版社，2023.

［4］徐勇鹏，李朝晖.3D打印基础教程［M］.北京：清华大学出版社，2020.

［5］杨占尧，赵敬云.增材制造与3D打印技术及应用［M］.北京：清华大学出版社，2017.